Vor dem Big Bang

Gian Francesco Giudice

Vor dem Big Bang

 Springer

Gian Francesco Giudice
Department of Theoretical Physics
CERN
Meyrin, Schweiz

ISBN 978-3-662-69846-4   ISBN 978-3-662-69847-1 (eBook)
https://doi.org/10.1007/978-3-662-69847-1

Die Deutsche Nationalbibliothek verzeichnet diese Publikation in der Deutschen Nationalbibliografie; detaillierte bibliografische Daten sind im Internet über https://portal.dnb.de abrufbar.

Das eingereichte Manuskript wurde ins Deutsche übersetzt. Die Übersetzung wurde mit künstlicher Intelligenz erstellt. Um eine hohe Qualität der Übersetzung zu gewährleisten, wurde sie anschließend durch eine dritte Partei inhaltlich geprüft und ggf. überarbeitet. In stilistischer Hinsicht kann sie sich dennoch von einer herkömmlichen Übersetzung unterscheiden.

Übersetzung der italienischen Ausgabe: „Prima del Big Bang" von Gian Francesco Giudice, © Rizzoli, Mondadori Libri S.p.A., Milano 2023. Veröffentlicht durch Rizzoli, Mondadori Libri S.p.A., Milano. Alle Rechte vorbehalten.

Planung/Lektorat: Sara Bellomo
Springer ist ein Imprint der eingetragenen Gesellschaft Springer-Verlag GmbH, DE und ist ein Teil von Springer Nature.
Die Anschrift der Gesellschaft ist: Heidelberger Platz 3, 14197 Berlin, Germany

Wenn Sie dieses Produkt entsorgen, geben Sie das Papier bitte zum Recycling.

Prolog

Das Universum ist nicht nur seltsamer, als wir es uns vorstellen,
es ist seltsamer, als wir es uns vorstellen können.
 J.B.S. Haldane

Ich reise gerne mit dem Zug. Ich kann mich beim Lesen im Abteil viel besser konzentrieren als in der Stille meines Büros. Die Anwesenheit von so vielen Unbekannten, die zufällig neben mir sitzen und dann für immer verschwinden, indem sie an der nächsten Station aussteigen, fördert die Aufmerksamkeit für das, was ich lese. Zugreisen sind Reisen durch das menschliche Leben, sie sind eine Metapher für das ständige Sich-Kreuzen von Existenzen, die sich nahekommen, ohne sich zu berühren. Leider gibt es auch Störenfriede, die, entgegen der Metapher, lautstark am Telefon ihre privaten Angelegenheiten besprechen oder meine Lektüre mit belanglosen Gesprächen unterbrechen. Doch manchmal kommt es auch zu faszinierenden Begegnungen.

Auf der Rückfahrt von einer Physikkonferenz saß ich in einem Zug und las einen Artikel über Quantenkosmologie. Es waren etwa fünfzig Seiten voller mathematischer Formeln, die meine volle Konzentration erforderten. Als ich meine Augen von dem Artikel hob, bemerkte ich, dass ein Mädchen vor mir mich mit der spontanen Vertrautheit ansah, die nur Kinder mit einem Fremden haben können. Sie war nicht älter als zehn Jahre und wurde von einer älteren Frau begleitet, vielleicht ihrer Großmutter.

Sie nutzte meinen Moment der Ablenkung vom Lesen und fragte entschlossen: „Was liest du da?" In meiner Überraschung fiel mir nichts Besseres ein als: „Es ist die Geschichte des Universums." Ich lächelte sie an und senkte meine Augen wieder auf die Seiten meines Artikels. Nach einer langen Pause des Schweigens erwiderte sie: „Wenn es die ganze Geschichte des Universums erzählt, ist dann auch von mir die Rede?" „Nein, das glaube ich nicht", antwortete ich unsicher, „aber ich habe es noch nicht ganz gelesen". Kurz darauf kündigte der Lautsprecher die nächste Station an, und die ältere Dame beeilte sich, ihren Mantel anzuziehen und schob das Mädchen zum Ausgang. Ich hob gerade noch meinen Arm zu einem verlegenen Gruß.

Allein zurückgeblieben, hatte ich Schwierigkeiten, die Konzentration zum Lesen wiederzufinden. Wenn die Gleichungen der Physik den Anspruch haben, die Geschichte des gesamten Universums, vom Big Bang bis heute, zu beschreiben, warum berücksichtigen sie dann nicht dieses Mädchen?

Ich erinnerte mich an den Tag während meines Studiums an der Universität von Padua, an dem ich die erste Vorlesung des Kosmologiekurses besucht hatte. Ich war sehr aufgeregt bei dem Gedanken, die Geheimnisse der Entstehung des Universums und der Funktionsweise des Kosmos zu lernen. Die Vorlesung begann ohne viel philosophisches Vorgeplänkel. Der Professor schrieb einige Differenzialgleichungen an die Tafel und erläuterte die möglichen Lösungen. Er wählte eine aus und sagte mit Nachdruck: „Diese Lösung beschreibt unser Universum."

Das ist alles? dachte ich enttäuscht. Mein erster Eindruck war damals, dass die Kosmologie so oberflächlich war, dass sie eher lachhaft wirkte. Die Frage, die mir das Mädchen vor wenigen Minuten gestellt hatte, schien mir dagegen extrem tiefgründig. Was bedeutet es, eine wissenschaftliche Erklärung für die Geschichte des Universums zu geben? Ich dachte mit Wehmut daran, wie viele Jahre seit dieser Vorlesung an der Universität vergangen waren und wie sehr sich meine Auffassung von Physik verändert hatte.

An der nächsten Station nahmen andere Passagiere die Plätze um mich herum ein, und ich kehrte schnell zu meinem Artikel zurück, indem ich meinen Kopf darüber beugte wie ein kleines Tier, das in seinem Bau Schutz sucht. Mein Blick war auf das Blatt fixiert, als vor meinen Augen ein Finger auf die Gleichungen zeigte und eine Stimme in meinen Ohren erklang: „Was ist das da?" „Es ist die Geschichte des Universums", antwortete ich mechanisch.

Verdammt, es war einfach nicht mein Tag. Es fühlte sich an, als wäre ich im Film *Und täglich grüßt das Murmeltier* gelandet, wo der Tag immer auf die gleiche Weise beginnt und dabei die Erinnerung an die vorherigen Tage ausgelöscht wird. Vor mir saß ein Junge, sechzehn oder vielleicht achtzehn Jahre alt. Er trug einen Kapuzenpullover, die Kapuze über den Kopf gezogen. Ein Ohrhörer hing aus einem Ohr, das Kabel lief über seine Schulter und verschwand in einer Tasche des Pullovers. Ich gab keine Anzeichen von Ermutigung, aber der Junge gab nicht auf. „Ich habe diese Dinge im Netz gesehen. Dort sieht man die Geschichte des Universums. Was siehst du in diesen Hieroglyphen?"

Ich bedauerte ein wenig, meiner vorherigen Gesprächspartnerin nicht mehr Aufmerksamkeit geschenkt zu haben. Also legte ich diesmal den Artikel auf meine Knie, machte es mir auf dem Sitz bequem und begann meinem Reisegefährten zu erklären, was es bedeutet, das Universum mit mathematischen Gleichungen zu beschreiben. Der Junge starrte mir in die Augen, schweigend, ohne auch nur mit der Wimper zu zucken. Sein starrer Blick bereitete mir Unbehagen. Es war mir unmöglich herauszufinden, ob er mir zuhörte.

Als ich fertig war, schüttelte er den Kopf und entgegnete: „Ich habe im Netz gelesen, dass Wissenschaftler glauben, das Universum sei von Außerirdischen erschaffen worden, und ich habe die Beweise. Was du Universum nennst, ist in Wirklichkeit nur ein Theateraufführung, und der Himmel ist nur eine Plane, auf die LEDs geklebt sind."

Seine Unbekümmertheit ermutigte mich, und wir fingen an, über die Außerirdischen zu reden. Ich schlug Experimente vor, um die Tricks aufzudecken, mit denen die Außerirdischen die fiktive Realität geschaffen haben, in der die Menschheit gefangen ist. Er widerlegte sie, indem er behauptete, die Außerirdischen seien klüger als wir, und wir würden nie in der Lage sein, sie auf frischer Tat zu ertappen. Er hatte keine Zeit, mir zu erklären, welche Beweise er hatte, aber er deutete an, dass die CIA in Amerika bereits über eine vollständige Dokumentation verfüge, wie die Außerirdischen die Kontrolle über die Erde übernommen haben. Der Zug wurde bereits langsamer, und er musste an der nächsten Station aussteigen. Er griff nach seinem Smartphone, und nach einem Blick auf den Bildschirm informierte er mich, ich habe mit all dem Gerede verhindert, dass er sein Videospiel beenden konnte. Aber, fügte er hinzu, es hat trotzdem Spaß gemacht. Ich nahm es als Kompliment.

Ich schaute aus dem Fenster, und mein Blick verfolgte ihn, wie er schnell den Bahnsteig entlangging – wer weiß, mit welchem Ziel. Dann verschwand er für immer aus meinem Blickfeld, verschluckt von einer mir unbekannten Realität. Ich hatte keine Lust mehr zu lesen und schaute gedankenlos aus dem Fenster auf die Landschaft, die mit hoher Geschwindigkeit rückwärts vorbeizog. Plötzlich kam mir die Idee: Lassen Sie mich wirklich die Geschichte des Big Bang erzählen! Ich blätterte die Seiten des Artikels um, den ich in der Hand hielt, und begann auf der letzten Seite, die weiß geblieben war, Notizen zu machen und einen Entwurf zu skizzieren.

Dort beginnt die Geschichte, die ich jetzt erzählen werde.

Inhaltsverzeichnis

1

Der Anfang der Geschichte

Ich habe die Sterne zu innig geliebt, als dass ich mich vor der Nacht fürchtete.
Sarah Williams

Das Talent eines Wissenschaftlers besteht darin, die richtigen Fragen zu stellen. Der kreativste Teil der wissenschaftlichen Forschung besteht nicht darin, Antworten zu finden, sondern die Fragen zu formulieren. Der Erfindergeist zeigt sich darin, in einer Frage ein neues Glanzlicht zu erkennen, die Realität mit anderen Augen zu sehen und sich auf Wegen, die noch nie zuvor beschritten wurden, in unerforschte Gebiete ziehen zu lassen. Mehr noch als das Wissen ist es die Intuition, die den Funken auslöst, der einen Wissenschaftler dazu bringt, den richtigen Weg zu finden, um eine Frage zu stellen und ihre Konsequenzen zu verfolgen.

Wie so viele andere Wissenschaftsgeschichten beginnt auch diese mit einer Frage, die so einfach ist, dass sie jedem von uns spontan in den Sinn kommt – und so komplex, dass sie selbst die größten Denker verwirrt hat. Die Frage ist so instinktiv, dass sie die menschliche Vorstellungskraft seit dem Aufkommen der Zivilisation fasziniert hat, und sie ist so mehrdeutig, dass sie Zweifel aufkommen lässt, ob sie in den Bereich der Religion, der Philosophie oder der Wissenschaft fällt. Es ist eine Frage, die die Grundlage des menschlichen Wissens berührt: *Wie hat das Universum begonnen?*

Im Laufe der Zivilisation war die Menschheit nie so nahe daran wie heute, die Mechanismen zu verstehen, die zur Entstehung des Universums geführt haben. Es gibt sicher noch ungelöste Rätsel, aber es zeichnet sich ein schlüssiges Gesamtbild ab. Es ist das Ergebnis subtiler Detektivarbeit, bei der Stücke aus jedem wissenschaftlichen Bereich – von der mikroskopischen Welt der

G. F. Giudice, *Vor dem Big Bang*, https://doi.org/10.1007/978-3-662-69847-1_1

Elementarteilchen bis zur Welt der astronomischen Forschung – gesammelt und dann zu einem Puzzle zusammengesetzt wurden, das die Anfänge des Universums rekonstruiert.

Die Wissenschaft, die den Ursprung und die Entwicklung des Universums untersucht, wird Kosmologie genannt, also ‚Verstehen des *Kosmos*‘, was auf Griechisch Ordnung, Harmonie und Schönheit bedeutet. ‚Kosmos‘ ist nicht nur die Wurzel des Begriffs Kosmologie, sondern auch die Wurzel des Begriffs Kosmetik, der Kunst, die Schönheit des Körpers zu pflegen. Hinter der Bedeutung von Ordnung und Schönheit verbirgt sich der wesentliche Grund, der es der Kosmologie ermöglicht, den Ursprung des Universums zu erforschen. Es ist die Existenz einer logischen Ordnung der Natur, ausgedrückt in einer strengen mathematischen Sprache, die das Verstehen des Universums garantiert.

Erst in relativ junger Zeit konnte die kosmologische Forschung dank außergewöhnlicher wissenschaftlicher Entwicklungen eine gewisse Vollkommenheit erreichen. Einerseits haben die Entdeckungen der theoretischen Physik unser Verständnis von Raum, Zeit, Materie und Kraft revolutioniert, indem sie diese Konzepte in ein so festes Geflecht verschmolzen haben, dass sie die möglichen logischen Strukturen der objektiven Realität umschreiben und es uns erlauben, ihre Eigenschaften auch unter extremen Bedingungen abzuleiten. Andererseits hat die technologische Entwicklung einen beispiellosen Fortschritt in der astronomischen Beobachtung ermöglicht, sodass mit neuen Experimenten unerwartete und sensationelle Ergebnisse ans Licht gebracht wurden.

Die Geschichte, die ich hier erzählen möchte, ist eine Reise zurück in die Vergangenheit und an die Grenzen des menschlichen Wissens. Das Reiseziel ist der Ursprung des Universums. Diese Reise ist eines der aufregendsten Abenteuer, die die Menschheit je unternommen hat. Dabei spürt man die innere Magie der Wissenschaft und die Freude an Entdeckungen. Es ist eine Freude, die über den Bereich der Wissenschaft hinausgeht, denn die Frage nach den Anfängen des Kosmos ist so weitgehend, dass sie die gesamte Sphäre der menschlichen Werte berührt und tiefe Saiten unseres Empfindens anschlägt.

Das Ziel meiner Geschichte ist der Big Bang, dieses außergewöhnliche Ereignis, das vor 13,8 Mrd. Jahren den Beginn der speziellen Mischung aus Raum, Zeit und Materie eingeleitet hat, die wir Universum nennen. Ich will erklären, was der Big Bang ist, was ihn verursacht hat, wie er abgelaufen ist und was er bewirkt hat.

Im Laufe der Reise werden wir das wahre Gesicht des Big Bang entdecken. Wir werden lernen, wie man es auf der Grundlage von astronomischen Daten und logischen Schlussfolgerungen rekonstruieren kann. Das wird uns helfen, den Mythos zu entlarven, dass der Big Bang eine kolossale Explosion war, die in einem winzigen Punkt im Raum stattfand. Diese Karikatur des Big Bang mag zu der Zeit passend gewesen sein, als junge Leute lange Haare und Schlaghosen trugen, aber es ist überraschend, dass sie auch noch in der aktuellen kollektiven Vorstellungskraft erhalten geblieben ist. Die Wissenschaft hat seitdem Fortschritte gemacht und erzählt heute eine ganz andere Geschichte.

„Eine Geschichte muss einen Anfang, einen Mittelteil und ein Ende haben",

sagte der französische Regisseur Jean-Luc Godard, „aber nicht unbedingt in dieser Reihenfolge". Im Einklang mit dieser Erkenntnis der Nouvelle Vague wird meine Erzählung nicht die zeitliche Abfolge der kosmischen Evolution verfolgen, indem sie alle Phasen von der Geburt des Universums bis heute beschreibt. Ich werde vielmehr direkt auf den Big Bang zusteuern, entlang des Wegs der Ideen, der die Menschheit zu dieser überwältigenden Entdeckung geführt hat. Lassen Sie uns also die Erzählung beginnen, indem wir uns zunächst anschauen, wie die Physik die Realität des Kosmos beschreibt und wie sie in der Lage ist, das außergewöhnliche Ereignis des Big Bang in den entferntesten *Zeitfalten* aufzuspüren.

2

Die Form des Kosmos

Andere haben gesehen, was da ist, und haben gefragt warum. Ich habe gesehen, was sein könnte und habe gefragt, warum nicht.
Pablo Picasso

Der Meister Mokurai saß im Hof eines Zen-Tempels, als er die Glocke hörte, die die Ankunft seines jungen Schülers Toyo ankündigte. Nach dreimaligem Verbeugen setzte sich Toyo auf das Kissen neben dem Meister und bewahrte vollkommene Stille. Ohne den Blick vom Horizont abzuwenden, stellte Mokurai dem Schüler das *Koan*, die paradoxe Frage des Meisters: „Du kennst den Klang von zwei klatschenden Händen, aber was ist der Klang von einer einzelnen klatschenden Hand?" Der Junge zog sich in sein Zimmer zurück und bemühte sich, die Stille mit geschlossenen Augen zu hören. Er hörte die Musik der Geishas, das Ticken von Wassertropfen, das Rauschen des Windes, den Ruf einer Eule. Verwirrt von diesen Geräuschen und unfähig, eine Antwort auf das *Koan* zu finden, zog er sich zur tiefen Meditation in eine abgelegene Einsiedelei zurück. Schließlich kehrte er zu Mokurai mit der Antwort zurück: „Ich habe es gehört, aber es hat keinen Klang."

Es gibt Fragen, die uns zum Nachdenken anregen können, aber außerhalb des Bereichs der Wissenschaften liegen oder zu liegen scheinen. Doch die Grenze zwischen reiner Metaphysik und dem, was mit der wissenschaftlichen Methode angegangen werden kann, verschiebt sich mit dem Fortschreiten des Wissens. Vor etwa einem Jahrhundert war die Frage, was die ‚Form des Kosmos' ist, nicht mehr als ein neugieriges *Koan*.

G. F. Giudice, *Vor dem Big Bang*, https://doi.org/10.1007/978-3-662-69847-1_2

Nach Isaac Newton stellen Raum und Zeit die stille Bühne dar, auf der das Schauspiel der physikalischen Realität stattfindet, dessen wahre Akteure die Materie und die Kräfte sind. Raum und Zeit sind von den physikalischen Prozessen ausgeschlossen, sie sind und bleiben absolut und unveränderlich. In den *Principia* – der Abhandlung von 1687, die für Jahrhunderte die Grundlagen der Physik festlegen würde – erklärte Newton:

> „Die absolute, wahre und mathematische Zeit verfließt an sich und vermöge ihrer Natur gleichförmig, und ohne Beziehung auf irgend einen äussern Gegenstand. ... Der absolute Raum bleibt vermöge seiner Natur und ohne Beziehung auf einen äussern Gegenstand, stets gleich und unbeweglich."

Diese felsenfeste Überzeugung von Raum und Zeit, die perfekt mit unserer normalen Wahrnehmung der Realität übereinstimmt, wurde 1915 durch die Allgemeine Relativitätstheorie umgestürzt. Nach Einstein gibt es nichts Absolutes im Raum und in der Zeit, beide sind vielmehr veränderbare Größen. Einstein hat Raum und Zeit belebt und sie von starren Bühnen in lebendige Hauptakteure verwandelt. Raum und Zeit reagieren auf physikalische Phänomene, sie verformen und krümmen sich in der Anwesenheit jeglicher Art von Energie, um dann zu einer einzigen Größe zu verschmelzen: der *Raumzeit*. In relativistischer Sicht ist die Raumzeit eine veränderbare Größe, die von den Phänomenen geformt wird, die in ihrem Inneren stattfinden – und sie ist gleichzeitig in der Lage, diese Phänomene zu verändern. Die Symbiose zwischen der Verformung der Raumzeit und der Bewegung der Körper ist das, was wir als Schwerkraft oder Gravitation wahrnehmen. Nach Einsteins Relativitätstheorie ist die Gravitation nur eine Illusion, die wir haben, wenn sich ein freier Körper in einem Raumzeit-Kontinuum bewegt, das durch die Anwesenheit von Materie oder Energie gekrümmt ist.

Um ein plastisches Bild zu erhalten, kann man sich die Verzerrung der Raumzeit durch die Wirkung der Materie als ein Trampolin vorstellen, das unter den Schritten eines Akrobaten verformt wird. Jedes Objekt, das in die physikalische Realität eintaucht, spürt die Wirkung dieser Verformungen und rutscht die Hänge der gekrümmten Raumzeit hinunter. Der Physiker John Wheeler hat es treffend zusammengefasst:

> „Die Materie sagt dem Raum, wie er sich krümmen muss. Der Raum sagt der Materie, wie sie sich bewegen kann."

Wir sagen dem Raum und der Zeit Newtons, die absolut und unveränderlich waren, Adieu und befinden uns nun in der Welt der Relativität, wo Raum und Zeit durch das kosmische Geschehen geformt werden.

Eine räumliche Entfernung und eine zeitliche Dauer hängen von der Position der Messgeräte und der Geschwindigkeit ihrer Bewegung ab. So unglaublich es auch scheinen mag: Laut Einsteins Relativitätstheorie schlägt beispielsweise die Uhr auf dem Kirchturm schneller als die Armbanduhr eines Passanten, der auf dem Kirchplatz spaziert, und zwar nicht, weil eine der beiden Uhren schlecht funktioniert, sondern weil die Zeit tatsächlich langsamer vergeht, je stärker die Gravitation ist. Der Effekt ist auf der Erde so schwach, dass er kaum wahrnehmbar ist: Unsre Armbanduhr fällt etwa eine Nanosekunde (10^{-9} s) pro Tag hinter die Zeit auf dem Kirchturm zurück. Dennoch ist der Effekt real und wurde mit äußerst präzisen Atomuhren gemessen. Damit GPS-Geräte korrekt funktionieren können, müssen sie diesen relativistischen Effekt berücksichtigen, wenn sie die Zeit auf einem Satelliten mit der auf der Erde synchronisieren.

Salvador Dalí, der exzentrische katalanische Maler, der sich gerne von neuen wissenschaftlichen Ideen inspirieren ließ, malte in seinem Bild *Die Beständigkeit der Erinnerung* von 1931 weiche Uhren, die zu schmelzen und nach unten zu fließen scheinen, wo die relativistische Zeit langsamer vergeht. Außer dass die Vorstellung eines dynamischen Raumzeit-Kontinuums, das durch seinen Gehalt an Materie und Energie geformt wird, einen Einfluss auf Dalí hatte, bietet sie uns die aufregende Perspektive, die ‚Form des Kosmos‘ oder, genauer gesagt, die Geometrie des Raumzeit-Kontinuums aus astronomischen Messungen zu berechnen. Um zu verstehen, was dieser Satz bedeutet, ist es angebracht, einen kleinen Ausflug ins Reich der Bedeutung von Geometrie zu machen.

Eine seltsame neue Welt

Dante Alighieri zählte Euklid zu den großen Geistern der Vorhölle, da der bedeutende Mathematiker aus Alexandria auf dem Weg ins Paradies nicht weiter kam, weil er mehr als 300 Jahre vor der christlichen Ära geboren wurde. Raffael stellt ihn in dem vatikanischen Fresko *Die Schule von Athen* unter den Großen der Antike dar, wie er mit dem Zirkel Kreise zeichnet. Diese Künstler hatten allen Grund, Euklid zu feiern, denn er ist wirklich ein Gigant des intellektuellen Fortschritts der Menschheit.

Euklid erkannte, dass man alle Eigenschaften geometrischer Formen im Raum, also alle Beziehungen zwischen Punkten, Linien und Entfernungen, mit mathematischer Logik aus nur fünf Postulaten ableiten kann – das heißt, aus fünf offensichtlichen Wahrheiten, die man für selbstverständlich hielt. Das Ergebnis ist monumental, da es zeigt, dass der geometrische Raum absolut einzigartig ist und keine andere Form annehmen kann, wenn die Postulate als gegeben angenommen werden.

Unter den Postulaten von Euklid war es das letzte, das die Aufmerksamkeit der Mathematiker im Laufe der Jahrhunderte besonders auf sich zog. In seiner modernen Version besagt es, dass es zu einer Geraden auf einer Ebene genau eine Parallele gibt, die durch einen Punkt außerhalb der Geraden geht. Seit der Antike haben verschiedene Mathematiker versucht zu beweisen, dass das fünfte Postulat aus den anderen vier ableitbar und daher überflüssig ist. Alle Versuche scheiterten.

Anfang des 19. Jahrhunderts erkannte der berühmte Mathematiker Carl Friedrich Gauss, dass es möglich ist, andere Geometrien als die euklidische zu konstruieren, die jedoch logisch vollkommen schlüssig sind, wenn man auf das fünfte Postulat verzichtet. Gauss veröffentlichte seine Ergebnisse nie, vielleicht weil der geometrische Raum, den sein Geist konstruiert hatte, ihm zu seltsam erschien.

Fast 20 Jahre später entdeckten der Russe Nikolaj Ivanovic Lobatschewski und der Ungar János Bolyai unabhängig voneinander die Existenz von Geometrien, die sich von der Euklids unterscheiden. In einem Brief an seinen Vater Farkas, ebenfalls Mathematiker, schrieb Bolyai:

„Ich habe aus dem Nichts eine völlig neue Welt geschaffen!"

Offensichtlich hatte er die revolutionäre Tragweite der Idee erkannt, dass die euklidische Geometrie nicht die einzige logische Möglichkeit für den physikalischen Raum ist. Sein Enthusiasmus wurde aber von Gauss nicht geteilt, der nach dem Lesen der Ergebnisse des jungen ungarischen Mathematikers nur ihm schon Bekanntes entdeckte und an dessen Vater schrieb, dass er die Arbeit nicht loben könne, denn

„sie loben, hiesse mich selbst loben: denn der ganze Inhalt der Schrift, der Weg, den Dein Sohn eingeschlagen hat, und die Resultate zu denen er geführt ist, kommen fast durchgehends mit meinen eigenen, zum Theile schon seit 30–35 Jahren angestellten Meditationen überein. In der That bin ich dadurch auf das Äusserste überrascht."

Im Jahr 1854 legte der deutsche Mathematiker Bernhard Riemann eine vollständige Formulierung der nichteuklidischen Geometrien vor, indem er die mathematische Sprache definierte, die noch heute in Gebrauch ist. Nur wenige hätten sich damals vorstellen können, dass diese abstrakten Geometrien etwas mit dem physikalischen Raum zu tun haben könnten, in dem wir uns befinden.

Vereinfacht man die Klassifizierung von Riemann etwas, kann man drei mögliche Arten von Geometrien in Betracht ziehen. In den *sphärischen Geometrien* gibt es keine parallelen Geraden: Zwei Geraden (verstanden als der kürzeste Weg, der zwei getrennte Punkte verbindet) müssen sich früher oder später kreuzen. Räume dieser Art, die sich sozusagen in sich selbst falten, zeichnen sich durch die Eigenschaft aus, dass Geraden dazu neigen, aufeinander zuzulaufen. Die Mathematiker sagen, dass Räume dieser Art eine *positive Krümmung* haben.

Es ist nicht einfach, einen dreidimensionalen gekrümmten Raum zu visualisieren, aber die Aufgabe wird einfacher, wenn man eine Dimension vernachlässigt und sich auf eine zweidimensionale gekrümmte Oberfläche beschränkt. Stellen Sie sich zum Beispiel die Oberfläche der Erde vor, und stellen Sie sich vor, dass sie den gesamten für die physikalische Realität zugänglichen Raum darstellt und nichts anderes außerhalb von ihr existiert. Das Beispiel ist gar nicht so abstrakt, da Menschen sich normalerweise in Nord-Süd- und Ost-West-Richtung bewegen, aber selten in das Innere der Erde eindringen oder interplanetare Reisen unternehmen. In erster Näherung lebt die Menschheit auf einer zweidimensionalen sphärischen Oberfläche.

Auf einer sphärischen Oberfläche sind die Geraden Großkreise, also Kreise mit dem größtmöglichen Umfang. Beispiele für Großkreise auf der Erde sind der Äquator, zwei gegenüberliegende Meridiane oder jeder andere Kreis mit gleichem Umfang. Es ist leicht zu verstehen, dass Großkreise immer den kürzesten Weg zwischen zwei Punkten auf einer sphärischen Oberfläche definieren. Rom und Boston liegen fast auf der gleichen geografischen Breite von 42 Grad, aber ein Flugzeug, das von Rom nach Boston fliegt, folgt nicht dem 42. Breitengrad, sondern fliegt weiter nach Norden und folgt einem Großkreis, der der kürzeste Weg ist, obwohl er auf dem Globus wie eine gekrümmte Linie aussieht (siehe Abb. 2.1a). Großkreise kreuzen sich immer irgendwo, daher können auf einer sphärischen Oberfläche keine parallelen Geraden existieren.

In Räumen mit sphärischer Geometrie ist im Gegensatz zur euklidischen Geometrie die Summe der Winkel eines beliebigen Dreiecks immer *größer* als 180 Grad. Ein Beispiel: Zeichnen Sie ein Dreieck mit einem Eckpunkt am

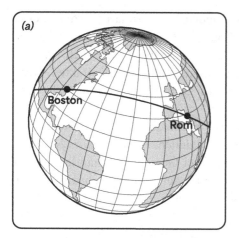 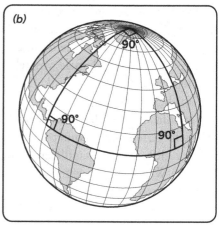

Abb. 2.1 **(a)** Auf einer sphärischen Oberfläche entsprechen Geraden (d. h. die kürzesten Wege zwischen zwei Punkten) Großkreisen. Auf der Erdoberfläche folgt der Großkreis zwischen Rom und Boston nicht dem 42. Breitengrad. Er erscheint auf dem Globus gekrümmt. **(b)** Auf einer sphärischen Oberfläche kann man ein Dreieck zeichnen, dessen Winkel alle 90 Grad betragen, also rechte Winkel sind

Nordpol, zwei Seiten entlang von Meridianen, die einen rechten Winkel bilden, und die dritte Seite entlang des Äquators, sodass alle Seiten Teile von Großkreisen sind (siehe Abb. 2.1b). Jeder der drei Winkel des Dreiecks beträgt 90 Grad, und ihre Summe beträgt 270 Grad. Sagen wir es so: Die Geometrie auf einer sphärischen Oberfläche ist wirklich bizarr.

Eine zweite Art nichteuklidischer Geometrien sind die *hyperbolischen Geometrien*. In ihnen ist es möglich, eine unendliche Anzahl von parallelen Geraden zu zeichnen, die durch einen gegebenen Punkt verlaufen. Hyperbolischen Räume – die sozusagen dazu neigen, sich zu öffnen – zeichnen sich dadurch aus, dass die Summe der Winkel eines beliebigen Dreiecks immer *kleiner* als 180 Grad ist. In der Mathematik sagt man, dass die Krümmung dieser Räume *negativ* ist.

Zwischen den Räumen mit positiver und negativer Krümmung liegt der Raum der euklidischen Geometrie, in dem die Summe der Winkel eines beliebigen Dreiecks immer 180 Grad beträgt. So haben wir es in der Schule gelernt. In diesem Fall sprechen die Mathematiker und Physiker von einer *flachen Geometrie*, im Sinne, dass die Krümmung null ist. Die Eigenschaften der drei Arten von Geometrien sind in Abb. 2.2 zusammengefasst.

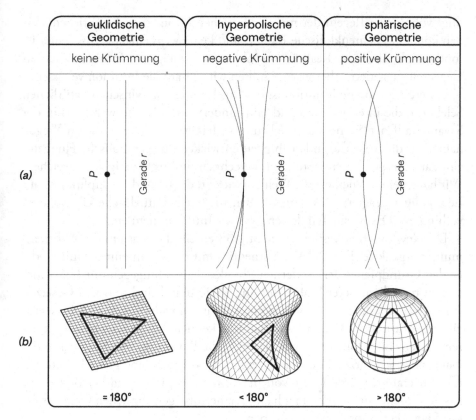

euklidische Geometrie	hyperbolische Geometrie	sphärische Geometrie
keine Krümmung	negative Krümmung	positive Krümmung
= 180°	< 180°	> 180°

Abb. 2.2 **(a)** In der euklidischen Geometrie gibt es zu einer gegebenen Gerade r und einen Punkt P außerhalb dieser Geraden eine und nur eine Gerade, die durch P verläuft und parallel zu r ist. In der hyperbolischen Geometrie gibt es unendlich viele. In der sphärischen Geometrie gibt es keine, weil zwei Geraden sich zwangsläufig kreuzen müssen. **(b)** In der euklidischen Geometrie ist die Summe der Winkel eines beliebigen Dreiecks immer 180 Grad. In der hyperbolischen Geometrie ist sie immer kleiner als 180 Grad, während sie in der sphärischen Geometrie immer größer als 180 Grad ist

Wie man das Universum formt

Nichteuklidische Geometrien mögen wie die abstruse Fantasie eines arbeitslosen Mathematikers oder das extravagante Spiel von jemandem erscheinen, der Spaß daran hat, die Welt in Zerrspiegeln zu betrachten, wie sie in den Jahrmarktsbuden von einst zu finden waren. Tatsächlich waren die nichteuklidischen Geometrien nur eine reine Schöpfung der Fantasie – bis Einsteins Allgemeine Relativitätstheorie die Karten umdrehte und zeigte, wie die Raumzeit sich krümmt und verformt und dabei Strukturen erzeugt, die nur mit den ungewöhnlichen Regeln der nichteuklidischen Geometrien beschrieben werden können. Nichteuklidische Räume sind keineswegs eine abstruse Fantasie, sondern physikalische Realität, obwohl unsere alltägliche Intuition uns das Gegenteil suggeriert. Aber warum sollten wir uns auf die Intuition verlassen? Unsere angeborene Intuition ist das Ergebnis der Darwinschen natürlichen Selektion, die in einigen tausend Jahrhunderten des Umherwanderns in der Savanne auf der Suche nach Nahrung verfeinert wurde. Auf diesen Wegen haben wir die hervorragende Fähigkeit entwickelt, die parabolische Flugbahn eines auf uns geworfenen Steins zu berechnen und rechtzeitig auszuweichen. Wir haben einen Blick für die Welt entwickelt, der besonders empfindlich auf Bewegungen reagiert, was sehr nützlich ist, um heimtückische Überfälle zu verhindern. Das ist ein Teil dessen, was wir Intuition nennen.

Die Newtonsche Physik beschreibt größtenteils das, was uns die Wahrnehmung vorgaukelt. Die Relativitätstheorie und die Quantenmechanik – die beiden Grundpfeiler der modernen Physik – haben hingegen mit Phänomenen zu tun, die unserer Wahrnehmung völlig fremd sind und von Gesetzen regiert werden, die unserer allgemeinen Intuition widersprechen. Die Relativitätstheorie und die Quantenmechanik zu kennen, bringt keinen evolutionären Vorteil. Ein Höhlenmensch, der über die Bewegung von Körpern in der Nähe eines Schwarzen Lochs nachdenkt oder die Heisenbergsche Unschärferelation erahnt, würde leicht von der ersten vorbeikommenden Bestie zerrissen werden, ohne die Zeit zu haben, seine außergewöhnlichen Gene an zukünftige Generationen weiterzugeben.

Bei der Betrachtung des Ursprungs des Universums stoßen wir auf physikalische Phänomene, die unserer alltäglichen Erfahrung völlig fremd sind. Je tiefer wir in die Erforschung des Big Bang eindringen, umso mehr werden wir mit den Eigenheiten der modernen Physik zu tun haben. Es ist daher ratsam, unsre übliche Intuition aufzugeben, die zwar für die Evolution unserer Spezies sehr nützlich war, uns aber nur täuschen kann, wenn wir uns mit den Mechanismen des Big Bang auseinandersetzen. Um die Form des Kosmos zu verstehen, ist es besser, nicht auf die Intuition zu setzen, sondern sich stattdessen von der Mathematik der nichteuklidischen Räume mitreißen zu lassen.

Nichteuklidische Geometrien ermöglichen Situationen, die in der üblichen euklidischen Geometrie unmöglich sind. Zum Beispiel gehen wir intuitiv davon aus, dass ein Raum mit einem begrenzten Volumen zwangsläufig einen Rand haben muss. Das ist jedoch in einer sphärischen Geometrie, wie der der Erdoberfläche, nicht mehr der Fall. Geht man auf der Erde los, trifft man nie auf Grenzen, also Orte, wo der Raum zu Ende ist. Geht man immer geradeaus, kommt man sogar an den Ausgangspunkt zurück. Der Raum einer sphärischen Oberfläche hat eine endliche Größe, aber keine Grenzen.

Nichteuklidische Geometrien bieten eine Perspektivwechsel, wenn es um Fragen wie ‚Ist der physikalische Raum unendlich groß?‘ geht. Wir können auf diese Frage noch keine sichere Antwort geben, aber zumindest wissen wir, dass es keinen Sinn macht, sich zu sorgen, weil der Raum mit den Säulen des Herkules enden könnte, hinter denen es nichts mehr gibt. Nichteuklidische Geometrien lehren uns, dass der Raum endlich sein kann, ohne ein Ende zu haben.

Wir sind es gewohnt, die Form eines Objekts wahrzunehmen, indem wir es in die Hand nehmen und es von allen Seiten betrachten. Mit anderen Worten: Wir *begreifen*, in welcher Form ein Objekt im Raum eingebettet ist. All dies verliert seine Bedeutung, wenn wir die Form des Kosmos betrachten wollen, da der Kosmos selbst die Gesamtheit des Raums ist. Die Form des Kosmos kann man nicht durch die Art und Weise beschreiben, wie er in einen äußeren Raum eingebettet ist, sondern nur durch seine innere Geometrie.

Die Beispiele für zweidimensionale Räume, die in Abb. 2.2b gezeigt werden, sind nützlich, um sich ein Bild nichteuklidischer Geometrien zu machen, aber man darf sich nicht täuschen. Die zweidimensionalen Oberflächen beschreiben in der Abbildung die gesamte physikalische Realität, der dreidimensionale Raum ist dagegen fiktiv. Um die Krümmung eines Raums zu visualisieren, müssen wir versuchen, den Raum in einen Hyperraum einzubetten, das heißt in einen Raum mit einer zusätzlichen Dimension. Um eine gekrümmte Linie zu visualisieren, zeichnen wir sie auf ein Blatt, das einen zweidimensionalen Hyperraum darstellt. Um eine gekrümmte Oberfläche zu visualisieren, stellen wir sie uns vor, wie sie im dreidimensionalen Hyperraum schwebt.

Das Revolutionäre an den nichteuklidischen Geometrien ist, dass es gekrümmte Räume gibt, die in nichts eingebettet sind, also nicht die Oberfläche von irgendetwas sind. Die Krümmung des physikalischen Raums ist dem Raum selbst inhärent und benötigt keinen Hyperraum. Der physikalische Raum krümmt sich nicht in einen äußeren Raum, sondern in sich selbst.

Versteht man die Form des Kosmos, heißt das letztendlich, dass man daraus Schlüsse auf die Geometrie des gesamten Raumzeit-Kontinuums ziehen kann. Diese Geometrie beschreibt nicht nur die Krümmung des Raums, sondern erzählt uns auch die Vergangenheit und die Zukunft des Universums. Kurz nachdem er die Allgemeine Relativitätstheorie formuliert hatte, erkannte Einstein, wie einzigartig die Gelegenheit war, die er hatte. Die Form des Kosmos war nicht mehr ein mystisches *Koan*, sondern eine Frage, die der wissenschaftlichen Untersuchung zugänglich war. Einstein verstand, dass er die Rolle des Schöpfers des Universums spielen könnte, und machte sich sofort an die Arbeit.

$$R_{\mu\nu} - \frac{1}{2}Rg_{\mu\nu} + \Lambda g_{\mu\nu} = \frac{8\pi G}{c^4}T_{\mu\nu}$$

Abb. 2.3 Einsteins Gleichung, wie sie auf der Außenwand des Rijksmuseum Boerhaave für die Geschichte der Wissenschaft in Leiden erscheint

Die zentrale Gleichung der Allgemeinen Relativitätstheorie stellt eine Beziehung zwischen Materie und Energie mit der Geometrie der Raumzeit her. Weiß man, wie Materie und Energie im Raum verteilt sind, liefert diese Gleichung alle Informationen über die Krümmung der Raumzeit, was wiederum die Wirkung der Gravitationskraft beschreibt. Zu Ehren ihres Schöpfers ist diese Gleichung nach Einstein benannt.

Einsteins Gleichung ist vielleicht die schönste physikalische Gleichung, die jemals geschrieben wurde, weil sie die tiefe Verbindung zwischen Materie/Energie und Geometrie/Gravitation zusammenfasst. Sie ist so schön, dass sie auf die Außenwand des Rijksmuseum Boerhaave gemalt wurde (siehe Abb. 2.3). Für Physiker ist dies ‚Einsteins Gleichung' und nicht die populärere, aber weniger grundlegende Gleichung $E = mc^2$.

Wüssten wir, wie Materie und Energie im Universum verteilt sind, würde uns Einsteins Gleichung eine eindeutige Antwort auf die Frage nach seiner geometrischen Form geben. Um seine Aufgabe als Schöpfer des Universums zu beginnen, musste Einstein daher von einer Annahme über die Verteilung der Materie ausgehen. Er wählte die einfachste: Die Materie ist im Kosmos in gewisser Weise kontinuierlich und gleichmäßig verteilt.

Das Universum in Form einer sphärischen Kuh

Die Hypothese, dass die Materie im Universum kontinuierlich und gleichmäßig verteilt ist, mag völlig absurd erscheinen. War Einstein vielleicht zu sehr in seine Gleichungen vertieft, um Zeit zu finden, einen Blick auf den mit Sternen übersäten Nachthimmel zu werfen und zu bemerken, dass das Universum alles andere als gleichmäßig ist? Dennoch ist Einsteins Hypothese völlig sinnvoll.

Eines der magischen Geheimnisse der theoretischen Physik besteht darin, Hypothesen zu aufzustellen, die ein Problem so weit vereinfachen, dass es lösbar wird, aber nicht so sehr vereinfachen, dass seine wesentlichen Eigenschaften verloren gehen. Mit anderen Worten: Um die physikalische Realität zu enthüllen, gilt es das zu eliminieren, was das Wesen der Dinge verschleiert.

Physiker nennen diesen handwerklichen Trick die Hypothese der *sphärischen Kuh*. In der Ferne mit einer Kamera mit geringer Auflösung fotografiert, erscheint eine Kuh grob gesehen als eine Kugel, bei der man die Form der Hörner, die Anzahl der Beine und die Länge des Schwanzes nicht erkennen kann. Die Hypothese der sphärischen Kuh aufzustellen bedeutet, die wesentlichen Eigenschaften des Problems zu erfassen und unwichtige Details wegzulassen.

Es handelt sich wirklich um eine Kunst, die das Ergebnis der Intuition ist, die physikalische Realität von dem zu unterscheiden, was sie verdeckt. Eine sphärische Kuh zu erfinden bedeutet, ein abstraktes Bild des Universums zu malen. Es ist kein Zufall, dass auch Künstler auf dasselbe Problem gestoßen sind. Die amerikanische Malerin Georgia O'Keeffe hat es in einem Interview 1922 so ausgedrückt:

> „Nichts ist unrealistischer als Realismus. Details verwirren. Nur durch Auswahl, Eliminierung und Betonung können wir zur wahren Bedeutung der Dinge gelangen."

Die Details verwirrten beispielsweise Aristoteles und brachten ihn zu der Behauptung, dass ein sich bewegender Körper von selbst stehen bleibt. Galilei kam dagegen zu den richtigen Bewegungsgesetzen, als er die Intuition hatte, die Wirkung der Reibung zu ignorieren. Physiker bauen Näherungsmodelle der Realität, die es ermöglichen, die Bedeutung eines Phänomens viel leichter zu verstehen, als es mit einer detaillierten Beschreibung möglich ist. In einem anderen Kontext – der aber letztlich gar nicht so anders ist – fasste Pablo Picasso den Sinn der sphärischen Kuh zusammen:

> „Die Kunst ist eine Lüge, die uns die Wahrheit verstehen lässt."

Das Universum ist alles andere als gleichmäßig, wenn wir das Sonnensystem, die Galaxien und die Galaxienhaufen betrachten. Aber astronomische Bilder mit einer räumlichen Auflösung von nur etwa 300 Mill. Lichtjahren zeigen im Universum eine gleichmäßig verteilte Materie ohne besondere Strukturen.

Die Annahme, die Materie sei kontinuierlich und gleichmäßig verteilt, ist also eine ausgezeichnete Hypothese in Form einer sphärischen Kuh, wenn wir uns über die globale Form des Universums und nicht über die einzelnen Strukturen in seinem Inneren Gedanken machen. Diese Hypothese entspricht einem unscharfen Bild des Kosmos, als ob er aus einem gleichmäßigen Gas von Galaxien bestehen würde, die aufgrund der geringen Auflösung des Bildes nicht einzeln unterschieden werden können.

Das unscharfe Bild des Kosmos kann man mit unserer Wahrnehmung von Materie vergleichen. Ein fester Gegenstand erscheint uns als ein undurchdringlicher Block, obwohl er in Wirklichkeit ein komplexes Konglomerat von Atomen in einem leeren Raum ist, wenn wir ihn aus Entfernungen von einem Milliardstel Meter (10^{-9} m) betrachten. Solange wir uns darauf beschränken, statt seiner mikroskopischen Struktur die globalen Eigenschaften zu studieren, ist die Beschreibung als Materieblock nicht nur eine brauchbare Annäherung, sondern sogar das am besten geeignete Werkzeug. Für imaginäre winzige Wesen, die in der Tiefe der Materie leben und um sich herum nur leeren Raum sehen, der mit isolierten Atomen gesprenkelt ist, sieht die Realität jedoch völlig anders aus

Wenn wir uns mit dem Universum auseinandersetzen, geht es uns wie diesen winzigen Wesen. Wir sehen Sterne und Planeten, die in einen weitgehend leeren, riesigen kosmischen Raum eingebettet sind. Das Universum in seiner Gesamtheit und seine einheitliche Struktur können wir nur mit unserer Vorstellungskraft rekonstruieren. Das Ziel der Kosmologie ist es nicht, einzelne Himmelskörper zu studieren, sondern die globalen Eigenschaften des Universums: Die sphärische Kuh, die das Universum als eine einheitliche Substanz beschreibt, ist ein guter Ausgangspunkt.

Einstein beschränkte sich nicht darauf, die Gleichmäßigkeit der Materie im Raum anzunehmen, sondern fügte eine weitere Hypothese hinzu: Die globale Struktur des Universums ändert sich nicht mit der Zeit. Damals schien dies eine Wahrheit zu sein, die ganz offensichtlich war. Was wäre der Sinn eines sich entwickelnden Universums mit einem Anfang oder einem Ende?

Einstein war enttäuscht, als er feststellte, dass seine Gleichung unter der Annahme perfekter Gleichmäßigkeit in Raum und Zeit keine Lösung zuließ. Seine Berechnungen zeigten, dass ein statisches Universum, in dem die Materie kontinuierlich und gleichmäßig verteilt ist, nicht existieren kann.

Bei genauerem Nachdenken ist das Ergebnis nicht überraschend. Schon Newton hatte sich mehr als zweihundert Jahre zuvor mit der gleichen Frage auseinandergesetzt und sich gefragt: Was hindert das Universum daran, in sich selbst zusammenzustürzen, wo doch die Gravitation eine anziehende Kraft ist?

Newton glaubte, die Antwort in der unendlichen Weite des Universums gefunden zu haben. In einem Briefwechsel mit dem Theologen Richard Bentley behauptete er, wenn alle Sterne des Universums gleichmäßig in einem endlichen Raum verteilt wären, müsste die Gravitation sie zum Zentrum hin zusammenstürzen lassen. Ist aber der Raum, in dem die Sterne verteilt sind, unendlich, kann es kein Zentrum geben. Ein unendlich großes Universum bleibt statisch, weil es keinen Punkt gibt, in den es zusammenstürzen kann.

Newtons Antwort ist zwar einfallsreich, aber sie ist falsch. Das zeigt, dass sich auch ein Genie irren kann, wenn es um die Unendlichkeit geht. Ein unendlich großes Universum, das gleichmäßig mit Materie gefüllt ist, bricht leider doch unter dem Einfluss der Gravitation zusammen. Obwohl es kein Zentrum gibt, geschieht der Zusammenbruch gleichmäßig, und jeder Beobachter sieht die gesamte Materie auf sich zustürzen, unabhängig davon, wo er sich befindet. Der Zusammenbruch findet sowohl nach der Newtonschen Gravitation wie auch nach der Allgemeinen Relativitätstheorie statt. Das ist der Grund, warum Einstein keine statischen Lösungen für seine Gleichung gefunden hat.

Einstein gab jedoch an dieser Stelle das Projekt nicht auf, das Universum zu gestalten, sondern entschied, einen anderen Weg zu gehen. Er machte einen großen Fehler und machte gleichzeitig eine außergewöhnliche Entdeckung. Der Fehler bestand darin, die Möglichkeit nicht in Betracht zu ziehen, dass das Universum sich verändern könnte. Damit verpasste er die Entdeckung des Big Bang, die seine Gleichung ihm auf alle möglichen Weisen nahelegte. Die Unveränderlichkeit der globalen Struktur des Universums erschien ihm eine unbestreitbare Tatsache zu sein. Die Vorstellung eines Universums, das sich in einer gewaltigen Expansion des Raums aufbläht oder in sich zusammenfällt und sich elend zusammenrollt, war in seinen Augen zu weit entfernt von der Realität. Es scheint fast paradox, aber der Physiker, der die Starrheit von Raum und Zeit umgestürzt und sie zu veränderbaren Größen gemacht hat, zögerte plötzlich bei der Vorstellung eines Universums, in dem sich der Raum dynamisch entwickelt. Die Revolution der Ideen ist kein Prozess, der einem logischen Verlauf folgt.

Zusammen mit dem Fehler kam aber auch die geniale Intuition: Auf der Suche nach einer Lösung, die das Universum statisch machen könnte, führte Einstein ein Konzept ein, das heute als Schlüssel zur Erklärung dessen angesehen wird, was vor dem Big Bang passiert ist.

Einsteins statisches Universum

Anfang 1917, als an der Westfront fast eine Million Tote unter Franzosen und Deutschen gezählt wurden, als chemische Waffen wie Chlor, Phosgen und Senfgas ihren Einzug auf den Schlachtfeldern hielten, während die Dolomiten stumm dem stetigen Auslöschen des Lebens junger Italiener und Österreicher beiwohnten und die Vereinigten Staaten überlegten, in den Krieg einzutreten, war Einstein in seinen Versuch vertieft, das Universum zu stabilisieren. Im Februar schrieb er an seinen Kollegen und Freund Paul Ehrenfest, dass ihn seine Bemühung

„ein wenig in Gefahr setzt, in einem Tollhaus interniert zu werden".

Anstatt im Tollhaus zu landen, stieß er auf eine Lösung, die ihm passend erschien.

Einstein bemerkte, dass in seiner Gleichung ein neuer Term eingefügt werden konnte, den bisher niemand berücksichtigt hatte. Im Gegensatz zum Term, der die Materie beschrieb, hatte dieser neue Term keine klare physikalische Interpretation. Tatsächlich war er völlig rätselhaft, weil seine Wirkung darin bestand, eine abstoßende Gravitationskraft zu erzeugen, das genaue Gegenteil aller bekannten Gravitationsphänomene. Die Existenz einer abstoßenden Gravitation oder Antigravitation war eine absolute Neuheit, die unmöglich in der Newtonschen Theorie zu berücksichtigen war. Man kannte zwar keine Antigravitationsphänome in der Natur, aber Einsteins Gleichung war mit diesem neuen Term, der den Namen *kosmologische Konstante* erhielt, vollkommen vereinbar.

Einstein nutzte nun die ungewöhnliche Eigenschaft der kosmologischen Konstante, um ein statisches Universum zu schaffen, indem er sorgfältig die Gravitationsanziehung der Materie mit der Gravitationsabstoßung der kosmologischen Konstante ausbalancierte. Genau wie bei einem Tauziehen zwischen zwei gleich starken Teams bleibt Einsteins Universum im Gleichgewicht zwischen zwei entgegengesetzten Kräften.

Es ist seit Newtons Zeiten gut bekannt, dass die Gravitationskraft zwischen zwei Körpern mit dem Quadrat der Entfernung abnimmt. Die abstoßende Kraft der kosmologischen Konstante hingegen wächst proportional zur Entfernung. Das bedeutet, dass bei der Verdoppelung der Entfernung die Anziehungskraft viermal schwächer wird, während die abstoßende Kraft doppelt so stark wird. Aus diesem Grund wird der Effekt der kosmologischen Konstante auf große Entfernungen wichtig und kann in der Nähe vernachlässigt werden. Dieses Geheimnis ermöglichte es Einstein, sein Universum zu erschaffen, ohne in Widerspruch zu den jahrhundertealten astronomischen Erkenntnissen zu geraten, die noch nie auf die Antigravitation verwiesen hatten. Solange man Entfernungen in Betracht zieht, die für die üblichen astronomischen Beobachtungen relevant sind, ist der Einfluss der kosmologischen Konstante absolut unsichtbar. Betrachtet man jedoch das Universum in seiner Gesamtheit, wird die kosmologische Konstante zum bestimmenden Element, um den Kosmos im statischen Gleichgewicht zu halten.

Die Visualisierung des vierdimensionalen Raumzeit-Kontinuums erfordert außergewöhnliche Vorstellungskraft. Glücklicherweise hilft uns die Hypothese der gleichmäßig verteilten kosmischen Materie, die Aufgabe zu vereinfachen. Mit Einsteins Gleichung, die Materie und Geometrie in Beziehung setzt, folgt aus der Hypothese der gleichmäßig verteilten Materie die Gleichmäßigkeit der Raumgeometrie. Das bedeutet, dass man immer auf die gleiche

Geometrie trifft, in welche der drei Dimensionen des Raums man sich auch bewegt. Es genügt also, den Raum mit nur einer Dimension zu charakterisieren, die die Entfernungen zwischen physikalischen Punkten angibt, und die anderen beiden zu unterdrücken. In den folgenden Seiten werde ich diesen Trick oft nutzen und das Raumzeit-Kontinuum als zweidimensionale Oberfläche darstellen, wobei eine Richtung die Zeit und die andere den Raum angibt. Ich überlasse es dem Leser, sich die fehlenden zwei räumlichen Dimensionen vorzustellen – eine keineswegs einfache Aufgabe.

Die Geometrie von Einsteins Universum ist für eine zweidimensionale Raumzeit in Abb. 2.4 dargestellt. Es handelt sich um eine zylindrische Oberfläche, wobei die Richtung entlang der vertikalen Achse die Zeit und die Kreise, die durch das Schneiden des Zylinders entlang horizontaler Ebenen entstehen, den Raum beschreiben. Es ist wichtig zu bedenken, dass nur die Oberfläche des Zylinders das physikalische Raumzeit-Kontinuum beschreibt. Der Rest dient nur zur Visualisierung der Krümmung und ist nicht Teil der Realität. Man kann sich Abb. 2.4 als einen Stapel von Kreisen vorstellen, die Fotos des Raums zu aufeinanderfolgenden Zeitpunkten darstellen. All diese Fotos sind identisch, was zeigt, dass das Universum statisch ist. Letztendlich ist Einsteins Universum ein gekrümmter sphärischer Raum, dessen Geometrie sich nicht mit der Zeit ändert. Der Krümmungsradius von Einsteins sphärischem Universum kann aus der Materiedichte im Universum abgeleitet werden, was zu einem Wert von einigen 10 Mrd. Lichtjahren führt.

Einstein war überzeugt, dass er das einzig mögliche Universum erhalten hatte, das mit den strengen Vorgaben der Allgemeinen Relativitätstheorie übereinstimmt. Aus heutiger Sicht erscheint Einsteins Universum jedoch unhaltbar.

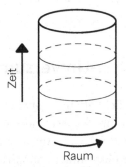

Abb. 2.4 Die Form von Einsteins statischem Universum. Die vertikale Richtung zeigt die Zeit, die horizontalen Schnitte der zylindrischen Oberfläche repräsentieren Bilder des Raums zu verschiedenen Zeiten. Der Pfeil um die zylindrische Oberfläche zeigt den Raum an. Zwei der drei räumlichen Dimensionen sind unterdrückt. Da alle Schnitte identisch sind, ist das Universum statisch

Einer seiner Hauptmängel ist die Instabilität des Gleichgewichts zwischen Materie und kosmologischer Konstante, die durch die unterschiedliche Abhängigkeit von der Entfernung der beiden gegensätzlich wirkenden gravitativen Effekte bedingt ist. Ist der Radius des Universums nur etwas größer als der Gleichgewichtswert, überwiegt die kosmologische Konstante, und das Universum dehnt sich schnell aus. Ist umgekehrt der Radius etwas kleiner als der Gleichgewichtswert, überwiegt die anziehende Wirkung der Materie, und das Universum implodiert unaufhaltsam. Mit anderen Worten: Das Gleichgewicht, das Einsteins Universum statisch hält, ist instabil, und jede kleine Unregelmäßigkeit in der Verteilung von Materie würde es expandieren oder kollabieren lassen.

Es ist, als ob das Tauziehen auf einem Plateau stattfindet, wo beide Teams mit dem Rücken zum Abgrund stehen. Bei der geringsten Bewegung des Seils fällt ein Team in den Abgrund, und das Gleichgewicht ist gebrochen. Die Statik von Einsteins Universum wird also um den Preis einer künstlichen und unrealistischen Bedingung erreicht.

Einsteins statisches Universum ist also ein Fehlschlag. Dennoch hatte die Studie, die Einstein zur Schaffung seines hinkenden Universums führte, später eine enorme Bedeutung für das Verständnis des Big Bang. Heute weiß man, dass die Natur die kosmologische Konstante in großem Maße bei der Konstruktion des Universums verwendet hat, obwohl sie sie sicherlich nicht verwendet hat, um das Universum in dem wackeligen Gleichgewichtszustand zu stützen, den Einstein sich vorgestellt hat.

Die Idee der kosmologischen Konstante hat glücklicherweise den frühen Tod des statischen Universums überlebt. Oft sind in der Physik die Ideen stärker als ihre Schöpfer und erlangen ein völlig anderes Leben als das, was der Schöpfer ihnen zugedacht hatte. Die kosmologische Konstante ist ein perfektes Beispiel dafür.

Das seltsame de Sitter-Universum

Willem de Sitter war ein zurückhaltender, aber entschlossener Mann. Im Jahr 1897, am Ende seines Studiums der Astronomie an der Universität Groningen in den Niederlanden, nahm er das Angebot an, Assistent am Royal Observatory am Kap der Guten Hoffnung in Südafrika zu werden. Als er in Kapstadt ankam, traf er Eleonora Suermondt, eine junge niederländische Gouvernante mit einer turbulenten Familiengeschichte: Ihr Vater, ein Kaffeepflanzer in den indonesischen Kolonien, war gestorben, als sie erst elf Jahre alt war. Ihre Mutter war in einer Irrenanstalt auf Java eingesperrt, und ihr mütterlicher Großvater war Pirat in der Südsee unter dem Pseudonym Monseigneur Xavier de Mérode.

Zwischen Willem und Eleonora war es Liebe auf den ersten Blick. Er lud sie zu einem Ausflug auf den Tafelberg ein, den charakteristischen flachen Berg, der Kapstadt überragt. Als sie oben ankamen, bat er sie, ihn zu heiraten. Eleonora, die ihr ganzes Leben lang ihren Mann verehrte, schrieb im Alter, dass ihr Leben an jenem Tag auf dem Tafelberg begann, als Willem ihr sagte, er sei

„voll von Liebe, wie geschliffenes Glas voll von Licht ist".

Für einen Astronomen, der an Linsen und Teleskope gewöhnt ist, sind diese Worte der Gipfel der Romantik.

Die Hochzeit wurde hastig organisiert. Es ist nicht bekannt, ob Willems Eltern die Wahl gebilligt haben, aber sein Vater bat darum, dem Ehevertrag die Randnotiz hinzufügen, dass die jungen Eheleute in Gütertrennung lebten.

De Sitter wurde später ein angesehener Astronom an der Universität von Leiden. Ein Onkel von Eleonora kommentierte, dass wir nie verzweifeln sollten, wenn ein Kind einen Beruf wählt, den wir nicht mögen, wenn also wirklich die Nichte eines Piraten einen berühmten Astronomieprofessor heiratet.

Im Jahr 1917, kurz nach der Veröffentlichung von Einsteins statischem Universum, schlug de Sitter ein alternatives Modell des Kosmos vor. Mit Bescheidenheit nannte er es Lösung B, um es von Lösung A zu unterscheiden, die von der unbestrittenen Autorität in der Welt der Physik konzipiert worden war, der sieben Jahre jünger als er war und zum guten Freund wurde.

De Sitter ging von einer anderen Näherung des Universums aus als Einstein. Da stellare Materie im kosmischen Raum relativ selten ist, bestand de Sitters sphärische Kuh darin, das Universum so zu beschreiben, als ob es leer wäre, also völlig materiefrei. Wie Einstein berücksichtigte auch de Sitter die kosmologische Konstante und forderte, dass das Universum statisch sein sollte. Unter diesen Annahmen löste er die Einsteingleichung und fand die Lösung B, die heute als *de Sitter-Raum* bekannt ist.

Einstein, der fest davon überzeugt war, dass aus der Allgemeinen Relativitätstheorie unvermeidlich nur ein einziges Universum hervorgehen konnte, gefiel de Sitters Lösung überhaupt nicht. Die Gleichungen sollten eine und nur eine Lösung zulassen, nämlich die, die er entdeckt hatte. Einstein versuchte auf jede erdenkliche Weise, Fehler in de Sitters Berechnungen zu finden, allerdings ohne Erfolg. Trotzdem schrieb er an seinen Freund und Kollegen, dass die neue Lösung

„keiner physikalischen Realität entspricht".

Die Debatte um die beiden möglichen Universen, die von Einstein und de Sitter, dauerte ein Jahrzehnt und beteiligte Physiker und Astronomen auf der ganzen Welt.

Um das de Sitter-Universum zu visualisieren, können wir uns, wie wir es zuvor getan haben, auf eine einzige räumliche Dimension beschränken und die beiden anderen unterdrücken. Auf diese Weise wird das de Sitter-Universum durch eine zweidimensionale Raumzeit-Oberfläche dargestellt, die die Form eines Hyperboloids hat (siehe Abb. 2.5). Interpretieren wir die vertikale Achse als Zeit und schneiden das Hyperboloid entlang horizontaler Ebenen, zeigt die Figur, dass sich der de Sitter-Raum mit der Zeit zuerst bis zu einem minimalen Radius zusammenzieht, um sich dann unaufhaltsam auszudehnen. Dieses Ergebnis ist verwirrend, weil es im Widerspruch zu der ursprünglichen Annahme steht, dass das Universum statisch sein sollte. Es ist zum Verzweifeln: Ist das de Sitter-Universum statisch oder expandiert es?

Die Lösung des Rätsels liegt in der Tatsache, dass es im de Sitter-Universum, da es materiefrei ist, keine bevorzugte Art und Weise gibt, Raum und Zeit zu trennen. Die Raumzeit in Abb. 2.5 hat eine absolute Bedeutung, sie ist unabhängig von der Position und Bewegung des Messgeräts. Was wir aber Raum oder Zeit nennen, ist eine willkürliche Wahl, die von dem speziellen Standpunkt abhängt.

Das de Sitter-Universum erscheint damit sehr unterschiedlich, je nachdem, wie Raum und Zeit getrennt definiert werden. Insbesondere gibt es drei verschiedene Arten, das de Sitter-Universum zu sezieren, die alle perfekt logisch sind. Sie beschreiben einen expandierenden Raum mit hyperbolischer, sphärischer oder sogar euklidischer Geometrie. In seinem ursprünglichen Artikel hatte de Sitter die Raumzeit noch auf eine andere Weise unterteilt, in der tatsächlich die Form des Raums zu jedem Zeitpunkt gleich bleibt, was das Uni-

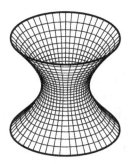

Abb. 2.5 Die Form des de Sitter-Universums. Die zweidimensionale Oberfläche des Hyperboloids beschreibt die Raumzeit mit einer einzigen räumlichen Dimension, während die anderen beiden unterdrückt werden

versum statisch erscheinen lässt. Kurz gesagt: Der de Sitter-Raum ist ein Chamäleon und nimmt je nach Betrachtungsweise verschiedene Formen an. Der Grund für diese Veränderlichkeit liegt in der speziellen Symmetrie, die hinter dem leeren Raum von de Sitter verborgen ist.

Es mag überraschend erscheinen, dass weder de Sitter noch Einstein im Jahr 1917 all diese verschiedenen legitimen Interpretationen bemerkt haben, die man dem Raumzeit-Kontinuum geben kann, das durch das Hyperboloid in Abb. 2.5 beschrieben wird. Die Allgemeine Relativitätstheorie beinhaltet komplizierte Mathematik, und anfangs waren selbst für den Erfinder der Theorie nicht alle ihre Aspekte klar.

Die Unklarheit darüber, wie Raum und Zeit getrennt werden, löst sich auf, sobald man dem leeren Raum von de Sitter auch nur einen Hauch von Materie hinzufügt. Die günstigste Wahl ist diejenige, die die Gleichmäßigkeit der Materie zu jedem Zeitpunkt garantiert. Diese Wahl, die am besten für kosmologische Studien geeignet ist, die das reale Universum beschreiben sollen, legt eindeutig die Definition von Raum und Zeit in der Welt von de Sitter fest, nimmt ihr jedoch nicht vollständig ihren rätselhaften Aspekt.

Aus kosmologischer Sicht ist das Universum von de Sitter alles andere als statisch, wie sein Autor es darstellen wollte, es ist vielmehr durch eine schwindelerregende Expansion gekennzeichnet. Obwohl der Raum sich entwickelt, hat die Zeit weder Anfang noch Ende. Darüber hinaus ist die Expansionsrate des Raums konstant, und ein hypothetischer Bewohner der Welt von de Sitter, der nur einen Teil des Raums beobachten kann, sieht immer das gleiche Universum und kann die Vergangenheit nicht von der Zukunft unterscheiden. Für einen de Sitterianer hat die Zeit, obwohl sich der Raum ausdehnt, keine Bedeutung.

All dies mag wie eine abstrakte mathematische Fantasie erscheinen, die ein absurdes Universum beschreibt. Und doch hat die Idee, die zu Beginn des 20. Jahrhunderts entstanden und dann aufgegeben wurde, etwa sechzig Jahre später ein neues Leben gefunden und spielt, wie wir später sehen werden, eine entscheidende Rolle bei der Aufklärung der Geheimnisse des Big Bang. Wieder einmal hat in der Geschichte der Wissenschaft die Idee den Erfinder übertroffen.

3

Die Pioniere des Big Bang

Zwei Wege trennten sich im Wald, und ich – Ich nahm den Weg, der kaum begangen war, das hat den ganzen Unterschied gemacht.
Robert Frost

Im Jahr 1848, kurz vor seinem vorzeitigen und mysteriösen Tod, veröffentlichte der amerikanische Schriftsteller Edgar Allan Poe *Heureka*. Es handelte sich nicht um eine der Horrorgeschichten oder Kriminalromane, die ihn berühmt gemacht haben, sondern um ein „Prosa-Gedicht", wie er es selbst nannte, einen Essay über seine Vorstellung vom materiellen und spirituellen Universum.

Poe verabscheute die Vorstellung eines ewigen und mechanistischen Universums. Er war überzeugt, dass rationales Denken und deduktive wissenschaftliche Methoden unzureichend sind, um die tiefe Realität der physikalischen Welt zu verstehen. Um die Geheimnisse der Natur zu durchdringen, muss man in der spirituellen Sphäre ein neues Werkzeug suchen, das der amerikanische Schriftsteller in der menschlichen Fähigkeit der Intuition identifizierte.

Heureka ist eine ambitionierte und irrsinnige Erzählung, in der traumhafte Visionen des Universums beschrieben werden, als ob sie eine wissenschaftliche Grundlage hätten. Der Text wird vielleicht gerade wegen seiner Dunkelheit von einigen modernen Kritikern als Vorläufer relativistischer Konzepte und kosmologischer Ideen betrachtet. In *Heureka* stellt sich Poe vor, dass das Universum aus einem blitzartigen Ereignis hervorgegangen ist, das, von der Explosion eines urzeitlichen Teilchens ausgehend, die gesamte Materie erzeugt hat:

G. F. Giudice, *Vor dem Big Bang*, https://doi.org/10.1007/978-3-662-69847-1_3

„Von dieser einen Partikel aus, nehmen wir einmal an, sei es radiär in einen
Kugelraum ausgestrahlt worden – nach allen Richtungen – in unmeßbare, jedoch
theoretisch immer noch auszudrückende Entfernungen hin, in den zuvor leeren
Raum – eine gewisse, unausdrückbar große, aber immer noch zahlenmäßig begrenzte, Menge von unvorstellbar, wiewohl nicht unendlich kleinen Atomen."

Poe war überzeugt, dass *Heureka* sein wichtigstes Werk war, für das er für
immer der Nachwelt in Erinnerung bleiben würde. Aber das war nicht der
Fall. Als der Schriftsteller Arthur Quinn 1940 Einstein um seine Meinung
bat, verglich dieser *Heureka* mit einem der vielen Briefe verrückter Pseudo-
wissenschaftler, die er fast jeden Tag erhielt, und deren Inhalt er der

„pathologischen Persönlichkeit"

ihrer Verfasser zuschrieb.

Nur ein Geistesgestörter hätte eine wissenschaftliche Theorie mit einem
Universum vorschlagen können, das einen Anfang hat. Die Idee stand im völ-
ligen Gegensatz zum damaligen Bild der physikalischen Welt, das in Jahrhunderten wissenschaftlichen Fortschritts verankert war. Walther Nernst,
Nobelpreisträger für Chemie, behauptete sogar, dass

„die Verneinung der unendlichen Dauer der Zeit ein Verrat an den grundlegenden Prinzipien der Wissenschaft wäre".

Zwei nach den Standards der akademischen Welt sehr unkonventionelle
Charaktere waren nötig, um zu sehen, was die Anderen nicht sahen. Zwei
Charaktere, die innehielten, um sich das anzuhören, was Einsteins Gleichung
allen sagte. Den Unterschied machte aus, dass sie sich nicht für den Weg entschieden, den die Anderen genommen hatten, sondern einen neuen ein-
schlugen.

Der unglückliche Meteorologe des Universums

Während Einstein und de Sitter, die beiden Titanen der Relativität, über die
Vorherrschaft ihrer Universen debattierten, machte ein sowjetischer Geophy-
siker und Meteorologe, der zur Mathematik neigte, aber im Westen unbekannt war, eine wirklich interessante Entdeckung.

Aleksandr Aleksandrowitsch Friedmann wurde 1888 in Sankt Petersburg
geboren, wo er auch aufwuchs. Er verbrachte den größten Teil seines Lebens

in Petrograd und starb in Leningrad. Es war eine turbulente Zeit für Russland: Sankt Petersburg hieß ab 1914 Petrograd und ab 1924 Leningrad. Der Sohn eines Komponisten und Tänzers jüdischer Herkunft und einer Pianistin tschechischer Herkunft zeigte kein musikalisches Talent, hatte aber eine große Neigung zur Mathematik. Seine Eltern ließen sich scheiden, als Aleksandr neun Jahre alt war. Der Junge zog zu seinem Vater, der nur zehn Jahre später starb. Bei Ausbruch des Ersten Weltkriegs meldete sich Friedmann freiwillig zur Luftwaffe. Er wurde später zum Professor im Fachbereich Mathematik und Physik an der Universität von Perm ernannt, der Stadt am Fuße des Uralgebirges, die der geologischen Ära des Perms ihren Namen gab. 1920 kehrte er in seine Heimatstadt zurück und übernahm einen Lehrstuhl am Geophysikalischen Observatorium und dazu auch Aufgaben in anderen Instituten, um sein karges Gehalt aufzubessern.

Er wurde schnell einer der angesehensten Gelehrten der Stadt und war bekannt für seine vielseitige Originalität und mathematische Strenge. Als ein sensibler und großzügiger Mann liebte er es, seine Kollegen öffentlich zu loben. So schrieb er einem Mitarbeiter die gesamte Anerkennung für eine Studie in der Fluiddynamik zu, in der es um Wirbel in Flüssigkeiten ging, und fügte hinzu, die Arbeit sei abgeschlossen worden,

„während ich mein rechtes Ohr mit meiner linken Hand kratzte".

Während einer Prüfung an der Universität erlitt eine Studentin eine Panikattacke und hatte Schwierigkeiten, zusammenhängende Antworten zu geben.

„Gut", sagte Friedmann, „geben Sie mir Ihr Heft".

Er schrieb „Bestanden" hinein und fügte dann hinzu: „Fühlen Sie sich jetzt ruhiger? Alles ist in Ordnung, nicht wahr? Setzen Sie sich und beantworten Sie die folgenden Fragen." Sie setzte die Prüfung fort und bestand sie mit Glanz.

In jenem für Russland sehr turbulenten sozialen Klima flüchtete Friedmann in das leidenschaftliche Studium der Allgemeinen Relativitätstheorie, der aufregenden Neuheit in der mathematischen Physik, die gerade ein vom Krieg und der Revolution erschöpftes Petrograd erreicht hatte.

„Nein, ich bin nur ein Ignorant, ich weiß nichts", gestand er seinen Freunden, „ich sollte weniger schlafen und nichts anderes als Wissenschaft betreiben, denn das, was ,Leben' genannt wird, ist nur Zeitverschwendung".

1922 veröffentlichte Friedmann eine Studie, in der er alle Lösungen der Einsteinschen Gleichung unter der Annahme einordnete, dass die Materie im Universum kontinuierlich und gleichmäßig verteilt ist – so wie es Einstein getan hatte – aber ohne vorauszusetzen, dass das Universum statisch sein muss. Das war der Clou! Friedmann gab die Annahme auf, dass das Universum unveränderlich sein muss und überließ den Gleichungen der Allgemeinen Relativitätstheorie die Aufgabe, das kosmische Schicksal zu bestimmen.

Friedmann entdeckte, dass die Einsteinsche Gleichung drei Klassen möglicher Universen vorhersagt. Die drei verschiedenen Arten des Raumzeit-Kontinuums sind in Abb. 3.1 dargestellt, in der, wie zuvor, nur eine Raumdimension ausgewählt ist, die die Abstände anzeigt, während die anderen beiden Dimensionen unterdrückt sind.

Es ist wichtig zu wiederholen, dass in diesen Abbildungen nur die zweidimensionalen Oberflächen die physikalische Raumzeit beschreiben, während der Rest der Zeichnung fiktiv ist. Der Einfachheit halber werde ich nur den Fall betrachten, in dem das Universum keine kosmologische Konstante aufweist, obwohl Friedmann auch den allgemeineren Fall untersucht hat.

Die erste Klasse von Lösungen umfasst die *geschlossenen Universen*, die man erhält, wenn die Materie dichter ist als ein bestimmter kritischer Wert. Das Universum ist im Raum und auch in der Zeit geschlossen, es behält also immer ein endliches Volumen und hat eine begrenzte Dauer. Es wird durch einen gekrümmten Raum mit *sphärischer Geometrie* beschrieben, der im Moment des Big Bang entsteht und sich ausdehnt, bis er eine maximale Größe erreicht und dann implodiert, um sich in einem Big Crunch, einer Art umgekehrtem Big Bang, wieder zu vernichten.

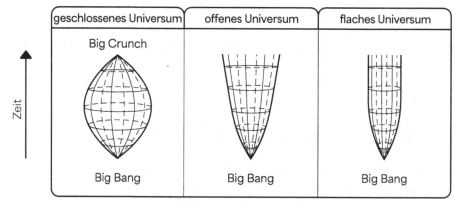

Abb. 3.1 Die drei Klassen der Friedmann-Universen: geschlossen, offen und flach. Die Zeit läuft von unten nach oben, die Schnitte der Oberflächen entlang horizontaler Ebenen zeigen die Abstände von Punkten im Raum

Es gibt eine einfache Analogie, um das evolutionäre Verhalten eines geschlossenen Universums zu verdeutlichen. Ein Stein, der nach oben geworfen wird, entfernt sich bis zu einer maximalen Höhe, in der die Gravitationsanziehung zu überwiegen beginnt. Dort kehrt der Stein seine Bewegung um und fällt zurück zur Erde. In gleicher Weise wächst der Radius eines geschlossenen Universums nach dem Big Bang, aber die Expansion wird durch die Gravitationsanziehung der Materie verlangsamt. Ab einem bestimmten Zeitpunkt herrscht die Gravitation vor, und das Universum beginnt, sich wieder zusammenzuziehen, bis es im Big Crunch erlischt.

Die zweite Klasse der Friedmann-Lösungen umfasst die *offenen Universen*, die man erhält, wenn die Dichte der Materie geringer ist als der kritische Wert. Das Universum ist im Raum und auch in der Zeit offen, d. h., sein Volumen kann unendlich groß werden, und die Dauer der Expansion ist unbegrenzt. Es wird durch einen gekrümmten Raum mit *hyperbolischer Geometrie* beschrieben, der im Moment des Big Bang entsteht und sich unaufhörlich ausdehnt. Die Expansionsgeschwindigkeit nimmt mit der Zeit ab und nähert sich immer mehr einem Grenzwert.

Für ein offenes Universum können wir die gleiche Analogie wie zuvor verwenden – mit einem Unterschied: Wird der Stein mit einer Geschwindigkeit nach oben geworfen, die über einem bestimmten kritischen Wert liegt, der in der Physik Fluchtgeschwindigkeit genannt wird, verlangsamt ihn zwar die Gravitation, kann ihn aber nicht festhalten. Zumindest unter der Annahme, dass wir die Reibung der Luft vernachlässigen, wird der Stein seine Reise durch den Raum fortsetzen, ohne jemals umzukehren. In gleicher Weise verlangsamt sich die Expansion eines offenen Universums, ohne dass sie jemals vollständig aufhört.

Der dritte Fall ist das *flache Universum*, ein Gebilde zwischen geschlossenen und offenen Universen. Man erhält es, wenn die Materiedichte genau dem kritischen Wert entspricht, der das Minimum für ein geschlossenes und das Maximum für ein offenes Universum darstellt. Die Geometrie des Raums ist *euklidisch*, die Abstände zweier physikalischer Punkte wachsen mit einer Geschwindigkeit, die sich mit der Zeit immer mehr Null nähert. Den Raum des flachen Universums kann man sich als perfekt flaches, elastisches Tuch vorstellen, das durch die Expansion nach allen Seiten gezogen wird.

Ein gemeinsames Merkmal aller drei Klassen von Universen ist, dass die Lösungen nicht unbegrenzt in die Vergangenheit zurückgerechnet werden können. Das bedeutet, dass es zwangsläufig einen Anfang, einen Ursprung, einen … Big Bang geben muss. Das sensationelle Ergebnis war, dass der Big Bang eine praktisch unvermeidliche Folge der Allgemeinen Relativitätstheorie ist. Man stand vor einer der unglaublichsten Errungenschaften des menschlichen Wissens – so unglaublich, dass damals nur wenige daran glaubten.

Bei Einstein kam Friedmanns Ergebnis nicht gut an. Schon die Existenz der de Sitter-Lösung hatte ihn verärgert, weil sie mit seiner Auffassung kollidierte, dass die physikalische Realität die einzige und unvermeidliche Folge von ersten Prinzipien sein muss. Seine Reaktion beim Anblick einer unendlichen Anzahl möglicher Universen war heftig. Er ging sogar so weit, sofort einen Artikel mit der Behauptung zu veröffentlichen, Friedmanns Berechnungen seien falsch, weil sie seiner Meinung nach die Energieerhaltung verletzten.

Friedmann jedoch war von seinen Ergebnissen überzeugt und schrieb einen Brief an Einstein, in dem er sehr höflich seine Einwände erklärte und ihn aufforderte, eine Berichtigung zu veröffentlichen, falls er den Argumenten zustimmte. Er wartete gespannt auf eine Antwort, erhielt jedoch fast sechs Monate lang nichts. Er konnte nicht wissen, dass Einstein den Brief gar nicht gesehen hatte, weil er auf Reisen in verschiedene europäische Länder und dann nach Japan und Palästina war. Im Mai 1923 hielt sich Einstein an der Universität Leiden auf, wo er Yuri Krutkov traf, einen Freund und Kollegen von Friedmann, der ihm die von Friedmann geäußerten Einwände erklärte. Am Ende des Gesprächs gestand der Erfinder der Relativitätstheorie seinen Fehler ein, und Krutkov schrieb nachhause:

„Die Ehre von Petrograd ist gerettet!"

Einstein veröffentlichte die Berichtigung, wenn auch vielleicht widerwillig, denn in seinem Brief an den Herausgeber der Zeitschrift schrieb er einen Satz, der in letzter Minute gestrichen wurde. Darin behauptete er, dass Friedmanns Lösungen, obwohl mathematisch korrekt,

„eine physikalische Bedeutung kaum zuzuschreiben sein dürfte".

Friedmanns Ergebnisse erhielten nicht die Resonanz, die man hätte erwarten können. Sie wurden größtenteils vergessen und erst viel später wiederentdeckt. Der sowjetische Wissenschaftler setzte seine kosmologischen Studien nicht fort und durchlebte eine Phase tiefer Depression. Er hatte eine Beziehung mit Natalia Yevgenievna Malinina begonnen, einer jungen Geophysikerin aus seinem Institut, und quälte sich mit der Leidenschaft für Natalia und Schuldgefühlen gegenüber seiner Frau Ekaterina, einer Frau von großer moralischer Integrität, die sich ihm immer gewidmet hatte.

„Auf meiner Bahn gibt es, als Symbol für die extremen Punkte meiner Schwankungen, dich und Ekaterina", gestand er Natalia. In seiner tiefsten Verzweiflung schrieb er ihr:

„Ich könnte jetzt nicht Selbstmord begehen; ich habe nicht den Mut dazu."

Friedmann ließ sich von Ekaterina scheiden und heiratete Natalia, mit der er einen Sohn hatte – den er nie kennen lernen würde.

Im Jahr 1925 wurde Friedmann zum Direktor des Geophysikalischen Observatoriums ernannt und beschloss, eine Mission an Bord eines Heißluftballons zur Erforschung der oberen Atmosphärenschichten zu unternehmen. Am Morgen des 18. Juli starteten er und der Pilot bei ungünstigen Wetterbedingungen. Der Bericht, den Friedmann schrieb, ist keine trockene Aufzählung von Daten, sondern enthält poetische Seiten, die seine Empfindungen beim Eindringen in dichte Wolken beschreiben, während die Erde aus dem Blickfeld verschwindet und die Stille die Stimmen menschlicher Aktivitäten auslöscht. In 6000 m Höhe begannen die beiden, Sauerstoffmasken zu benutzen. Durch Ungeschick verursachte Friedmann einen Sauerstoffverlust und löste eine Explosion aus, bei der aber der Ballon glücklicherweise kein Feuer fing. Der Wissenschaftler bestand mit seiner gewohnten Großzügigkeit darauf, dass sein Begleiter den verbleibenden Sauerstoff benutzte, während der Pilot, getreu den sowjetischen Werten, dasselbe mit seinem Direktor tat. Halb ohnmächtig erreichten die beiden eine Höhe von 7400 m und brachen damit den sowjetischen Rekord von 6400 m aus dem Jahr 1910.

In seinem Bericht beschreibt Friedmann, wie er während des Abstiegs begann, sich Sorgen zu machen, wo sie landen würden. Würden sie auf dem geliebten sowjetischen Boden landen, wo sie freundliche Landsleute finden würden, oder im bürgerlichen Estland, wo sie vielleicht eingesperrt werden würden? Der Wind war gnädig und trieb sie in eine abgelegene Ecke der Provinz Nowgorod, wo viele Bäuerinnen bei ihrer Ankunft in Ohnmacht fielen, während einige mutige junge Männer den ‚Außerirdischen' halfen, die vom Himmel gefallen waren.

Nach Ende seines Abenteuers eilte Friedmann zu Natalia, die ihre Schwangerschaft auf der Krim verbrachte. „Es erfüllt mich mit Freude zu denken, dass tausende Kilometer entfernt ein geliebtes Herz schlägt, eine freundliche Seele lebt und ein neues Leben heranwächst", schrieb er ihr, „ein Leben, dessen Zukunft ein Geheimnis ist und das keine Vergangenheit hat". Diese Worte bezogen sich auf das erwartete Kind, sie scheinen aber auch Friedmanns visionäre Vorstellung vom Universum wieder heraufzubeschwören. Zurück in Leningrad fühlte er sich plötzlich unwohl und starb innerhalb weniger Tage, wahrscheinlich an einem falsch diagnostizierten Typhusfieber. Natalia erfuhr die Nachricht aus einer Zeitung.

Friedmann starb im Alter von siebenunddreißig Jahren, nur drei Jahre nach der Veröffentlichung seiner Lösungen der sich entwickelnden Universen. Obwohl seine Ergebnisse im Westen keine sofortige Anerkennung fanden, war er sich ihrer revolutionären Tragweite sehr bewusst. Als leidenschaftlicher Bewunderer der *Göttlichen Komödie* beschrieb er seine Forschungsarbeit mit den Worten Dantes:

„Nie ward das Meer beschifft, das ich befahre."

Friedmann durchquerte also Gewässer, die vor ihm noch niemand durchquert hatte.

Als späte Belohnung nach seinem unglücklichen Leben genießt Friedmann heute beträchtliches Ansehen unter den Physikern. Sein Verdienst besteht darin, dass er es gewagt hat, über die Grenzen der statischen Universen hinauszugehen. Seine Grenze besteht darin, dass er nicht versucht hat, eine vollständige kosmologische Theorie zu entwickeln oder die Verbindung der Theorie mit astronomischen Beobachtungen zu versuchen. Deshalb wäre es übertrieben, ihn als den Vater des Big Bang zu bezeichnen.

Der Priester des Ur-Atoms

Alles könnte man von einem Kosmologen erwarten, alles, aber nicht, dass er ein katholischer Priester ist, witzig, jovial und ein Liebhaber guter Küche. Und doch ist einer der Protagonisten der Entdeckung des Big Bang eine Gestalt, die mehr an Pater Brown aus der Feder des Schriftstellers G.K. Chesterton erinnert als an das Stereotyp eines Wissenschaftlers.

Geboren in der belgischen Stadt Charleroi, studierte Georges Lemaître an einem Jesuitenkolleg, bevor er sein Ingenieurstudium an der Universität begann. Im Sommer 1914 hatte er mit seinem Bruder und einem Freund einen Fahrradurlaub in Tirol geplant, als Deutschland das neutrale Belgien überfiel. Nur fünf Tage nach der Invasion meldete sich Lemaître freiwillig zum Militärdienst.

Nach dem Krieg beschloss er, Physik und Mathematik an der Universität Löwen zu studieren und gleichzeitig ins Priesterseminar einzutreten. Nach seinem Studienabschluss und der Priesterweihe ging er 1923 dank eines Stipendiums nach Cambridge, wo er unter der Anleitung von Arthur Eddington studierte. Der Anhänger der Relativitätstheorie und Astrophysiker Eddington, eine charismatische Persönlichkeit, war berühmt dafür, dass er zur Insel Príncipe im Golf von Guinea gereist war, um während der Sonnenfinsternis von 1919 die Messungen zu leiten, die die Vorhersage der Allgemeinen

Relativitätstheorie bestätigten, dass das Licht durch die Gravitation abgelenkt wird. Dieser Beweis machte die Theorie in der Öffentlichkeit bekannt.

Nach seinem Studium in Cambridge (England) ging Lemaître nach Cambridge (Massachusetts) an die Harvard-Universität und das renommierte MIT. Nach diesen wichtigen internationalen Erfahrungen kehrte er 1925 nach Belgien zurück, wo er eine Stelle an der Universität Löwen erhalten hatte.

Seine unkonventionelle Art, Vorlesungen zu halten, war unter den Studenten bekannt. Selten verliefen seine Veranstaltungen systematisch. Er zog es vor zu improvisieren, sprang von einem Thema zum anderen, zitierte die Texte der Mathematiker Gauss und Jacobi im Original auf Latein und erläuterte dann ein Problem, mit dem er am Vortag konfrontiert worden war. Er behandelte weniger ein Thema, sondern eher die Methoden, wie man sich der Welt der Forschung nähert.

Die Studenten, die oft von seinen Vorlesungen verwirrt waren, machten ihn zum Ziel gutmütiger Satire in den *Revues*, den traditionellen Jahresend-Aufführungen. Da er ein Feinschmecker war, dessen Lieblingsradiosendung *La minute gastronomique* war, wurde er wegen der vermeintlichen Todsünde der Völlerei verspottet. Er verteidigte sich mit den Worten:

„Einige auf der Erde verbotene Dinge sind im Himmel erlaubt!"

Auf den Vorwurf der anderen Todsünde, der Trägheit, antwortete er:

„Eine Qualität großer Mathematiker ist es, viel nachzudenken, bevor sie nichts berechnen."

Diese burlesken Äußerungen offenbaren seine herzliche Natur und die Zuneigung, die Studenten und Kollegen für ihn empfanden.

Um die Mängel seiner extravaganten Unterrichtsmethoden auszugleichen, war er großzügig mit den Prüfungsnoten – schließlich sind die Tore zum Himmel für alle offen. Manchmal vergaß er völlig, Prüfungsaufgaben zu stellen. Eines Tages kam er besonders spät von seinem Lieblingsrestaurant, dem Majestic, zurück und fand vor seinem Büro eine Reihe verwirrter Studenten. Als ihm klar wurde, dass er die Prüfung mehr als eine Stunde zuvor hätte abhalten sollen, rief er laut: „Alle bestanden, mit Auszeichnung!"

Im Jahr 1927 entdeckte Lemaître unabhängig die Lösungen zur Beschreibung expandierender Universen, die bereits von Friedmann gefunden worden waren. Indem er die Entwicklung rückwärts in die Vergangenheit extrapolierte, schloss er, dass es einen

„Anfang der Welt"

geben musste, wie er es selbst nannte – der Begriff Big Bang war noch nicht geprägt. Lemaître ging über das hinaus, was Friedmann entdeckt hatte und leitete ein Gesetz ab, das die Expansionsgeschwindigkeit des Universums beschreibt. Das Gesetz wurde ein paar Jahre später durch astronomische Beobachtungen von Edwin Hubble bestätigt. Dieses Gesetz ist heute als Hubble-Gesetz, oder etwas gerechter, als Hubble-Lemaître-Gesetz bekannt.

Lemaître suchte auch nach einer Erklärung für das physikalische Phänomen, das die Expansion in Gang setzt. Er wollte verstehen, was dieser Anfang der Welt ist, den wir heute Big Bang nennen. Leider kam die Erklärung erst fünfzig Jahre später, zu spät für ihn. Es muss aber zu Lemaîtres Ehre gesagt werden, dass er für dieses Unternehmen nicht genügend vorbereitet war, da er keine umfassende Kenntnis von Quantenmechanik und Kernphysik besaß, also der Werkzeuge, die notwendig sind, um das Verhalten der Materie bei einer so hohen Dichte zu beschreiben, wie sie im Big Bang erreicht wurde.

Lemaître vermutete, dass der ursprüngliche Zustand des Universums ein ‚Ur-Atom‘, ein ‚atom primitif‘ war, dessen Kern alle heute im Universum existierende Materie und Energie enthielt. Die Radioaktivität war demnach der ursprüngliche Funke, der das Ur-Atom in immer kleinere Atome spaltete und so die Materie hervorbrachte, wie wir sie heute kennen. Die Kette der radioaktiven Zerfälle des Ur-Atoms war der Motor hinter der Expansion des Raums, der die Materie mit hoher Geschwindigkeit in alle Richtungen katapultierte. Raum und Zeit wiederum waren während der Existenz des Ur-Atoms bedeutungslos, da das gesamte Universum in einem einzigen quantenmechanischen Element konzentriert war.

Leider wurde Lemaîtres Theorie des Ur-Atoms nicht durch eine solide mathematische Formulierung gestützt, sondern nur erzählerisch beschrieben, wie Lemaître selbst bereit war zuzugeben. Tatsächlich macht die Idee aus der Sicht der Quantenmechanik keinen Sinn. Lemaîtres wissenschaftliches Verdienst ist nicht das Ur-Atom – eine Geschichte, an der er dennoch hing – sondern die Identifizierung der Expansion des Universums, der Geschwindigkeit seiner Ausdehnung und des Big Bang als physikalische Elemente des Kosmos.

Darüber hinaus muss anerkannt werden, dass der brillante belgische Physiker die bemerkenswerte Intuition hatte, dass die Quantenmechanik eine wesentliche Rolle bei der Entstehung des Universums spielen könnte. In diesem Punkt lag er richtig, denn wie wir später sehen werden, ist die Quantenmechanik tatsächlich eine unverzichtbare Zutat des kosmischen Rezepts.

Lemaître war natürlich gespannt, was Einstein, der Guru der Relativitätstheorie, davon halten würde, aber dessen Reaktion war nicht günstiger als die, die er Friedmann vorbehalten hatte. Lemaître traf ihn zum ersten Mal auf der fünften Solvay-Konferenz, die im Oktober 1927 in Brüssel stattfand.

Während eines Spaziergangs im Leopoldpark hörte Einstein aufmerksam den Erklärungen des jungen Kollegen über die Expansion des Universums und den Anfang der Welt zu. Am Ende hielt er inne, sah ihm in die Augen und sagte:

„Ihre Berechnungen sind korrekt, aber Ihre physikalische Intuition ist abscheulich."

Die beiden trafen sich in den folgenden Jahren mehrmals und blieben durch eine aufrichtige Freundschaft verbunden.

Lemaître trug stets Priesterkleidung, und es ist kurios, auf den Fotos der damaligen Zeit einen Priester neben den bekannten Gesichtern der Physik zu sehen. Sein durchdringender Blick, eingerahmt von einer runden Brille, und die Steifheit seiner Haltung verraten eine gewisse Verlegenheit, wenn er neben den entspannten Gestalten von Einstein oder Eddington posierte, die viel mehr als er an die indiskreten Objektive der Fotografen gewöhnt waren. Tatsächlich fühlte sich Lemaître aber ganz als Teil der wissenschaftlichen Gemeinschaft und beteiligte sich aktiv an den Diskussionen über Physik – nicht ohne mit seinen scharfsinnigen Witzen zu sparen.

Er trennte streng zwischen wissenschaftlicher Tätigkeit und religiösem Glauben und sah darin keine Unvereinbarkeit. Am Ende eines seiner öffentlichen Vorträge fragte ihn ein Zuschauer, ob das Ur-Atom mit Gott identifiziert werden sollte. Lemaître antwortete mit einem breiten Lächeln:

„Ich habe zu viel Respekt vor Gott, um ihn zu einer wissenschaftlichen Hypothese zu machen."

Mit zunehmendem Alter entfernte er sich immer mehr von der Kosmologie und entwickelte ein wachsendes Interesse für numerische Methoden in der Astrophysik. Im Jahr 1933 erwarb er elektromechanische Rechenmaschinen von Mercedes, die für die damalige Zeit fortschrittlich waren. Auf der Expo in Brüssel 1958 entdeckte er den Burroughs E101, den er für die Universität kaufte, wobei er auch persönlich zu den Kosten beitrug. Der E101 war eine Art großer Schreibtisch, programmierbar mit Stiften, die in Löcher gesteckt wurden. Die Ergebnisse erschienen als Zahlen, die von Lämpchen gebildet wurden. Heute sieht die Maschine wie ein Relikt aus einem alten, billigen Science-Fiction-Film aus.

Im Jahr 1966 wurde Lemaître nach einem Herzinfarkt in die Klinik Sint Pieter in Löwen eingeliefert, wo bei ihm Leukämie diagnostiziert wurde. Sein Freund und ehemaliger Assistent Odon Godart besuchte ihn im Krankenhaus und brachte ihm die Nachricht von der Entdeckung der kosmischen Hintergrundstrahlung, die, wie wir später sehen werden, der endgültige Hinweis auf die Existenz des Big Bang war. Obwohl er während seines ganzen Lebens behauptet hatte, dass der Hinweis auf den Big Bang von Teilchen kommen sollte, die in Form kosmischer Strahlung beim Spalten des Ur-Atoms emittiert wurden, verstand Lemaître sofort die Bedeutung der Entdeckung und war sehr zufrieden damit. Zwei Tage später fiel er ins Koma, aus dem er nicht mehr erwachte.

4

Das sich entwickelnde Universum

Jetzt zu leben, heißt, in der schönsten aller Zeiten zu leben, weil fast alles, wovon wir gedacht haben, wir wüssten es, sich als falsch erweist.
Tom Stoppard

Die Franzosen nannten die Zeit *Années folles* (die verrückten Jahre), die Amerikaner *Roaring Twenties* (die brüllenden Zwanziger) und die Deutschen *Goldene Zwanziger*. Die wirtschaftliche Entwicklung nach dem Ersten Weltkrieg brachte in Europa und Amerika Wohlstand, es gab aber auch schon düstere Anzeichen für zukünftigen Nationalismus und Diktaturen. Der Jazz war in vollem Gange, das Radio kam in die Wohnungen und die Filme in die Kinos. Während Howard Carter den Sarkophag von Tutanchamun öffnete und Charles Lindbergh den Atlantik überquerte, enthüllte die Quantenmechanik unvorstellbare Geheimnisse, die in der Tiefe der Materie verborgen waren. Und doch lag die Kosmologie im Argen.

Bis zum Ende der zwanziger Jahre herrschte ihr gegenüber allgemeine Skepsis. Die Idee, dass sich das Universum entwickeln könnte, war unbekannt, ebenso die Ergebnisse von Friedmann und Lemaître. Es galt weiterhin die Meinung, dass das Universum unveränderlich war. In der Physik zählen jedoch experimentelle Daten mehr als Meinungen.

Bereits 1912 hatte der amerikanische Astronom Vesto Slipher vom Lowell Observatory in Arizona die Bewegungsgeschwindigkeiten von Nebeln gemessen, wie man damals diese Objekte am Himmel bezeichnete, die für kosmische Staubwolken gehalten wurden, und die wir heute als Sternhaufen oder Galaxien kennen. Die Bewegungsgeschwindigkeiten der Nebel waren überraschend groß, es wurden Spitzenwerte von mehreren Millionen Kilometern

G. F. Giudice, *Vor dem Big Bang*, https://doi.org/10.1007/978-3-662-69847-1_4

pro Stunde gemessen. Noch nie waren Himmelskörper mit solch verrückten Geschwindigkeiten gefunden worden. Die Nachricht machte in den damaligen Zeitungen Schlagzeilen. Das Kuriose war, dass sich 41 der 45 von Slipher analysierten Nebel von uns entfernten. Das deutete auf eine allgemeine Fluchtbewegung hin, die die Nebel vom Sonnensystem wegdrückte, statt dass es eine zufällige Geschwindigkeitsverteilung gab, bei der jeder Nebel seinen eigenen Weg ging. Einige Physiker begannen zu vermuten, dass dieses unerwartete Verhalten der Nebel etwas mit den seltsamen Eigenschaften des de Sitter-Universums zu tun haben könnte. Um die Angelegenheit zu klären, waren weitere astronomische Beobachtungen erforderlich. Und hier trat Hubble auf den Plan.

Edwin Hubble war zum Erfolg bestimmt. Fast einen Meter neunzig groß, gut aussehend, intelligent und selbstbewusst stach er bei jeder Aktivität hervor, auf die er sich einließ. Champion in Leichtathletik, Basketball und Wasserball, war Hubble auch ein erfolgreicher Amateurboxer, und es wird erzählt, dass ihm vorgeschlagen wurde, gegen den damaligen Schwergewichtsmeister Jack Johnson zu kämpfen.

Er war im ländlichen Mittleren Westen Amerikas geboren und aufgewachsen, liebte es aber, einen britischen Akzent zu imitieren, Pfeife zu rauchen und sich wie ein englischer Gentleman zu kleiden, sodass er auf vielen damaligen Fotos an Sherlock Holmes im Astronomenkostüm erinnert. Sein Ehrgeiz, seine Egozentrik und sein Streben nach sozialem Aufstieg waren so groß wie das Universum, das er erforschen wollte. Er machte sich schnell einen Namen in der Astronomie und erlangte bereits mit fünfunddreißig Jahren Ruhm, den er eifrig vergrößerte, indem er in den Spiralarmen des Andromeda-Nebels einzelne Sterne identifizierte. Diese Beobachtung war der endgültige Beweis, dass die Nebel in Wirklichkeit Ansammlungen einer enormen Anzahl von Sternen sind, die durch die Gravitation zusammengehalten werden. Wir leben in einem dieser Sternenhaufen, der Milchstraßengalaxie, die vielen anderen ähnelt.

Heute wissen wir, dass das beobachtbare Universum von Millionen und Abermillionen von Galaxien bevölkert ist, deren jede aus Hunderten von Millionen bis zu Hunderten von Millionen von Millionen Sternen ($10^8 - 10^{14}$) besteht. Hubbles Entdeckung hatte dem Universum einen neuen Horizont eröffnet und es als weitaus größer offenbart, als man zuvor gedacht hatte.

Hubble setzte seine Beobachtungen der Nebel, die nun Galaxien hießen, am Mount Wilson Observatorium in Kalifornien fort. Slipher hatte die Geschwindigkeit einer großen Anzahl von Galaxien gemessen, aber um herauszufinden, ob ihre Bewegung durch die Expansion des Universums verursacht wurde, musste auch ihre Entfernung von der Erde gemessen werden. Die

Geschwindigkeit eines Himmelskörpers zu bestimmen, mit der er sich von uns entfernt, ist für Astronomen eine alltägliche Aufgabe, weil die Geschwindigkeit auf der Frequenz seines Lichts einen deutlichen Abdruck hinterlässt, den die Physiker Doppler-Effekt nennen. Die Entfernung zu bestimmen, ist jedoch ein kniffliges Problem. Hubble verwendete eine clevere Methode, die Jahre zuvor von der amerikanischen Astronomin Henrietta Swan Leavitt erfunden worden war. Die Idee war, die Eigenschaften einer Klasse von pulsierenden Sternen, den sogenannten Cepheiden, zu nutzen und auf der Grundlage der beobachteten Helligkeit und der Periodendauer ihre Entfernung von der Erde zu bestimmen.

Viele der Beobachtungen der Beziehung zwischen Entfernung und Geschwindigkeit der Galaxien wurden von Hubble zusammen mit einem ungewöhnlichen Mitarbeiter durchgeführt: Milton Humason. Dieser hatte die Schule mit nur einem Abschluss der fünften Klasse verlassen. Als Bergliebhaber wurde er als Maultiertreiber für den Transport von Materialien während des Baus des Observatoriums auf dem Mount Wilson beschäftigt. Nach Abschluss der Arbeiten behielt Humason eine Stelle im Observatorium als Wächter und Reinigungskraft. Er begann aus Spaß mit den Teleskopen zu spielen und wurde bald zu einem sorgfältigen und unermüdlichen Astronomen, der Hubble bei seinen Beobachtungen sehr half. Im Jahr 1950 erhielt er von der Universität Lund in Schweden einen Ehrendoktortitel in Astronomie und wurde – soweit ich weiß – der erste Mensch auf der Welt, der direkt von der Grundschule zum PhD wechselte. Hubbles Messungen zeigten, dass die Flucht- oder Rezessionsgeschwindigkeit der Galaxien proportional zu ihrer Entfernung zunimmt, ein Ergebnis, das heute, wie erwähnt, als Hubble-Gesetz oder Hubble-Lemaître-Gesetz bekannt ist. Die experimentelle Bestätigung dieses Gesetzes, die 1929 angekündigt wurde, wäre das Erdbeben gewesen, das das Vorurteil erschüttern könnte, dass das Universum statisch sein muss.

Aber warum zeigt das Hubble-Gesetz die Expansion des Universums an? Was hat die Bewegung der Galaxien mit dem Big Bang zu tun?

Die Expansion des Universums

Hubbles astronomische Messungen zeigten, dass sich die Galaxien umso schneller von uns fliehen, je weiter sie von uns entfernt sind, wobei die Fluchtgeschwindigkeit proportional zur Entfernung ist. Um die Bedeutung dieses Ergebnisses zu verstehen, ist es zweckmäßig, eher ungewöhnliche Maßeinheiten zu verwenden. Anstatt die Entfernungen in Kilometer und die

Geschwindigkeiten in Kilometer pro Stunde anzugeben, werde ich die Entfernung in Millionen Lichtjahren (die ich der Kürze wegen mit dem Buchstaben D angebe) und die Geschwindigkeiten in Millionen Lichtjahren pro Milliarde Jahren (die ich mit D/T angebe) ausdrücken. Diese Wahl ist praktisch, weil man dann mit kleinen Zahlen umgeht, aber der physikalische Inhalt würde sich natürlich nicht ändern, wenn man Kilometer und Kilometer pro Stunde verwenden würde.

Hubble hatte gemessen, dass sich eine Galaxie, die 1 D (also eine Million Lichtjahre) entfernt ist, mit einer Geschwindigkeit von 1 D/T (also eine Million Lichtjahre pro Milliarde Jahre) von der Erde entfernt. Sodann hatte er gemessen, dass eine Galaxie, die 2 D entfernt ist, sich mit einer Geschwindigkeit von 2 D/T entfernt; eine Galaxie, die 3 D entfernt ist, mit einer Geschwindigkeit von 3 D/T; und so weiter. Das ist im Wesentlichen das Hubble-Gesetz.

Stellen Sie sich nun vor, Sie würden die Bewegung einer Galaxie für eine Zeit T (also eine Milliarde Jahre) rückwärts verfolgen. Die Galaxie, die heute 1 D von uns entfernt ist und sich mit einer Geschwindigkeit von 1 D/T entfernt, muss vor einer Milliarde Jahren sehr nahe bei uns gewesen sein. Aber genau dasselbe gilt für die Galaxie, die 2 D entfernt ist und sich mit einer Geschwindigkeit von 2 D/T entfernt; und es gilt auch für die Galaxie, die 3 D entfernt ist, und so weiter. Mit anderen Worten: Wenn wir den Film des Universums für eine Zeit T und länger rückwärts abspielen, sagt uns das Hubble-Gesetz, dass sich alle Galaxien, die jetzt von uns fliehen, am Anfang praktisch am selben Punkt befanden. Dieser Anfang entspricht dem Big Bang.

Die Expansion des Universums ist eine jener Entdeckungen, die das menschliche Denken erschüttern können. Sie lehrt uns, dass sich der kosmische Raum ständig in Form und Größe verändert. Alle physikalischen Phänomene finden in einer dynamischen Struktur statt, die sich ständig verändert. Das Universum ist nichts Absolutes, Unveränderliches und Ewiges. Es entwickelt sich wie ein lebendes Wesen, es wächst, altert und verändert sein Aussehen. Die Entdeckung der Expansion des Raums hat die menschliche Vorstellung vom Kosmos revolutioniert.

Moment mal! Worin befindet sich denn der Raum, der expandiert? Es ist gut, das sofort klarzustellen: Diese Frage ist das Ergebnis eines Missverständnisses. Wir sind es gewohnt zu denken, dass das Schaffen von Raum für uns bedeutet, anderen Raum wegzunehmen. Aber so funktioniert das Universum nicht. Man sollte sich die Expansion des Universums nicht so vorstellen, dass sich eine Substanz ausdehnt und eine Leere füllt. Es gibt nichts außerhalb des Raums. Der Raum dehnt sich in dem Sinne aus, dass die Entfernungen zwischen verschiedenen Punkten mit der Zeit größer werden. Es ist keine Expansion *im* Raum, sondern eine Expansion *des* Raums.

Eine effektive Methode, um die Expansion des Raums zu visualisieren, besteht darin, an eine Online-Landkarte zu denken, deren Maßstab man durch Streichen mit den Fingern über das Touchpad verändern kann. Bei der Änderung des Maßstabs bleibt die Geografie gleich, aber die Regionen dehnen sich aus und die Städte entfernen sich voneinander.

Die von Hubble gemessene Fluchtbewegung ist nicht auf die Bewegung der Galaxien im Raum zurückzuführen, sondern auf die Expansion des Raums, in dem die Galaxien existieren. Obwohl das Konzept überhaupt nicht intuitiv ist (fast nichts in der Relativitätstheorie ist es ...), ist es wichtig, die genaue Bedeutung der Expansion des Raums im Kopf zu behalten, um keine Fehler bei der Interpretation des Big Bang zu machen.

Wenn wirklich alle umliegenden Galaxien in einer allgemeinen Absetzbewegung von uns fliehen, hatte dann Aristoteles recht, als er glaubte, dass wir uns genau im Zentrum des Universums befinden? Absolut nicht. Von jedem Beobachtungspunkt im Universum aus sieht die Fluchtbewegung gleich aus. Um diese Aussage zu verstehen, ist es hilfreich, ein Beispiel zu betrachten.

Stellen Sie sich eine Gruppe von Freundinnen vor, die auf einem Planeten in einem ständig expandierenden Universum leben. In regelmäßigen Zeitabständen macht Ada Selfies, die zeigen, wie ihre Freundinnen sich nach und nach entfernen, obwohl keine von ihnen aufbricht und weggeht (siehe Abb. 4.1). Ada sieht, dass sich Eva mit einer Geschwindigkeit von ihr entfernt, die doppelt so groß ist wie die von Cloe. Auch Evas Entfernung ist doppelt so groß wie die von Cloe. Daher gilt Hubbles Gesetz: Die Fluchtgeschwindigkeit ist proportional zur Entfernung.

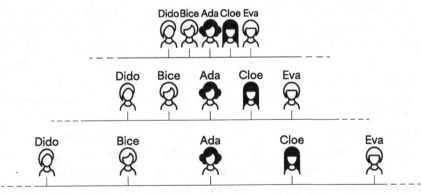

Abb. 4.1 Selfies, die in gleichmäßigen Zeitabständen von Ada gemacht wurden, die auf einem Planeten in einem ständig expandierenden Universum lebt. Ada sieht, wie ihre Freundinnen sich mit Geschwindigkeiten entfernen, die proportional zu ihren Entfernungen sind, wie es von Hubbles Gesetz vorhergesagt wird. Adas Beobachtung ist identisch mit der, die Cloe oder jede andere der Freundinnen machen würde

Obwohl Ada sieht, dass sich alle von ihr entfernen, befindet sie sich nicht in der privilegierten Position, sich als Zentrum des Universums betrachten zu können. Würde Cloe die Selfies machen, ginge es ihr genau so. Sie würde sich im Zentrum sehen, während alle ihre Freundinnen sich mit Geschwindigkeiten entfernen, die proportional zur Entfernung sind. Weder Ada noch Cloe noch eine ihrer Freundinnen sind das Zentrum von irgendetwas.

In einem homogenen und randlosen Raum sieht jeder Beobachter an jedem Punkt des Universums alle Galaxien mit Geschwindigkeiten fliehen, die durch Hubbles Gesetz bestimmt werden. Die Expansion des Universums ist eine Expansion ohne Zentrum. Das Zentrum der Expansion ist gleichzeitig überall und nirgendwo.

Im Film *Der Stadtneurotiker* von Woody Allen fällt Alvy, der Protagonist, als Kind in eine Depression, nachdem er in der Zeitung gelesen hat, dass sich das Universum ausdehnt. Von seiner Mutter zum unvermeidlichen New Yorker Psychoanalytiker gebracht, erklärt das Kind: „Sicherlich bedeutet das, dass Brooklyn sich ausdehnt, ich dehne mich aus, Sie dehnen sich aus, wir alle dehnen uns aus." Der Psychoanalytiker versucht, das Kind mit banalen Argumenten zu beruhigen. Ich hingegen hätte versucht, ihn zu beruhigen, indem ich ihm erkläre, was die Physik dazu sagt.

Die Expansion des Raums ist ein sich steigernder Effekt, der nur bei großen Dimensionen wichtig wird. Eine Entfernung, die der Größe eines Menschen entspricht, wächst in zehn Jahren um etwa einen Nanometer (10^{-9} m), also die Größe eines organischen Moleküls – ein winziger Effekt, den unser Körper nicht spürt. Die Bindungen, die die Moleküle in Festkörpern zusammenhalten, sind stärker als der schwache gravitative Effekt. Die Expansion des Universums verändert die innere Struktur der Materie überhaupt nicht. Die Schlussfolgerung ist, dass sich weder Brooklyn noch irgendeiner seiner Bewohner aufgrund der kosmischen Expansion ausdehnt. Es gibt also keinen Grund, Depressionen zu bekommen. Ich bin sicher, dass diese Erklärung den jungen Protagonisten des Woody Allen-Films beruhigt hätte, was zeigt, dass die Physik eine therapeutische Wirkung hat, die weit über die der Psychoanalyse hinausgeht.

Das Hubble-Gesetz könnte einen weiteren Zweifel wecken. Wird die Fluchtgeschwindigkeit nicht irgendwann die Lichtgeschwindigkeit überschreiten, wenn sie mit der Entfernung immer mehr zunimmt? Gibt es dann nicht einen Widerspruch zur Relativitätstheorie, die Überlichtgeschwindigkeiten verbietet?

Einsteins Theorie behauptet, dass keine physikalische Information mit einer Geschwindigkeit übertragen werden kann, die größer ist als die des Lichts. Die Expansion des Universums ist aber lediglich eine Ausdehnung des

Raums, bei ihr findet kein Informationsaustausch zwischen verschiedenen Punkten statt. Daher verursacht eine Expansion des Raums mit Überlichtgeschwindigkeit keine Verletzung der Prinzipien der Relativität. Hier noch ein Beispiel, das zur Klärung dieser Frage beitragen kann.

Stellen Sie sich vor, Sie richten den Strahl eines Laserpointers auf eine entfernte Leinwand und drehen die Richtung des Strahls mit konstanter Geschwindigkeit wie ein Leuchtturm am Meer (Abb. 4.2a). Der Laserstrahl erscheint auf der Leinwand als ein kleiner leuchtender Punkt, der sich gleichmäßig bewegt. Schieben Sie die Leinwand immer weiter weg, bewegt sich der kleine Punkt schneller, und zwar mit einer Geschwindigkeit, die proportional zur Entfernung der Leinwand ist, genau wie es das Hubble-Gesetz beschreibt (Abb. 4.2b). Schieben Sie die Leinwand immer weiter weg, wird die Geschwindigkeit des Lichtpunkts früher oder später die Lichtgeschwindigkeit überschreiten. Widerspricht das Einsteins Relativitätstheorie?

Die Antwort lautet nein, denn die Bewegung des kleinen Punkts auf der Leinwand überträgt keine physikalische Information. Die Ursache-Wirkung-Beziehung gilt nur für den Laserstrahl, der sich mit Lichtgeschwindigkeit ausbreitet, nicht für den Lichtpunkt auf der Leinwand. Wenn Sie beispielsweise die Ausbreitung des Laserstrahls unterbrechen, indem Sie ein Hindernis in

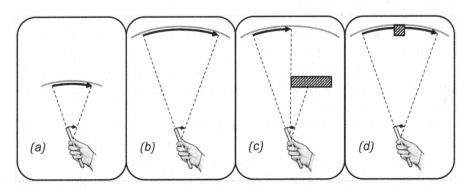

Abb. 4.2 (a) Der Strahl eines Laserpointers (gestrichelte Linie) ist auf eine Leinwand (graue Linie) gerichtet. Durch konstantes Drehen der Laser-Richtung bewegt sich der Lichtpunkt auf der Leinwand mit konstanter Geschwindigkeit (schwarze Linie). (b) Wird die Leinwand weiter entfernt, steigt die Geschwindigkeit des Lichtpunkts proportional zur Entfernung. (c) Unterbricht ein Hindernis die Ausbreitung des Laserstrahls, erreicht die Information die Leinwand mit einer durch die Lichtgeschwindigkeit bestimmten Verzögerung. (d) Ein Hindernis auf dem Weg des Lichtpunkts auf der Leinwand unterbricht die Ausbreitung des Signals nicht, die nur entlang der gestrichelten Linien und nicht entlang der schwarzen Linie erfolgt. Die Bewegung des Lichtpunkts auf der Leinwand trägt keine Information und kann auch schneller als das Licht sein, ohne dass irgendein physikalisches Gesetz verletzt wird

seinen Weg stellen, erreicht die Information über die Unterbrechung des Signals die Leinwand mit einer Verzögerung, die durch die Lichtgeschwindigkeit bestimmt wird – ganz im Einklang mit den Prinzipien der Relativitätstheorie (Abb. 4.2c). Es gibt jedoch keine Möglichkeit, das Wandern des Lichtpunkts auf der Leinwand zu unterbrechen, indem Sie dort eingreifen. Stellen Sie auf der Leinwand ein Hindernis in den Weg des Lichtpunkts, bewegt er sich ungestört über das Hindernis hinweg (Abb. 4.2d). Der Grund ist, dass die Ausbreitung der physikalischen Information nur entlang des Laserstrahls erfolgt und nicht entlang der Bewegung des Bildes auf der Leinwand. Auch wenn sich dort der Punkt mit Überlichtgeschwindigkeit bewegt, gibt es keine Kommunikation, die schneller ist als das Licht. Einsteins Relativitätstheorie wird nicht widerlegt.

Auch Galaxien können sich mit Geschwindigkeiten entfernen, die größer sind als die des Lichts, ohne dass das zu einer Kommunikation führt, die schneller als das Licht ist. Die Galaxien bewegen sich im Raum mit Geschwindigkeiten, die geringer als die des Lichts sind, während ihre Entfernungen mit größeren Geschwindigkeiten wachsen können.

Willkommen in der fantastischen Welt der Relativität!

Einsteins Verwandlung

Hubbles Entdeckung der Fluchtbewegung der Galaxien öffnete den Physikern die Augen für die Expansion des Universums. Ab den dreißiger Jahren nahmen Eddington und de Sitter diese neue Vorstellung vom Universum immer ernster und machten die Ergebnisse von Lemaître bekannt, die weitgehend vergessen waren.

Lemaîtres Artikel von 1927 hatte zur damaligen Zeit keinen großen Einfluss, auch weil er in Französisch in einer belgischen akademischen Zeitschrift mit geringer Verbreitung veröffentlicht wurde. 1931, nach der Entdeckung der Expansion des Universums, half Eddington seinem ehemaligen Schüler und Freund großzügig, indem er die englische Übersetzung des Artikels, begleitet von einem ihm selbst verfassten Kommentar, in der Zeitschrift der Royal Astronomical Society veröffentlichte. Das begünstigte sicherlich die Wiederentdeckung von Lemaîtres wissenschaftlichen Verdiensten.

Diese Übersetzung erzeugte ein kleines Rätsel in der Geschichte der Wissenschaft. Die Gleichung, die das Hubble-Gesetz beschreibt, ist im ursprünglichen französischen Artikel enthalten, erscheint jedoch nicht in der späteren englischen Übersetzung. Einige Historiker haben vermutet, dass Lemaître Opfer einer Verschwörung wurde: Ein anonymer Übersetzer habe die Gleichung absichtlich weggelassen, um Hubbles Ruhm nicht zu schmälern. Die Wahrheit ist viel nüchterner: Eine kürzliche Untersuchung des Briefwechsels zwischen Lemaître und dem Verleger der Zeitschrift hat gezeigt, dass die Übersetzung von Lemaître selbst war, und er sich entschieden hatte, die Gleichung wegzulassen, einfach weil er dachte, dass sie allen bereits bekannt war.

Nach der Veröffentlichung von Hubbles Daten gab auch Einstein seine Skepsis auf. Vor einer Wandtafel im Caltech in Kalifornien führte er 1932 eine Diskussion mit de Sitter, die in einem nur zwei Seiten langen Artikel mündete. Einstein und de Sitter schlugen ein expandierendes Universum ohne kosmologische Konstante und mit einer Menge Materie vor, die den Raum flach macht. Einstein hatte sich so von seiner Schöpfung – der kosmologischen Konstante – befreit, die er mittlerweile verabscheute.

Tatsächlich beschreibt der Artikel nur einen speziellen Fall der Lösungen, die zuvor von Friedmann und Lemaître gefunden worden waren. Wäre er nicht von Einstein und de Sitter geschrieben worden, wäre er völlig unbemerkt geblieben. Aber mit zwei Giganten der Relativitätstheorie als Autoren hatte der Artikel einen tiefen Nachhall und überzeugte andere Physiker von der Idee eines dynamischen Universums.

Eine kuriose Anekdote zeigt, dass sich die Autoren selbst der Grenzen dieses Artikels bewusst waren. Kurz nach der Veröffentlichung hielt sich Einstein einige Tage in Cambridge bei Eddington auf, und die beiden begannen, über das Universum zu diskutieren. Auf die Fragen seines Kollegen antwortete Einstein:

„Ich glaube nicht, dass der Artikel sehr wichtig ist, aber de Sitter war begeistert."

Kurz nach Einsteins Abreise besuchte de Sitter zufällig Eddington, und das Gespräch kam auf dasselbe Thema.

„Hast du meinen Artikel mit Einstein gesehen", fragte de Sitter. „Ich glaube nicht, dass das Ergebnis sehr wichtig ist, aber Einstein scheint es zu glauben."

Die Expansion des Universums füllte bald auch die Seiten der Zeitungen und wurde zu einer modischen wissenschaftlichen Neuigkeit. Hubble organisierte einen Besuch von Einstein auf dem Mount Wilson, der von einer Schar von Journalisten dokumentiert wurde. Immer hungrig nach Ruhm, lud Hubble sogar den jungen Frank Capra (den unvergesslichen Regisseur von *Es geschah in einer Nacht* und *Ist das Leben nicht schön?*) ein, um sich filmen zu lassen, während er neben Einstein posierte, der so tun sollte, als würde er durch das Teleskop schauen. Hubble beschrieb das Treffen als ein wichtiges wissenschaftliches Ereignis. In Einsteins Tagebuch wird der Besuch als ein netter touristischer Ausflug erwähnt.

Konnte man den Big Bang sehen?

Trotz der astronomischen Beweise für die Expansion des Universums gab es immer noch eine weit verbreitete Zurückhaltung, die Idee des Big Bang zu akzeptieren. Es gab einen allgemeinen ideologischen Widerstand, sich einer solchen konzeptionellen Revolution anzuschließen. Obwohl Hubbles Daten darauf hindeuteten, dass wir in einer evolutionären Phase des Universums leben, wurden sie nicht als unwiderlegbarer Beweis für die Notwendigkeit eines Anfangs angesehen. Es gab auch Zweifel an den Daten, weil die Methode zur Ableitung der Entfernungen der Galaxien anfällig für Messfehler war und die Fluchtgeschwindigkeiten durch lokale galaktische Bewegungen verfälscht wurden.

Es gab auch noch einen beunruhigenderen Einwand. Nachdem das Proportionalitätsgesetz von Geschwindigkeit und Entfernung der Galaxien bekannt war, konnte man das Universum rückwärts in der Zeit ablaufen lassen und den Moment bestimmen, in dem alle Galaxien auf denselben Punkt zusteuerten. Aus Hubbles Messungen ergab sich, dass das Alter des Universums etwa 1 Mrd. Jahre betrug. Doch schon in den dreißiger Jahren wusste man durch die Datierung mit radioaktiven Elementen, dass das Alter der Erde mindestens 2 oder 3 Mrd. Jahre betragen musste. Wie konnte die Erde älter sein als das Universum? Obwohl einige Kosmologen mit de Sitter an der Spitze versuchten, diese Widersprüche zu umgehen, blieb das Rätsel ungelöst und stellte ein ernsthaftes Hindernis für den Glauben an den Big Bang dar.

Die Erklärung für diesen scheinbaren Widerspruch wurde erst in den späten fünfziger Jahren gefunden. Das Problem war die Ungenauigkeit von Hubbles astronomischen Messungen, die die Existenz von zwei verschiedenen Gruppen von Cepheiden nicht berücksichtigt hatten, die später von Walter Baade entdeckt wurden. Aktuelle Daten zeigen, dass das Hubble-Gesetz korrekt ist und der Big Bang vor 13,8 Mrd. Jahren stattfand. Das Alter der Erde beträgt 4,5 Mrd. Jahre, daher gibt es keinen Widerspruch. Leider konnten die Physiker von damals all das nicht wissen. Es brauchte daher mehr, um die wissenschaftliche Gemeinschaft davon zu überzeugen, den Big Bang zu akzeptieren.

5

Die kosmische Schmiede

Wer die Wahrheit sagt, wird früher oder später dabei ertappt.
  Oscar Wilde

In seiner Werkstatt in den Eingeweiden des Ätna schmiedete der Gott Vulkan Steine, die Eisen, Silber und Gold ausschwitzten. Unter den mächtigen Schlägen seines Hammers verwandelten sich diese Metalle dann in wunderbare Objekte, wie die Throne der Götter und die Blitze, die Jupiter schleuderte. Wenn er wegen der ständigen Untreue seiner schönen Frau Venus wütend wurde, schlug der hinkende Vulkan so heftig auf die Metalle, dass seine Schläge noch in den Ausbrüchen des Ätna widerhallten.

Die Verwandlung der Elemente hat immer einen mysteriösen Reiz ausgeübt, der Alchemisten auf der Suche nach dem Stein der Weisen und der Umwandlung unedler Metalle in Gold antrieb. Obwohl sie ein Hauch von esoterischem Mystizismus umgab, war die Alchemie in der Lage, Philosophen, Kirchenmänner, Adlige und nicht zuletzt Wissenschaftler anzuziehen. Das überraschendste Beispiel ist Isaac Newton, der Gründervater der modernen Physik. Ein Blick in seine Manuskripte zeigt, dass er einen großen Teil seiner Zeit der Alchemie widmete, wobei er diese Studien weitgehend geheim hielt.

Der alchemistische Traum, Blei in Gold zu verwandeln, ist von der Theorie her nicht falsch, kann aber nicht in die Praxis umgesetzt werden. Die verschiedenen chemischen Elemente unterscheiden sich in der Anzahl der Protonen im Atomkern. Um die Elemente zu umzuwandeln, müssen daher Protonen zum Atomkern hinzugefügt oder entfernt werden, was nicht einfach ist, da die Protonen mit den Neutronen im Atomkern eng verbunden sind. Es gibt zwei Möglichkeiten, die Elemente umzuwandeln. Die erste besteht darin, den

G. F. Giudice, *Vor dem Big Bang*, https://doi.org/10.1007/978-3-662-69847-1_5

Kern zu spalten, indem man ihn mit Projektilen aus energiereichen Teilchen beschießt. Auf diesem Prozess, der Kernspaltung genannt wird, beruht die Energiegewinnung in den Kernkraftwerken. Die Spaltung tritt auch spontan auf, aber nur bei einigen Isotopen oder radioaktiven Elementen, die in der Natur eher selten sind. Die zweite Möglichkeit besteht darin, zwei Kerne zusammenstoßen zu lassen und sie zu einem schwereren zu verschmelzen. Dieser Prozess ist die Kernfusion, die heute der Traum ist, um die Energieprobleme der Menschheit zu lösen. Beide Wege waren für mittelalterliche Alchemisten nicht zugänglich, da sie eine erhebliche Menge an Energie benötigen, um die Prozesse zu starten.

Die Natur kann es jedoch besser als die Alchemisten. In Systemen mit hoher Dichte und Temperaturen von mindestens mehreren Millionen Grad können diese Umwandlungsprozesse der Elemente stattfinden. Diese extremen Bedingungen werden im Zentrum von Sternen wie der Sonne erreicht. In den dreißiger Jahren hat man nach den bahnbrechenden Studien von Hans Bethe verstanden, dass die Kernfusion der Motor ist, der die Sterne antreibt. Das Rätsel der Herkunft der Sonnenenergie war damit gelöst.

Hat der Big Bang wirklich stattgefunden, gab es auch eine physikalische Situation, in der Kernreaktionen die Elemente umwandeln konnten: das Ur-Universum. Verfolgt man die kosmische Evolution rückwärts in der Zeit, zieht sich der Raum zusammen. Wie jeder weiß, der schon einmal eine Fahrradpumpe benutzt hat, erhöht die Kompression eines Gases dessen Temperatur. Daher muss das Universum in der Vergangenheit heißer gewesen sein. Geht man weit genug in der Zeit zurück, könnte man die extremen Temperaturen erreichen, die notwendig sind, um die Umwandlungsprozesse der Kerne auszulösen.

Die Hypothese des Big Bang nennt uns also die geeigneten Bedingungen für eine kosmische Schmiede, in der die chemischen Elemente des Universums geformt werden konnten. Der Physiker, der diese erstaunliche Idee mehr als alle anderen ernsthaft in Betracht zog, war Gamow.

Alpha, Beta und vor allem Gamma

Georgij Antonovič Gamov, später im Westen als George Gamow bekannt, wurde 1904 in Odessa geboren, einer Stadt, die zu dieser Zeit wohlhabend, kosmopolitisch und reich an intellektuellem Leben war. Wie er in seiner humorvollen Autobiografie erzählt, wusste Gamow schon als Kind, dass es sein Schicksal war, Wissenschaftler zu werden. Alles begann mit einem Experiment, das er mit dem Mikroskop durchführte, das sein Vater ihm gerade geschenkt hatte. Statt während der Kommunion das in Wein getauchte Stück Brot zu schlucken, nahm er es mit nachhause, um es unter dem Mikroskop zu untersuchen. Er wollte es mit einem anderen Stück Brot vergleichen, das er zuvor zubereitet hatte, um Spuren der Transsubstantiation zu entdecken, also den experimentellen Nachweis dieses Dogmas der russisch-orthodoxen Kirche zu erbringen. Das Experiment war ein Misserfolg, denn der junge Gamow bemerkte keinen Unterschied zwischen den beiden Brotstücken. Aber es diente dazu, ihn der Wissenschaft zu weihen.

Der Erste Weltkrieg und die Revolution veränderten das Leben in Odessa radikal. Essen und Wasser waren knapp, aber Gamow beschreibt diese schwierigen Jahre mit dem Sinn für Humor, der ihn sein ganzes Leben lang auszeichnete. Eine Anekdote vermittelt das gut. Als Student an der Universität von Odessa besuchte er die Vorlesungen über mehrdimensionale Geometrie, die am späten Nachmittag von Professor Kagan gegeben wurden. Aufgrund des Mangels an Brennstoff wurde die Stromversorgung oft unterbrochen, und so wurde der Hörsaal plötzlich dunkel. Völlig unbeeindruckt fuhr der Professor fort, im Dunkeln zu lehren. Er sagte, dass die Formen der mehrdimensionalen Geometrie sowieso nicht auf einer zweidimensionalen Tafel gesehen werden könnten. Als die Studenten am Ende des Jahres die Prüfung brillant bestanden, kommentierte der Professor scherzhaft: „Das beweist, dass die Vorstellungskraft weit über die Beleuchtung hinausgeht."

1923 verkaufte Gamows Vater das letzte verbliebene Tafelsilber, um den jungen George nach Petrograd zu schicken, damit er dort unter der Anleitung von Aleksandr Friedmann studieren konnte, der den Big Bang vorhergesagt hatte. Wie in Kap. 3 zu sehen war, starb Friedmann unglücklicherweise kurz darauf, und Gamow richtete seine Studien an der aufkommenden Quantenmechanik aus.

Gamow hatte die Gelegenheit zu reisen und verbrachte Zeit in Göttingen, Kopenhagen und Cambridge, damals die Hauptstädte der Quantenmechanik. Sein Name wurde in der Welt der Kernphysik bekannt, als er ein Rätsel über radioaktive Zerfälle brillant löste. Er kehrte mit großen Ehren in die Sowjetunion zurück, aber das Land veränderte sich mit dem Aufkommen des Stalinismus schnell.

Sein ehrlicher und respektloser Geist passte schlecht in eine wissenschaftliche Umgebung, in der die Ideologen der Partei entschieden, welche Konzepte der Physik mit dem dialektischen Materialismus vereinbar waren und welche verboten waren. Eine seiner öffentlichen Vorlesungen wurde plötzlich unterbrochen, als er das Heisenbergsche Unschärfeprinzip erwähnte. Ihm

wurde erklärt, dass dieses Prinzip im Widerspruch zur marxistischen Philosophie stehe. Mit seiner üblichen Ironie kommentierte Gamow:

> „Mit einigen seltenen Ausnahmen wissen Philosophen nicht viel über Wissen-
> schaft und verstehen sie nicht … Während aber Philosophen in freien Ländern
> als ganz harmlos gelten, stellen sie in diktatorischen Ländern eine große Gefahr
> für die Entwicklung der Wissenschaft dar."

Gamow erkannte, dass seine Gedankenfreiheit in Gefahr war und dass es
ihm schwer fallen würde, einen Pass für Reisen ins Ausland zu bekommen.
Trotz seiner aufrichtigen Verbundenheit mit seiner Heimat entschied er sich
zur Flucht.

Der Fluchtplan war eine Mischung aus Einfallsreichtum und Naivität, ty-
pische Eigenschaften von Gamow und üblich unter theoretischen Physikern.
Nach einer systematischen Untersuchung der Grenzen der Sowjetunion auf
der Landkarte konzentrierte er sich auf das, was er die Krim-Kampagne
nannte. Er begann, Eier auf dem Schwarzmarkt zu kaufen, die er dann kochte
und als Vorrat aufbewahrte. Er fügte auch einige Schokoladentafeln und zwei
Flaschen Schnaps hinzu. Durch einige Freunde vom Sportzentrum gelang es
ihm, ein zerlegbares Kanu zu kaufen und einen Platz in einem Ferienhaus für
Staatsangestellte zu finden, das günstig auf der Krim gelegen war. Seine junge
Frau, deren Spitzname Rho war, durfte nicht in das Ferienhaus, konnte aber
ein Zimmer in einem Bauernhaus der Tataren in der Nähe mieten. Der Plan
war, das Schwarze Meer mit dem Kanu zu durchqueren und die Türkei zu erreichen. Um dort nicht als russische Flüchtlinge identifiziert und mit einer si-
cheren Einwegfahrkarte nach Sibirien zurückgeschickt zu werden, wollte
Gamow einen alten dänischen Führerschein vorzeigen, den er von seinem
kurzen Aufenthalt in Kopenhagen übrig hatte, und Asyl in der dänischen Botschaft beantragen. Ein Anruf bei seinem Freund Niels Bohr, dem berühmten
Physiker aus Kopenhagen, würde ihm aus der Klemme helfen. Ein perfekter
Plan – zumindest in Gamows Kopf.

Nachdem sie auf der Krim angekommen waren und einige Probefahrten
mit dem Kanu unternommen hatten, setzten sich Gamow und Rho mit den
spärlichen Vorräten, die sie auf das Kanu geladen hatten, heimlich in Richtung Süden ab. In letzter Minute fügten sie Erdbeeren hinzu, die sie auf dem
lokalen Markt gekauft hatten, und nach vielen Diskussionen gab Gamow
dem Drängen seiner Frau nach und nahm auch eine Zahnbürste mit. Am ersten Tag lief alles glatt und sie ruderten kräftig. Aber am zweiten Tag brach ein
Sturm aus, und während er versuchte, das Kanu in den heftigen Wellen unter
Kontrolle zu halten, schöpfte sie mit ihren Händen Wasser aus dem Boot. Am

dritten Tag begannen sie zu halluzinieren, und Gamow entschied, die Richtung zu ändern. Sie erreichten die Küste der Krim, nicht weit von ihrem Ausgangspunkt entfernt, und ließen sich erschöpft am Strand nieder. Am nächsten Morgen fanden sie tatarische Fischer halb ohnmächtig im Sand liegen und brachten sie ins Krankenhaus. Gegenüber den Behörden behauptete Gamow, sie hätten sich während eines Ausflugs verirrt. Die Polizei glaubte die Lüge. Selbst der misstrauischste sowjetische Agent hätte die Wahrheit zu unwahrscheinlich gefunden.

Gamow gelang es schließlich, die Sowjetunion auf weitaus weniger abenteuerliche Weise zu verlassen. Er wurde 1933 von Bohr zur Solvay-Konferenz nach Brüssel eingeladen. Der Physiker Paul Langevin, der Mitglied der französischen Kommunistischen Partei war, fungierte als Vermittler mit den sowjetischen Behörden, um vorübergehende Pässe für das Paar zu beschaffen. Weder Bohr noch Langevin hatte vermutet, dass Gamow beabsichtigte, die Sowjetunion zu verlassen. Als sie es erfuhren kamen sie wegen ihrer direkten Intervention bei den Moskauer Behörden in Verlegenheit. Dank der Vermittlung von Marie Curie, die eine enge Freundin von Langevin war, unterstützten die Physiker schließlich Gamows Entscheidung. Bohr und Rutherford (der Entdecker des Atomkerns) liehen dem ausgewanderten Paar das Geld, um sich ein Ticket für ein Schiff nach New York kaufen zu können.

So kam im Sommer 1934 ein brillanter, jovialer Dreißigjähriger in Amerika an, genial und voller Humor, über einen Meter neunzig groß, mit blondem Haar und schmalen blauen Augen, die hinter einer Brille versteckt waren, deren Gläser so dick wie Flaschenböden waren. Dank seiner Berühmtheit konnte er sofort an die George Washington-Universität gehen, wo er einige Jahre später begann, das Problem der Erzeugung chemischer Elemente in einem heißen Universum zu studieren. Er war wirklich der Pionier dieses Themas.

Im Jahr 1948 vollendete er einen Artikel über die Studien, die er in Zusammenarbeit mit seinem Studenten Ralph Alpher durchgeführt hatte. Gamow war jemand, der nie der Versuchung widerstehen konnte, einen Scherz zu machen. Bei dieser Gelegenheit unterzeichnete er den Artikel mit den Namen Alpher Bethe Gamow. Er fügte also unter die Autoren Bethes Namen hinzu, ohne ihn zu fragen. Hans Bethe hatte die ersten Berechnungen zur Kernfusion in Sternen durchgeführt und war ein guter Freund Gamows, der das Ganze nur für das Vergnügen machte, auf den Gleichklang mit Alpha, Beta und Gamma, den ersten drei Buchstaben des griechischen Alphabets, hindeuten zu können. Der Artikel wurde an die Zeitschrift geschickt und landete auf dem Schreibtisch Bethes, dem Redaktionsleiter. Bethe dachte, dass

„der Scherz lustig war und dass der Artikel eine Chance hatte, richtig zu sein", und ließ daher seinen Namen in der Autorenliste stehen. Es wurde genau am ersten April veröffentlicht und wurde später unter dem Namen $\alpha\beta\gamma$ bekannt.

Im selben Jahr trat der junge Physiker Robert Herman der Forschungsgruppe bei, und Gamow bestand darauf, dass er seinen Namen in ‚Delter' für das griechische δ änderte. Obwohl Herman nie seine Zustimmung gab, benannte Gamow als Autoren eines Artikel, den er mit seinen beiden Studenten geschrieben hatte, Alpher Bethe Gamow Delter. Seine Frau Rho erzählte später:

„Ich habe ihn nie glücklicher gesehen, als wenn er einen Scherz machen konnte."

Der Artikel $\alpha\beta\gamma$ ebnete den Weg für das, was heute als ein Eckpfeiler der Big-Bang-Theorie angesehen wird, nämlich die Bildung von chemischen Elementen als Folge thermonuklearer Reaktionen im Ur-Universum – ein Prozess, der heute als *Nukleosynthese* bezeichnet wird.

Um die Idee der Nukleosynthese zu verstehen, versetzen Sie sich in einen Traum, in dem Sie Zuschauer der allerersten kosmischen Ereignisse sind. Stellen Sie sich vor, dass Sie eine Zehntelsekunde nach dem Big Bang ein Foto des Universums machen. Das Bild zeigt ein gleichmäßiges Gas aus Teilchen bei einer Temperatur von 30 Mrd. Grad. Diese höllische Temperatur bringt die Teilchen in eine so hektische Bewegung, dass die Existenz von jedem stabilen Atom verhindert wird. Selbst die Atomkerne werden sofort durch heftige Kollisionen mit anderen Teilchen zerschmettert.

Schauen wir uns das Foto an und analysieren wir es genau. Man sieht Protonen und Neutronen (die Teilchen, die die Atomkerne bilden), mit einem Überschuss der einen über die anderen: Für jedes Neutron gibt es 1,6 Protonen. Die Zahl der Protonen und Neutronen ist jedoch im Vergleich zu den anderen Elementarteilchen gering. Für jedes Neutron gibt es 1,3 Mrd. Elektronen und fast genauso viele Positronen (das Antimaterie-Gegenstück der Elektronen), 3,8 Mrd. Neutrinos und Antineutrinos (eine Art von sehr schwer fassbaren Teilchen, die für Experimente quasi unsichtbar sind), und 1,7 Mrd. Photonen (die Teilchen, die die elektromagnetische Strahlung bilden).

Aber einen Moment! Woher zum Teufel kennen wir die Anzahl dieser Teilchen, wenn niemand jemals das Universum eine Zehntelsekunde nach dem Big Bang fotografiert hat? Diese Frage führt uns zu einer noch allgemeineren Überlegung: Wie kann die Wissenschaft den Big Bang erforschen? Die Frage ist so zentral für unsere Geschichte, dass ein Exkurs notwendig ist.

Die physikalischen Gesetze

Die wissenschaftliche Methode basiert auf der logischer Deduktion aus der Beobachtung natürlicher Phänomene oder auf Experimenten, die diese Phänomene unter kontrollierbaren Bedingungen reproduzieren. In welchem Sinne können wir dann die wissenschaftliche Methode verwenden, um den Ursprung des Universums zu untersuchen? Der Big Bang ist weder ein in der Natur beobachtbares Phänomen, noch kann er im Labor reproduziert werden. Vielleicht ist die Vorstellung des Anfangs von Allem nur eine Illusion ohne wissenschaftliche Grundlage?

Glücklicherweise gibt es eine Geheimwaffe, um diese Fragen zu beantworten. Das Werkzeug, das es uns ermöglicht, die fantastische Zeitreise zur Erforschung der kosmischen Geschichte bis in ihre fernste Vergangenheit zu unternehmen, ist die Existenz universeller physikalischer Gesetze in der Natur.

Die physikalischen Gesetze sind mathematische Gleichungen, die die beobachteten natürlichen Phänomene beschreiben und die strikten Ursache-Wirkungs-Beziehungen angeben, die die Veränderungen eines Systems bestimmen. Sie sind das ordnende Prinzip, das das Leben des Universums und alles, was in ihm enthalten ist, regelt. Sie spiegeln eine rationale Ordnung wider, die in der Natur verankert ist und nicht willkürlich oder zufällig ist, sondern einem strengen logischen Schema folgt. Physikalische Gesetze gelten nicht nur im sozialen Umfeld wie dem Planetensystem, sondern überall im Universum, sie existierten bevor die Dinosaurier die Erde bevölkerten und sie werden existieren, wenn keine Spur der Menschheit mehr übrig ist.

Der tiefe Grund für die Existenz eines solchen logischen Schemas, das den natürlichen Phänomenen zugrunde liegt, bleibt ein Geheimnis, das vielleicht jenseits der Grenzen der Wissenschaften liegt. Die Existenz dieser Ordnung ist keine philosophische Hypothese und kein religiöses Dogma, sondern eine empirische Feststellung. Je tiefer wir unser Wissen über die Natur vorantreiben, umso klarer tritt ein einheitliches Bild der physikalischen Gesetze hervor, das immer komplexere mathematische Strukturen und immer einfachere logische Prinzipien umfasst. Indem sie den Schlüssel zum Verständnis des Universums liefern, verkörpern die physikalischen Gesetze das unerklärliche und unverdiente Geschenk, das die Natur der Menschheit gemacht hat. Ohne die physikalischen Gesetze der Natur wäre die wissenschaftliche Methode bedeutungslos.

Die Erfahrung lehrt uns, dass es eine Welt der objektiven Realität gibt, die unabhängig von unserer Wahrnehmung ist. Die Physik lehrt uns, dass es auch eine Welt abstrakter Formen gibt, die von absoluten Wahrheiten bevölkert wird, die mithilfe der mathematischen Logik bewiesen werden können. Es ist eine Welt, die an das *eidos* erinnert, Platons Begriff für die reine Form. Der gewaltige Erfolg der Wissenschaft besteht darin, eine Beziehung zwischen zwei Aspekten der Natur zu entdecken, die auf den ersten Blick völlig unabhängig erscheinen. Physikalische Gesetze sind die enge Verbindung zwischen der Welt der Erfahrung und der Welt der Rationalität und machen die direkte Übereinstimmung zwischen objektiver Realität und mathematischen Formen konkret.

Die wesentliche Eigenschaft der physikalischen Gesetze ist ihre Universalität, das heißt, die Eigenschaft, nicht nur für die speziellen Phänomene zu gelten, aus denen sie abgeleitet wurden, sondern in einem viel breiteren Kontext anwendbar zu sein. Die Universalität ermöglicht es, das in einem bestimmten Kontext erworbene Wissen zu extrapolieren und auch über die direkte experimentelle Reproduzierbarkeit hinaus auf neue Situationen anzuwenden. Zum Beispiel leitete Newton aus den Gleichungen, die den Fall eines Apfels beschreiben, die Bewegung der Himmelskörper ab, ohne interplanetare Reisen zu unternehmen. Aus den im Labor gemessenen Spektrallinien im Licht, das von verschiedenen chemischen Elementen emittiert oder absorbiert wird, konnte die Zusammensetzung der Sterne abgeleitet werden, ohne dass ein Raumschiff Materialproben von ihnen entnehmen musste. Aus der Untersuchung von Kernreaktionen konnten die Prozesse identifiziert werden, die im Inneren der Sonne ablaufen, ohne dass es notwendig war, einen künstlichen Stern im Labor zu bauen.

Die Universalität der physikalischen Gesetze ist das Werkzeug, das es Wissenschaftlern ermöglicht, die Grenzen der direkten Wahrnehmbarkeit oder der experimentellen Reproduzierbarkeit zu überschreiten. Bei einer solchen Extrapolation besteht die experimentelle Überprüfung nicht darin, das Phänomen im Labor nachzubilden oder es direkt zu beobachten, sondern darin, seine Konsequenzen abzuleiten und sie empirischen Tests zu unterziehen.

Universalität bedeutet, dass die physikalischen Gesetze überall im Kosmos, an jedem Ort und zu jeder Zeit, die gleichen sind. Astronauten bewegen sich auf dem Mond nicht in Sprüngen voran, weil das Gravitationsgesetz auf dem Mond anders ist, sondern weil die Masse des Mondes kleiner ist als die der Erde. Die Umstände ändern sich, aber nicht die physikalischen Gesetze.

Die Universalität von physikalischen Gesetzen ist aber nicht absolut, sie können auf einen bestimmten Anwendungsbereich beschränkt sein, ihre Gültigkeit muss also ständig in Frage gestellt werden. Zum Beispiel funktioniert das Newtonsche Gravitationsgesetz auf der Erde und auf dem Mond sehr gut, es versagt aber in der Nähe eines Schwarzen Lochs. In Situationen, in denen die Gravitation sehr intensiv ist, muss die Newtonsche Theorie durch Einsteins Allgemeine Relativitätstheorie ersetzt werden. Fälle wie dieser, in denen die Gültigkeit eines physikalischen Gesetzes versagt, signalisieren nicht ein Versagen des logischen Schemas der Natur, sondern nur die Entdeckung einer tieferen Ebene des Wissens.

Die Universalität der physikalischen Gesetze gibt dem menschlichen Geist Flügel, sie ermöglicht es ihm, jenseits der Grenzen der Wahrnehmbarkeit weit in den Raum hinaus zu reisen und weit in die Zeit zurück, beispielsweise auch zum Big Bang.

Kosmische Alchemie

Nach diesem Exkurs kehren wir nun zu unserem imaginären Foto des Universums eine Zehntelsekunde nach dem Big Bang zurück. Dank der Kenntnis der physikalischen Gesetze können wir zuversichtlich sein, den Kosmos auch unter extremen Bedingungen beschreiben zu können. Insbesondere können die Mengen der Elementarteilchen im Ur-Gas aus dem thermischen Gleichgewicht abgeleitet werden, das sich durch die ständigen Kollisionen einstellt. Sobald dieser Gleichgewichtszustand erreicht ist, kann die Entwicklung des Ur-Gases perfekt berechnet werden, ohne dass man noch einmal zum Anfang des Universums reisen muss, um Fotos zu machen.

Während die Temperatur des kosmischen Gases mit der Expansion des Universums abnimmt, kombinieren sich Neutronen und Protonen in Kettenreaktionen, wie sie in Abb. 5.1 gezeigt werden, zu Wasserstoff, Helium und ihren Isotopen (das sind Kerne mit der gleichen Anzahl von Protonen, aber einer unterschiedlichen Anzahl von Neutronen). Etwas mehr als eine Viertelstunde nach dem Big Bang werden die endgültigen Werte für die Massenanteile der chemischen Elemente erreicht: 75,5 % Wasserstoff (^{1}H), 24,5 % Helium (^{4}He), 0,003 % Deuterium (^{2}H), 0,002 % Helium-3 (^{3}He) und Spuren von Lithium.

Auf den ersten Blick scheint diese Vorhersage nicht sehr zutreffend zu sein. Auf der Erde ist Wasserstoff zwar mit anderen chemischen Elementen verbunden, aber die Atmosphäre enthält nur 0,00005 % reinen Wasserstoff und 0,0005 % Helium. Das sollte uns aber nicht irritieren, denn die chemische Zusammensetzung der Erde und ihrer Atmosphäre ist sehr speziell und nicht repräsentativ für die allgemeinen Eigenschaften des Kosmos. Insbesondere entweichen Wasserstoff und Helium aufgrund ihrer Leichtigkeit mühelos der Erdanziehung und sind daher auf unserem Planeten selten. Astronomische Messungen der chemischen Zusammensetzung der Sterne und des interstellaren Materials zeigen jedoch eine perfekte Übereinstimmung mit den Mengen, die aus den modernsten Berechnungen der Nukleosynthese abgeleitet wurden.

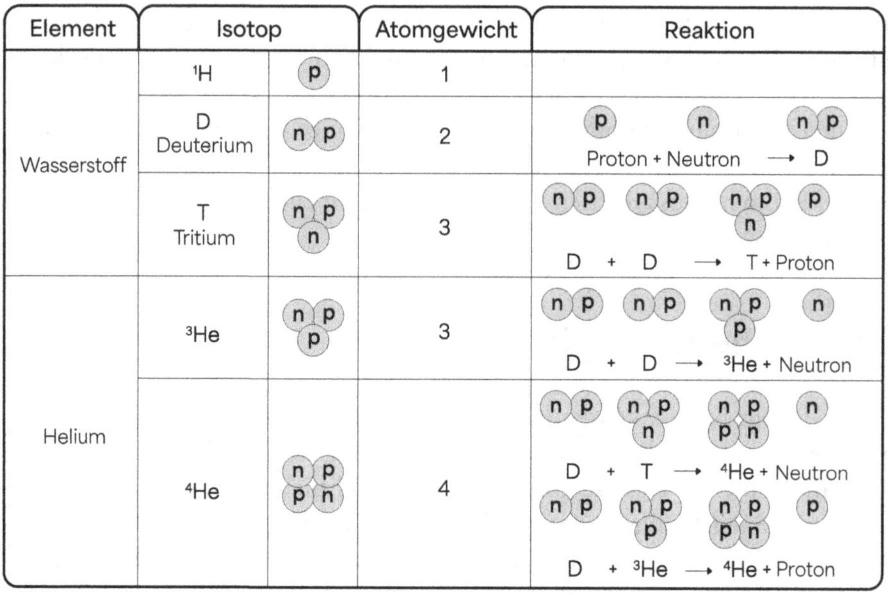

Element	Isotop		Atomgewicht	Reaktion
Wasserstoff	¹H	p	1	
	D Deuterium	n p	2	Proton + Neutron ⟶ D
	T Tritium	n p / n	3	D + D ⟶ T + Proton
Helium	³He	n p / p	3	D + D ⟶ ³He + Neutron
	⁴He	n p / p n	4	D + T ⟶ ⁴He + Neutron D + ³He ⟶ ⁴He + Proton

Abb. 5.1 Die wichtigsten Reaktionen, die zur kosmischen Nukleosynthese der leichten chemischen Elemente beitragen. Isotope sind Elemente, deren Kerne die gleiche Anzahl von Protonen, aber eine unterschiedliche Anzahl von Neutronen enthalten. Das Atomgewicht gibt die Gesamtzahl der Protonen und Neutronen im Kern an

Die konzeptionellen Grundlagen der Nukleosynthese gehen auf Gamow zurück, obwohl die Details seiner Analyse nicht korrekt waren. Die Autoren des Artikels $\alpha\beta\gamma$ gingen davon aus, dass das Universum als Neutronengas begann, das sie *Ylem* nannten. Das ist ein Wort aus dem Altenglischen, das Alpher im Wörterbuch gefunden hatte und das in alten mittelalterlichen philosophischen Texten verwendet wurde, um eine urzeitliche Substanz zu bezeichnen. Gamow gefiel das Wort so gut, dass er später davon überzeugt war, es selbst erfunden zu haben und dass es vorher nie existiert hatte. Laut $\alpha\beta\gamma$ produziert das Ylem alle chemischen Elemente durch den Zerfall von Neutronen in Protonen und der anschließenden Aufnahme freier Neutronen. Tatsächlich ist aber die Kette von Kernreaktionen bei der Nukleosynthese komplexer und beinhaltet viele andere Prozesse.

Gamow wusste, dass seine Analyse unvollständig war, aber er hatte nicht alle Werkzeuge, um eine systematischere Berechnung durchzuführen. Nicht alle Reaktionsgeschwindigkeiten der nuklearen Prozesse waren damals bekannt, und viele der bekannten galten noch als militärisches Geheimnis, weil sie Forschungen zur Atombombe betrafen. Gamows Studie war größtenteils falsch, ihre Bedeutung liegt aber darin, zu zeigen, dass der Big Bang keine philosophische Idee ist, sondern eine wissenschaftliche Hypothese, die mit astronomischen Beobachtungen überprüft oder widerlegt werden kann. In der Physik kann ein falscher Artikel, der aber eine tiefe Idee verkündet, viel weiter führen als ein richtiger Artikel mit einer platten Idee.

1956 ging Gamow an die Universität von Colorado und ließ sich von Rho scheiden, um die Herausgeberin seiner Bücher zu heiraten. Er war tatsächlich ein origineller Wissenschaftsautor und die fantastischen Abenteuer des schüchternen Bankangestellten *Mr. Tompkins im Wunderland* oder bei seinen *seltsamen Reisen durch Kosmos und Mikrokosmos* sind noch heute eine leichte, lehrreiche Lektüre. Der Missbrauch von Alkohol zehrte an Gamows Gesundheit und untergrub auch seinen Ruf, wenn er betrunken auf Konferenzen erschien, mit Fragen eingriff, die nicht zum Thema gehörten oder lautstark einschlief. Er starb im Alter von vierundsechzig Jahren an Leberzirrhose. Der Physiker Edward Teller erinnerte sich so an ihn:

„Gamow war fantastisch in seinen Ideen. Einige richtig, einige falsch. Öfter falsch als richtig. Immer interessant. Und wenn seine Idee nicht falsch war, war sie nicht nur richtig, sie war neu".

Die Nukleosynthese hat den Weg zur Verbindung zwischen Mikrokosmos und Makrokosmos geebnet. Die physikalischen Gesetze, die die Reaktionen zwischen den kleinsten Bestandteilen der Materie – also den Atomkernen und Elementarteilchen – steuern, bestimmen auch die globalen Eigenschaften des Universums. Diese Verbindung zwischen Mikrokosmos und Makrokosmos ist mit dem Fortschritt der Forschung immer tiefer geworden und ist nun die Grundlage für das Studium des Universums. Elementarteilchenphysik und Kosmologie sind heute zwei untrennbare Disziplinen, die eine zieht die Motivation aus der anderen.

Es ist faszinierend zu wissen, dass die leichten chemischen Elemente im Universum das Produkt von nuklearen Reaktionen sind, die in den ersten Minuten nach dem Big Bang stattgefunden haben. Dieses Ergebnis ist ein erdrückender Beweis für den Big Bang, weil eine kosmische Nukleosynthese nur ausgelöst werden kann, wenn ein Universum Temperaturen von mindestens 10 Mrd. Grad erreicht, etwa tausendmal mehr als im Zentrum der Sonne.

Zur Zeit, als die Nukleosynthese vorgeschlagen wurde, war die Idee jedoch noch unvollständig und reichte nicht aus, um die wissenschaftliche Gemeinschaft zu überzeugen. Die Existenz des Big Bang blieb eine offene Frage.

6

Das ewige Universum schlägt wieder zu

Es gibt keinen größeren Fehler als nie einen zu machen.
Samuel Butler

Es mag uns heute seltsam vorkommen, aber der Big Bang war etwas, das die Physiker nur schwer schlucken konnten. Da war Einsteins vernichtendes Urteil,

„die Idee macht keinen Sinn",

und Eddington schrieb 1931, also nach Hubbles Entdeckung, in einem einflussreichen Artikel:

„Aus philosophischer Sicht widerstrebt mir der Gedanke an den Beginn der gegenwärtigen natürlichen Ordnung."

Es war nicht einfach, die feierliche Ewigkeit des Universums zugunsten einer Geschichte aufzugeben, die zu sehr an eine biblische Erzählung erinnerte. Nach dem Zweiten Weltkrieg wurde dann allgemein akzeptiert, dass das Universum sich in einer Entwicklungsphase befinden musste, in der sich der Raum ausdehnt, wie es die astronomischen Daten nahelegten. Die Hypothese eines anfänglichen Big Bang wurde jedoch nicht ernsthaft in Betracht gezogen, und Gamow oder Lemaître waren Ausnahmen unter den Kosmologen. Es ist daher nicht überraschend, dass sich die Gemeinschaft der Physiker sofort für den neuen Vorschlag eines ewigen Universums begeistern konnte.

G. F. Giudice, *Vor dem Big Bang*, https://doi.org/10.1007/978-3-662-69847-1_6

1948 schlug ein Trio von Physikern aus Cambridge, bestehend aus Fred Hoyle, Hermann Bondi und Thomas Gold, ein stationäres Universum vor. Im Gegensatz zu *statisch*, was unbeweglich bedeutet, wird der Begriff *stationär* in der Physik verwendet, um ein System zu bezeichnen, in dem im Inneren Bewegung stattfindet, dessen globale Eigenschaften sich aber nicht mit der Zeit ändern: Es ist wie ein Fluss, der regelmäßig fließt. Zum Beispiel befindet sich ein Gas in einem Behälter bei konstantem Druck und konstanter Temperatur in einem stationären Zustand. Die Moleküle des Gases bewegen sich ununterbrochen, aber als Ganzes betrachtet zeigt das System keine Veränderung.

Hoyle berichtete, dass die Idee des stationären Universums entstand, nachdem die drei Freunde zusammen den Film *Traum ohne Ende* gesehen hatten, einen der ersten Horrorfilme in Großbritannien nach dem Verbot während des Zweiten Weltkriegs, Filme zu produzieren, die die Moral der Bevölkerung untergraben könnten.

Der Film beginnt damit, dass der Protagonist, der Architekt Walter Craig, in England zu einer Villa auf dem Land fährt, wo er gebeten wurde, Renovierungsarbeiten zu planen. Bei seiner Ankunft gesteht Craig den verschiedenen Gästen des Hauses, dass er sie bereits in seinen wiederkehrenden Albträumen getroffen habe, obwohl er sie noch nie zuvor gesehen habe. Außerdem scheint er in der Lage zu sein, Ereignisse in der Villa vorherzusagen, bevor sie geschehen. Die Gäste stellen ihn auf die Probe, und jeder erzählt ihm eine Geschichte mit übernatürlichen Ereignissen. Craig, erschüttert von den gruseligen Geschichten, greift einen der Gäste an und versucht ihn zu erwürgen, aber da wacht er plötzlich auf und erkennt, dass alles nur ein Traum war. Es ist früher Morgen, er erhält einen Anruf mit einem Renovierungsauftrag und fährt zu der gleichen Villa, mit der der Film begonnen hat.

Nach dem Verlassen des Kinos fragte Gold seine beiden Begleiter:

„Und wenn das Universum auf diese Weise aufgebaut wäre?"

Die Geschichte des Universums könnte der Handlung des Films ähnlich, in dem so viele Dinge passieren, aber sich nichts wirklich ändert und alles an den Anfang zurückkehrt.

Die Idee war, ein Universum zu bauen, das stationär statt statisch ist. Ein Universum, das immer gleich bleibt, das weder Anfang noch Ende hat, das nicht nur im Raum, sondern auch in der Zeit gleichförmig ist. Aber wie war es möglich, diese Idee mit der astronomischen Beobachtung der Expansion des Raums zu vereinbaren? Laut Hoyle, Bondi und Gold lag die Lösung in

einer fortwährenden Erzeugung von Materie aus dem Nichts. Diese neu entstehende Materie würde den durch die Expansion geschaffenen Raum füllen
und so die Materiedichte überall konstant halten. Das Universum von Hoyle,
Bondi und Gold ist nicht statisch, weil der Raum sich gemäß den astronomischen Messungen ausdehnt, aber es ist stationär, weil die gleichzeitige Produktion von Materie die globalen Eigenschaften des Universums im Laufe der
Zeit unverändert lässt.

Wie lässt sich aber die Produktion von Materie aus dem Nichts mit der vertrauten Vorstellung der Energieerhaltung vereinbaren? Hoyle und seine Mitarbeiter berechneten, dass es zur Aufrechterhaltung des stationären Zustands
des Universums ausreicht, einige Atome pro Kubikkilometer Raum und pro
Jahrhundert zu materialisieren. Diese Injektion neuer Materie ist so gering,
dass sie jedem Experiment entgehen könnte. Beim Big Bang wird alle Materie
in einem einzigen Moment produziert, im stationären Universum wird dagegen die Materie immer und ewig produziert, aber nur in sehr kleinen Mengen.

Aus heutiger Sicht erscheint die Theorie ziemlich künstlich. Dennoch war
die philosophische Verlockung, sich von einem kosmischen Anfang zu befreien, so groß, dass die Theorie von Hoyle, Bondi und Gold sofort begeistert
aufgenommen wurde. Es entstand eine wissenschaftliche Kontroverse zwischen zwei Denkschulen: dem Big Bang und dem stationären Universum.

Die Kontroverse hatte eine pittoreske Färbung aufgrund der am Kampf be-
teiligten Forscher. Es gab eine merkwürdige Parallele zwischen den Kontrahenten: Als Gegenstück zum theatralischen Gamow gab es den quirligen
Hoyle. Ehrgeizig, genial und vielseitig, hatte Fred Hoyle ausgezeichnete kom-
munikative Fähigkeiten. Das endete sogar damit, dass er Science-Fiction-
Bücher schrieb, die beim Publikum sehr erfolgreich waren. Ich erinnere mich
noch, wie beeindruckt ich als Junge war, als ich im Fernsehen ein Drama sah,
das auf Hoyles Buch *A wie Andromeda* basierte. Es erzählt von einer Gruppe
von Wissenschaftlern, die dank Informationen, die sie von Andromeda empfangen haben, einen Supercomputer bauen, der in der Lage ist, eine Form von
außerirdischem Leben zu erschaffen. Es gibt auch Geheimagenten und Spio-
nage … mehr als genug, um die Fantasie eines Teenagers in die Umlaufbahn
zu schicken.

Bei allen Ähnlichkeiten der beiden Kontrahenten gab es auch einen Unterschied: Gamows Humor zeigte sich in markanten Sätzen und schlagfertigen
Witzen, die allgemeines Gelächter auslösten. Hoyles Humor hingegen war zy-
nischer und schärfer. Hoyle neigte zu Sarkasmus gegenüber seinen Gesprächs-
partnern, der manchmal bis zu heftigen Provokationen ging.

Alpher und Herman, die jungen Mitarbeiter von Gamow, waren beide
Söhne russischer Juden, die in die Vereinigten Staaten ausgewandert waren.

Während der Erste Erfahrung in angewandter Physik hatte, war der Zweite ein Vertreter der Relativitätstheorie. Bondi und Gold, Hoyles Mitarbeiter, waren beide Wiener Juden, die sich 1940 in einem Internierungslager in Quebec kennengelernt hatten. Während Bondi zur Mathematik und zur Relativitätstheorie neigte, war Gold an angewandten Problemen interessiert und hatte an dem physikalischen Mechanismus gearbeitet, der dem Funktionieren des Innenohrs zugrunde liegt.

Die überschwänglichen Charaktere Gamow und Hoyle liebten es, den Streit auch außerhalb des akademischen Umfelds fortzusetzen und ihn in der Öffentlichkeit auszutragen. Es war in einer BBC-Radiosendung, als Hoyle den Begriff Big Bang erfand. Der Begriff sollte eigentlich einen Spott darstellen, um die Theorie als Angeberei erscheinen zu lassen. Ohne dass das beabsichtigt war, wurde er jedoch zum Medienhit. Ähnlich dem deutschen ,Urknall' wurde der Begriff Big Bang sofort Teil der Alltagssprache wie auch des wissenschaftlichen Jargons.

Zu Beginn des Streits schien der Wind zugunsten des stationären Universums zu wehen. Hoyle war unter den Astronomen berühmter, aber vor allem war die Frage des Alters des Universums entscheidend. Wie schon erwähnt, führten die damaligen astronomischen Daten zu dem paradoxen Ergebnis, dass das aus dem Big Bang hervorgegangene Universum jünger sein musste als die Erde. Diesen Widerspruch gab es für das stationäre Universum nicht, da es ja per Definition ewig war.

Der Wettstreit zwischen Big Bang und stationärem Universum mag wie eine ziemlich abstrakte Angelegenheit erscheinen. Es gab jedoch eine sehr konkrete Möglichkeit, den Sieger des Duells zu bestimmen: Man musste herausfinden, woher der Stoff kommt, aus dem wir gemacht sind.

Sind wir Kinder der Sterne oder Relikte des Big Bang?

Gamow hatte eine geniale Idee: Die chemischen Elemente im Universum konnten in thermonuklearen Reaktionen synthetisiert worden sein, die während einer sehr heißen Urphase stattgefunden hatten. Dieser Prozess der Nukleosynthese würde die kosmische Häufigkeit von Wasserstoff, Helium und ihren Isotopen erklären. Gamows schöne Idee stieß aber auf ein Hindernis.

In der Natur gibt es keine stabilen chemischen Elemente mit dem Atomgewicht 5, d. h. einem Atomkern mit der Gesamtzahl von 5 Protonen und Neutronen. Diese Tatsache blockierte die Kette der nuklearen Reaktionen im

Ur-Universum und verhindert eine effiziente Produktion von chemischen Elementen, die schwerer als Helium waren – mit Ausnahme von einigen Spuren von Lithium. In der kosmischen Schmiede, wo die Elemente nacheinander produziert wurden, führte das Fehlen stabiler Kerne mit einem Atomgewicht von 5 bei Atomgewicht 4 zum Ende der Produktion und erlaubte nicht, Atomgewicht 6 oder mehr zu erreichen.

Gamow war überzeugt, dass dies ein vorläufiges Problem war, und es also nur darum ging, die richtige nukleare Reaktion zu finden. Auch Enrico Fermi interessierte sich für das Problem, aber weder er noch andere konnten das Hindernis des Atomgewichts 5 überwinden. Kurz gesagt: Die kosmische Schmiede produzierte die richtigen Mengen an Wasserstoff und Helium, kam aber dann nicht weiter. Und doch bestehen wir auch aus Sauerstoff, Stickstoff, Kohlenstoff, Kalzium, Phosphor und so weiter. Woher kommen diese Elemente?

Hoyle sah in dieser Schwierigkeit das Scheitern der Big-Bang-Hypothese. Aber auch das stationäre Universum war in seiner stagnierenden Ewigkeit nie heißer als heute und konnte nicht auf die kosmische Nukleosynthese zurückgreifen. Also entschied sich Hoyle für die These, dass *alle* chemischen Elemente im Universum aus freien Protonen und Neutronen in den Schmieden produziert wurden, die von Natur aus im Inneren der Sterne existieren. Der Streit zwischen Big Bang und stationärem Universum konnte durch die Klärung der Frage nach dem Ursprung der chemischen Elemente entschieden werden: Wurden sie in einer zeitlich weit zurückliegenden heißen Phase des Universums produziert oder im Zentrum der Sterne?

Eine entscheidende Wende kam mit der Entdeckung, dass in einer heißen Umgebung, in der die Materie ausreichend dicht ist, die gleichzeitige Verschmelzung von 3 Heliumkernen auf effiziente Weise Kohlenstoff erzeugt, dessen Atomgewicht 12 ist. Diese Bedingungen sind im Zentrum der Sterne gegeben, aber nicht in der kosmischen Schmiede, weil in ihr zwar die Temperaturen für nukleare Reaktionen erreicht werden, aber die Materiedichte zu gering ist. Mit anderen Worten: Das Hindernis des Atomgewichts 5 bleibt für die kosmische Nukleosynthese bestehen, wird aber mühelos im Inneren der Sterne überwunden, wo schwere chemische Elemente produziert werden können.

Der Wind blies also noch stärker zugunsten des stationären Universums. Allerdings war der Anteil an Wasserstoff, der sich in den Sternen in Helium umwandelt, zu gering, um die große Fülle an Helium zu erklären, die in astronomischen Beobachtungen festgestellt wurde. Wer hatte recht? Sind die chemischen Elemente das Überbleibsel des Big Bang oder das Ergebnis stellarer Prozesse?

Hoyle erklärt in seiner Autobiografie mit Ironie und sehr einleuchtend, wie wissenschaftliche Streitigkeiten funktionieren:

„Natürlich weiß der Angeklagte auf der Anklagebank bereits, ob er schuldig ist oder nicht. Im Gerichtssaal hofft der Angeklagte, dass die Jury die richtige Wahl trifft, wenn er weiß, dass er unschuldig ist, und hofft, dass die Jury sich irrt, wenn er weiß, dass er schuldig ist. In der Physik jedoch hat die Jury der Experimentatoren immer recht. Das Problem ist, dass du nicht weißt, ob du unschuldig oder schuldig bist, das ist es, was du erwartest, wenn der Sprecher der Jury aufsteht, um zu sprechen."

Das Urteil über den Ursprung der chemischen Elemente sah so aus, dass beide Kontrahenten sowohl recht als auch unrecht hatten. Die Natur liebt es, die Einfachheit ihrer Prinzipien zu verbergen und sich auf komplexe Weise zu manifestieren. Die Physiker machten den Fehler zu glauben, dass alle chemischen Elemente denselben Ursprung haben müssten. Heute wissen wir jedoch, dass verschiedene Mechanismen zum Einsatz kamen, sowohl kosmologischer als auch astrophysikalischer Natur.

Leichte chemische Elemente, wie die Isotope von Wasserstoff und Helium, wurden tatsächlich in der kosmischen Schmiede nach dem Big Bang produziert. Mittlere Elemente, wie Beryllium oder Bor, konnten durch kosmische Strahlen erzeugt werden, die auf schwerere Kerne trafen und sie zertrümmerten. Die chemischen Elemente, mit denen wir vertraut sind, wie der Sauerstoff in der Luft, der Kohlenstoff in unseren Zellen oder das Silizium in den Felsen, wurden aber in den stellaren Schmieden produziert und dann durch die gigantischen Explosionen, die als Supernovae bekannt sind, im Universum verbreitet. Wir sind wirklich Sternenstaub. Schwere chemische Elemente, wie Gold, Platin und Uran, können bei zufälligen Kollisionen von Neutronensternen entstehen, die so dichte Himmelskörper sind, dass eine Masse, die der unserer Sonne entspricht, in einem Stern konzentriert ist, dessen Radius nur etwa 10 km beträgt. Die Existenz dieser Prozesse wurde durch die erste Beobachtung einer Kollision von Neutronensternen im Jahr 2017 bestätigt, bei der Gravitationswellen entdeckt wurden. Alle Elemente, die schwerer als Plutonium sind, existieren in der Natur überhaupt nicht, sie werden im Labor synthetisch hergestellt.

Nach einem Witz, den Gamow erzählt hat, wurden die leichten chemischen Elemente vom Universum in einer kürzeren Zeit produziert, als man braucht, um eine Ente mit Kartoffeln zu braten. Dann dauerte es aber Milliarden von Jahren, um Wasserstoff, Helium und die anderen für das Leben notwendigen chemischen Elemente im Inneren der Sterne zu produzieren.

Das Kochen nach dem Rezept für unsere Existenz hat also viel Zeit in Anspruch genommen.

Letztendlich gibt es also nicht nur *eine* Erklärung für den Ursprung der chemischen Elemente. Die entscheidende Information über den Big Bang kam nicht durch die Antwort auf die Frage nach der Herkunft der Elemente, sondern von einer anderen sensationellen Entdeckung: der Beobachtung des Lichts, das vom Big Bang ausgestrahlt wurde.

Lob des Vergessens

Bevor wir diskutieren, wie das Licht des Big Bang das Problem seiner Existenz erhellt hat, ist ein kleiner Exkurs nützlich, um über das nachzudenken, was uns das stationäre Universum gelehrt hat. Trotz seiner Beliebtheit zwischen den späten vierziger und frühen sechziger Jahren findet man in modernen Kosmologie-Lehrbüchern keine Spur mehr von dieser Theorie. Sie hat nur noch in einigen Büchern zur Geschichte der Physik überlebt, und das ist richtig so, denn in der Wissenschaft bestimmen experimentelle Daten das Schicksal der Theorien, und diese Daten haben das stationäre Universum in Vergessenheit geraten lassen.

Die Geschichte des stationären Universums ist eine Lektion über die Fallstricke, die Ideologien der wissenschaftlichen Forschung stellen. Hoyle war wegen möglichen religiösen Interpretationen ideologisch gegen den Big Bang eingestellt. Das führte ihn dazu, auf jede erdenkliche Weise eine alternative Theorie zu konstruieren, die uns heute mechanisch und aus konzeptioneller Sicht viel weniger überzeugend erscheint als die des Big Bang.

Das stationäre Universum erinnert uns auch daran, dass der wissenschaftliche Fortschritt kein geradliniger Weg ist, sondern ein verworrenes Durcheinander aus genialen Ideen und Fehltritten, grundlegenden Entdeckungen und Irrtümern. Fehler sind nicht unbedingt ein Versagen, sondern oft notwendige Schritte, um zur Wahrheit zu gelangen. Der Wissenschaftsphilosoph Karl Popper hat es so formuliert:

> „Fehler zu vermeiden ist ein engstirniges Ideal. Wenn wir uns nicht den Herausforderungen stellen, die so schwierig sind, dass Fehler fast unvermeidlich sind, wird das Wissen nie vorankommen. Von den kühnsten Theorien, einschließlich der falschen, lernen wir am meisten."

In der Forschung müssen ehrgeizige Ziele verfolgt werden, indem man sich von Intuition und Begeisterung mitreißen lässt – auch auf die Gefahr hin, im

Dunkeln zu laufen und gegen eine Betonwand zu stoßen. Nur wer mittelmäßige Forschung betreibt, kennt im Voraus die Ergebnisse, die er erzielen wird. Große wissenschaftliche Ideen sind nicht planbar und entstehen selten plötzlich aus dem Nichts. Sie sind in der Regel das Ergebnis von hartnäckigen Fehlversuchen und großen Fehlern. Jeder Physiker weiß, dass ein absolut unverzichtbares Werkzeug für seine Arbeit der Papierkorb ist. Dort landen die meisten Ideen. Sie düngen aber den Boden, auf dem diese seltene und isolierte Intuition wächst, die den wissenschaftlichen Fortschritt in Gang setzt.

Dieser gnadenlose, aber notwendige Prozess, der unter den Ideen auswählt, ist allen kreativen Tätigkeiten gemeinsam, nicht nur den wissenschaftlichen. Künstler kennen ihn gut, und viele von ihnen sind ständig unzufrieden mit ihren Werken, wiederholen immer wieder das gleiche Thema auf der manischen Suche nach Perfektion. Michelangelo schlug in Florenz aus Frustration mit einem Hammer auf seine *Pietà Bandini* ein und verunstaltete den Körper Christi. Leonardo da Vinci ließ eine große Anzahl von Gemälden unvollendet, die heute als Meisterwerke gefeiert werden. Es gibt jedoch einen entscheidenden Unterschied. In der Kunst wird der Wert des Werkes durch den subjektiven Geschmack des Künstlers oder durch einen mürrischen Kritiker bestimmt. In der Wissenschaft ist der einzige Schiedsrichter über die Gültigkeit einer Theorie der experimentelle Beweis. Die Natur entscheidet, ob eine wissenschaftliche Idee richtig oder falsch ist.

Eine weitere Folge des stationären Universums war, die Aufmerksamkeit der wissenschaftlichen Gemeinschaft auf die Kosmologie zu lenken – Hoyles wichtigster Beitrag! Bis Ende der vierziger Jahre war die Kosmologie eine Randwissenschaft, die nur von wenigen und auch von diesen nur sporadisch betrieben wurde. Die meisten Physiker betrachteten die Kosmologie mit einer gewissen Skepsis, sie sahen sie mehr als Wahrsagerei als einen Zweig der Wissenschaft. Obwohl allgemein anerkannt wurde, dass sich das Universum in einer Expansionsphase befand, schien die Idee, dass es einen Anfang hatte, in den Bereich der Metaphysik zu gehören.

Indem sie eine konkrete Alternative zum Big Bang bot, zwang die Hypothese des stationären Universums Physiker und Astronomen dazu, die Frage wissenschaftlich anzugehen. Der Streit zwischen Big Bang und stationärem Universum drehte sich – zumindest innerhalb der akademischen Welt – um die Berechnung von Kernreaktionen und den Vergleich mit astronomischen Daten, nicht um ideologische Positionen. Am Ende waren es die Experimente und nicht die philosophischen Voraussetzungen, die den Sieger bestimmten. Aber das Experiment, das den Big Bang endgültig bestätigte, war ganz anders als das, was die Kontrahenten sich vorgestellt hatten.

7

Das Licht des Big Bang

Forschung ist das, was ich tue, wenn ich nicht weiß, was ich tue.
   Wernher von Braun

Die Wissenschaft ist voll von großen Entdeckungen, die zufällig gemacht wurden. Im Jahr 1895 wurde Wilhelm Röntgen überrascht, als er im Dunkeln in seinem Zimmer an Experimenten mit einer mit dickem schwarzem Karton bedeckten Kathodenstrahlröhre arbeitete und auf einem entfernten fluoreszierenden Bildschirm ein grünes Licht entdeckte. Mit seiner Apparatur fotografierte er die Hand seiner Frau, die beim Anblick des Bildes ihrer Knochen entsetzt ausrief:

„Ich habe meinen Tod gesehen!"

So wurden die Röntgenstrahlen entdeckt.

Im Jahr 1896 ließ Henri Becquerel, genervt vom schlechten Wetter, das ihn daran hinderte, seine Experimente mit von Sonnenlicht induzierter Phosphoreszenz fortzusetzen, seine auf Uraniumsalzen basierende Apparatur in einem dunklen Schrank liegen. Trotz der Dunkelheit entstand auf der Fotoplatte ein Bild. So wurde die Radioaktivität entdeckt.

Im Jahr 1928 unterbrach Alexander Fleming sein Studium der Staphylokokken, um in Urlaub zu fahren und vergaß dabei eine offene Schale. Bei seiner Rückkehr fand er sie bedeckt mit einem grünlichen Schimmel, der die krankheiterregenden Bakterien getötet hatte. So wurde das Penicillin entdeckt.

Die Liste der großen zufälligen Entdeckungen ist lang. Horace Walpole, 4. Earl von Orford, erfand einen Begriff, um eine Entdeckung zu bezeichnen,

© Der/die Autor(en), exklusiv lizenziert an Springer-Verlag GmbH, DE, ein Teil von
Springer Nature 2024
G. F. Giudice, *Vor dem Big Bang*, https://doi.org/10.1007/978-3-662-69847-1_7

die durch eine Mischung aus Glück und unbewusster Intuition zustande kommt: Serendipität. Der Begriff leitet sich von dem 1557 geschriebenen Buch *Die Reise der Söhne Giaffers* von Cristoforo Armeno ab, das die fantasievollen Abenteuer der drei Prinzen des Königreichs Serendip erzählt, dem heutigen Sri Lanka. Einer der sensationellsten Fälle von Serendipität in der Geschichte der Wissenschaft ist das Experiment, das den Erfolg des Big Bang besiegelte.

Wie die Prinzen von Serendip das Licht des Big Bang entdeckten

Cyanogen, kurz $(CN)_2$, ist eine Verbindung aus Kohlenstoff und Stickstoff, die normalerweise in Form eines transparenten Gases mit unangenehmem Geruch auftritt und äußerst giftig ist. Astronomen hatten es in den Schweifen von Kometen gefunden, eine Nachricht, die im Jahr 1910 am Vorabend des erdnahen Vorbeiflugs des Halleyschen Kometen Panik auslöste. Auch ohne Fake News im Internet breitete sich damals unter der Bevölkerung die Angst aus, der Schweif des Kometen werde eine tödliche Wolke von Cyanogen freisetzen. In New York wurden Gasmasken, Anti-Kometen-Pillen und sogar Schutzschirme verkauft, die offensichtlich funktionierten, da es keine Opfer gab.

Cyanogen findet sich auch im interstellaren Raum. Die chemischen Substanzen, die im Kosmos vorhanden sind, können identifiziert werden, indem man das Licht analysiert, das durch sie hindurchgeht. Jede Substanz absorbiert ganz spezielle Frequenzen des Lichts, die die quantenmechanischen Übergänge zwischen verschiedenen Energieniveaus der Elektronen in den Atomen anzeigen. Die spektrografische Analyse des Lichts, das durch ein Gas geht, zeigt schwarze Linien an den Stellen dieser Frequenzen und enthüllt so die Fingerabdrücke, mit denen die verschiedenen chemischen Substanzen identifiziert werden können.

Die Überraschung war, dass das interstellare Cyanogen nicht nur die Spektrallinie zeigte, die dem Übergang zum niedrigsten Energieniveau entsprach, sondern auch eine zweite Linie, die einem angeregten Zustand des Gases, also einem höheren Energieniveau zuzuordnen war. Warum gibt es so viel angeregtes Cyanogen im interstellaren Raum?

1940 wagte der kanadische Astronom Andrew McKellar eine Antwort. Wäre das Universum mit thermischer Strahlung gefüllt, würde sich das interstellare Cyanogen in einem Gleichgewichtszustand zwischen zwei Energieniveaus befinden, also in einer ständigen Absorption und Emission von Strahlung mit einer bestimmten Frequenz. Aus astronomischen Daten berechnete McKellar, dass die Temperatur dieser hypothetischen kosmischen Hintergrundstrahlung etwa 2,3 Grad über dem absoluten Nullpunkt lag, also bei 2,3 K. Das Ergebnis war interessant, aber es fiel kaum jemand auf. McKellars vorzeitiger Tod im Jahr 1960 nach einer langen Krankheit trug sicherlich nicht zur Verbreitung seiner prophetischen Entdeckung in der akademischen Welt bei.

Während ihrer bahnbrechenden Studien zur Nukleosynthese hatten Gamow, Alpher und Herman herausgefunden, dass ein ursprünglich sehr heißes Universum unbedingt eine intensive elektromagnetische Strahlung enthalten hatte, die bis heute überlebt haben musste, wenn auch durch die Expansion des Raums stark abgeschwächt. Alpher und Herman, die nichts von McKellars Ergebnis wussten, berechneten 1948 für die verbliebene Strahlung eine Temperatur von 5 K. In der allgemeinen Skepsis gegenüber dem Big Bang zog das Ergebnis nicht viel Aufmerksamkeit auf sich, und auch die Autoren selbst glaubten nicht, dass man diese schwache Strahlung beobachten könnte. Die Moral der Geschichte ist, dass Wissenschaftler sich selbst entweder zu ernst oder zu wenig ernst nehmen, aber selten den richtigen Mittelweg finden.

Hoyle – der Verfechter des stationären Universums – kannte McKellars Ergebnis und sprach 1956 darüber mit seinem Kollegen Gamow, der ihn gerade in einem weißen Cadillac herumfuhr. Gamow schüttelte den Kopf und antwortete, dass die kosmische Hintergrundstrahlung des Big Bang eine viel höhere Temperatur haben müsste als die von McKellar abgeleitete. So endete das Gespräch über das Thema – genau wie der Cadillac, der vor einer roten Ampel zum Stehen kam. Später zitierte Hoyle sogar die Messungen des interstellaren Cyanogens als Beweis gegen den Big Bang. Zu dieser Zeit hatten Alpher und Herman die akademische Welt bereits verlassen, um in der Industrie zu arbeiten, während der vielseitige Gamow seine Interessen auf die Struktur der DNA verlagert hatte. Aber unsere Geschichte erreicht nun den entscheidenden Wendepunkt.

Arno Penzias und Robert Wilson, zwei Radioastronomen, die in den Laboren des amerikanischen Telefonunternehmens Bell angestellt waren, experimentierten bereits 1963 mit einer Funkantenne, die sie als Radioteleskop einsetzten. Leider schien die Antenne einen Defekt zu haben. Trotz aller Versuche konnten sie ein störendes Hintergrundrauschen im Frequenzbereich der Mikrowellen nicht beseitigen. Sie versuchten alles, sie versuchten sogar die Tauben, die auf der Antenne Kot hinterließen, mit Schüssen zu vertreiben. Aber das Rauschen verschwand nicht.

In der Zwischenzeit trat weniger als 50 km entfernt von den Bell-Laboren ein weiterer Protagonist der Geschichte auf: der Physiker Robert Dicke von der Universität Princeton. Mit den Erfahrungen, die er während des Zweiten Weltkriegs mit Radar gemacht hatte, plante er, auf der Suche nach einem Signal aus dem Kosmos den Himmel bei niedrigen Frequenzen zu durchsuchen. 1964 bat er zwei seiner Studenten, Peter Roll und David Wilkinson, ihm beim Aufbau der Apparatur zu helfen, und rekrutierte einen jungen theoretischen Physiker, Jim Peebles, um das Spektrum der elektromagnetischen Strahlung zu berechnen, die den Wirren der kosmischen Geschichte entkommen war.

Die beiden Radioastronomen der Bell-Labore waren völlig ahnungslos, was all diese Aktivitäten im nahe gelegenen Princeton betraf. Während eines Gesprächs mit einem alten Freund erhielt Penzias zufällig den Rat, sich mit Professor Dicke in Verbindung zu setzen, um Licht in das Problem mit der Antenne zu bringen. Penzias griff zum Telefon und rief Princeton an.

In diesem Moment befanden sich Roll, Wilkinson und Peebles in Dickes Büro für eine Mittagspause mit ein paar Sandwiches und, als Beilage, einer entspannten Diskussion über Physik. Das Telefon klingelte, Dicke antwortete. Als Penzias seine Geschichte beendet hatte, durchfuhr es Dicke: Er hatte sofort erkannt, dass jemand unbeabsichtigt eine Entdeckung ausgeplaudert hatte. Er legte den Hörer für einen Moment ab und flüsterte seinen jungen Mitarbeitern zu:

„Nun, Jungs, ich glaube, wir wurden ausgebootet!"

Das ist ein englischer Ausdruck, der aus dem journalistischen Jargon entlehnt und unter Wissenschaftlern häufig verwendet wird, um anzuzeigen, dass dich ein Kollege überholt hat und vor dir zu dem Ergebnis gekommen ist, das eigentlich du erzielen wolltest.

Es ist 1965. Die Gruppe aus Princeton besuchte Penzias und Wilson mit ihrer Antenne, um ihre Ergebnisse zu diskutieren. Es wurde ein fairer Kompromiss gefunden, und zwei Artikel wurden direkt hintereinander veröffentlicht. Im ersten interpretierte die Gruppe aus Princeton die Messungen als Zeichen aus der frühen Kindheit des Universums. Im zweiten präsentierte das Duo aus den Bell-Laboren den Bericht über die Messung einer unbekannten Mikrowellenstrahlung, die über den Himmel verteilt ist. Die neue Entdeckung wurde als *kosmische Hintergrundstrahlung* bezeichnet, in Erinnerung an die Art und Weise, wie sie sich zunächst als unerwünschtes Hintergrundrauschen manifestiert hatte.

Die Entdeckung der kosmischen Hintergrundstrahlung ist ein hervorragendes Beispiel für eine zufällige Entdeckung. Wie so oft steckt jedoch hinter dem Zufall ernsthafte wissenschaftliche Arbeit. Dazu gehört die Weitsicht der Bell Company, ihren Mitarbeitern Forschungsfreiheit zu gewähren, in der Hoffnung, daraus Vorteile für die Funkkommunikation zu ziehen. Dazu gehört auch der hartnäckige Eigensinn der Forscher, ihr Instrument gründlich zu verstehen und so zu perfektionieren, dass sie auch Dinge entdecken, die sie gar nicht gesucht haben. Und es gibt die Intuition der Wissenschaftler, die Bedeutung der Daten zu erkennen und die Anfänge des Universums jenseits eines Hintergrundrauschens zu sehen.

Die kosmische Hintergrundstrahlung wurde zum unwiderlegbaren Beweis, dass sich das Universum nicht in einem stationären Zustand befindet, sondern in der Vergangenheit völlig anders war als heute. Nicht nur der Raum dehnte sich aus, das Universum war in der Frühzeit auch viel heißer als jetzt und erreichte sehr hohe Temperaturen. Wenn sich der Raum des Universums beim Blick zurück mit der Zeit zusammenzog und seine Temperatur stieg, musste man irgendwann in der kosmischen Geschichte auf einen Big Bang stoßen. Mit der Entdeckung der Hintergrundstrahlung wurde das Licht gesehen, das vom Nachbeben des Big Bang zurückgelassen wurde. Penzias und Wilson erhielten 1978 den Nobelpreis, Peebles erhielt ihn 2019.

Was ist die kosmische Hintergrundstrahlung?

Licht (oder genauer gesagt, elektromagnetische Strahlung jeder Frequenz, sowohl im sichtbaren Bereich wie auch im Bereich der Radiowellen oder Gammastrahlen) breitet sich mit einer Geschwindigkeit von 1 Mrd. km/h aus. Das ist eine enorme Geschwindigkeit, aber sie ist nicht unendlich groß. Aus diesem Grund sehen wir die astronomischen Körper am Himmel, wie sie in der Vergangenheit waren.

Wir sehen die Sonne, wie sie vor acht Minuten war. Wir sehen Antares, den rötlichen Stern im Herzen des Skorpions, wie er zur Zeit war, als Leonardo da Vinci sein Handwerk lernte. Und wir sehen Andromeda, die uns nächstgelegene Galaxie, wie sie war, als unsere australopithecinen Vorfahren durch Afrika streiften. Astronomen beobachten das Zentrum der Galaxie Markarian 231, den uns nächstgelegenen Quasar, wie er war, als die ersten komplexen mehrzelligen Organismen auf der Erde entstanden. Je weiter das beobachtete Objekt entfernt ist, umso weiter führt uns sein Bild zurück in die Vergangenheit des Universums. Teleskope sind wirklich Zeitmaschinen.

Wenn wir den Nachthimmel beobachten, sehen wir das Universum auf die Oberfläche des Himmelsgewölbes wie ein perspektivloses Fresko projiziert, das auf die Decke einer mittelalterlichen Kathedrale gemalt ist. Die Tiefe, die aus der Entfernung der Himmelskörper von uns folgt, ist unsichtbar. Das Himmelsgewölbe projiziert die Tiefe auf eine einzige Ebene und überlagert so Bilder des Universums, die zu völlig unterschiedlichen Zeiten gehören. Es ist, als ob alle Seiten eines Geschichtsbuches auf einem einzigen Blatt gedruckt wären.

Alles, was wir vom vierdimensionalen kosmischen Raumzeit-Kontinuum beobachten können, ist seine zweidimensionale Projektion auf den Himmel. Die Signale, die uns aus der Tiefe des Universums erreichen, müssen entschlüsselt werden, um die Entfernung der Himmelskörper zu rekonstruieren, die sie aussenden. Damit wird das Gewirr der übereinander liegenden Bildern auf der Himmelskuppel aufgelöst, und man kann das Buch der Geschichte des Universums direkt am Himmel lesen (siehe Abb. 7.1).

In unserer Nähe gibt es Planeten und Sterne. In größerer Entfernung gibt es Galaxien ähnlich unserer Milchstraße. Geht man noch weiter hinaus, sieht man immer jüngere Galaxien, einige noch in ihrer Entstehungsphase.

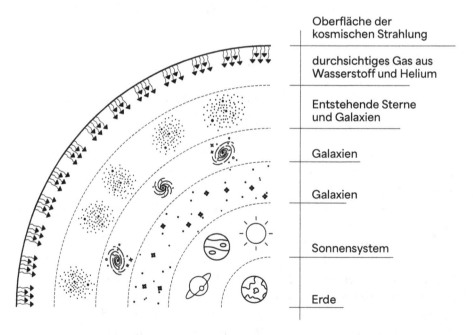

Oberfläche der
kosmischen Strahlung

durchsichtiges Gas aus
Wasserstoff und Helium

Entstehende Sterne
und Galaxien

Galaxien

Galaxien

Sonnensystem

Erde

Abb. 7.1 Schematische Darstellung der Himmelskuppel, zerlegt in aufeinanderfolgende Ebenen, die immer größeren Entfernungen und immer weiter zurückliegenden Zeiten entsprechen

Noch weiter entfernt gibt es nur noch Dunkelheit, weil das Universum ziemlich gleichmäßig mit einem Gas aus Wasserstoff und Helium gefüllt war, das für Teleskope unsichtbar ist. Aber das Universum endet dort nicht.

Dringt man in größere Entfernungen und damit in weiter zurückliegende Zeiten vor, erhöht sich die Temperatur des transparenten Gases, weil wir uns dem Universum zur Zeit des Big Bang nähern. Man kommt so zu einem Punkt, an dem die Temperatur des Wasserstoff- und Heliumgases so hoch war, dass die thermische Bewegung in der Lage war, die Elektronen von den Atomen zu reißen, also das Gas zu ionisieren. Es bildete sich eine leuchtende Oberfläche mit einem glühenden Plasma, das bei einer Temperatur von 3000 Grad, was etwa die Hälfte der Temperatur auf der Oberfläche der Sonne ist, eine intensive elektromagnetische Strahlung ausgesendet hat. Das Plasma war sehr heiß, aber ziemlich verdünnt, mit einer Atomdichte, die mit der der Atmosphäre des Mondes vergleichbar ist. Das Plasma bildete einen gigantischen leuchtenden sphärischen Bildschirm, der das Universum umgab und ein Foto des Kosmos darstellt, das 380.000 Jahre nach dem Big Bang aufgenommen wurde. Dieser Plasmabildschirm ist die Oberfläche, die die kosmische Hintergrundstrahlung aussendet.

Auf der Erde sehen wir diesen Bildschirm, nachdem sein Licht 13,8 Mrd. Jahre lang durch das Universum gereist ist. Durch die Expansion des Raums wird das ursprüngliche Bild verformt, indem die Wellenlängen der Strahlung gedehnt werden. Die gedehnten Wellenlängen gehören zu Temperaturen, die etwa tausendmal niedriger sind als die ursprüngliche Temperatur. Deshalb beobachten wir auf der Erde nur eine schwache Strahlung, die einer Temperatur von 2,725 K entspricht, also etwa -270 Grad Celsius. Die Strahlung hat Frequenzen hauptsächlich im Mikrowellenbereich, genau wie die, die vom Mikrowellenherd in der Küche erzeugt werden.

Im Zentrum der durch die kosmische Hintergrundstrahlung beschriebenen Kugel zu sein, sollte uns aber nicht zu dem Glauben verleiten, dass wir im Zentrum des Universums leben. Jeder Außerirdische an jedem anderen Ort im Universum würde genau dasselbe sehen. Es ist, als ob wir uns mitten im Ozean befinden und bemerken, dass der Horizont einen Kreis beschreibt, dessen Zentrum wir sind. Wären wir an einem anderen Punkt im Ozean, würden wir den gleichen Eindruck haben.

Das Plasma hinter der Oberfläche der kosmischen Hintergrundstrahlung ist so stark mit freien elektrischen Ladungen gefüllt, dass es für jede Art von Licht undurchdringlich ist. Die Oberfläche der kosmischen Hintergrundstrahlung markiert damit die Grenze zwischen einem transparenten Gas aus Atomen und einem völlig undurchsichtigen Plasma aus atomaren Kernen und abgetrennten Elektronen. Sie bildet also eine leuchtende Hintergrundwand des Universums, hinter der aber optische Beobachtungen unmöglich sind. Wir können nicht sehen, was sich hinter der Wand befindet.

Die Astronomie ist damit in ein Gefängnis eingesperrt, dessen unüberwindbare Wand dem Zeitpunkt 380.000 Jahre nach dem Big Bang entspricht. Nichts von dem, was vorher passiert ist, kann direkt mit Messungen irgendeiner elektromagnetischen Strahlung (Radiowellen, Mikrowellen, Infrarot, sichtbares Licht, Ultraviolett, Röntgenstrahlen, Gammastrahlen) beobachtet werden. Insbesondere das Ereignis des Big Bang selbst ist in der Dunkelheit hinter der Wand der kosmischen Hintergrundstrahlung verborgen, und wir werden es nie direkt sehen können.

Und doch reicht die kosmologische Forschung heute weit über diese Wand hinaus. Zum Beispiel fanden die Kernfusionsprozesse, die zur Entstehung der leichten chemischen Elemente führten, hinter dieser Wand statt. Um sie zu durchdringen, muss man eine kluge Mischung aus theoretischen Berechnungen, indirekten Beobachtungen und logischen Schlussfolgerungen verwenden. War die Kernphysik der Schlüssel zum Verständnis der Nukleosynthese, brauchen wir heute, um dem Big Bang noch näher zu kommen, neues Wissen aus der Teilchenphysik.

Die Wand der kosmischen Hintergrundstrahlung blockiert zwar den Durchgang jeglicher elektromagnetischer Strahlung, aber es gibt etwas, das sie durchdringen kann: Es sind die Gravitationswellen. Im Jahr 2016 kündigte das in den USA ansässige LIGO-Projekt in Zusammenarbeit mit dem italienischen Virgo-Projekt die erste direkte Beobachtung von Gravitationswellen an, die bei der Entwicklung der Schwarzen Löchern entstehen. Die Forscher Barry C. Barish, Kip S. Thorne und Rainer Weiss, die das herausfanden, wurden 2017 mit dem Nobelpreis für Physik ausgezeichnet. Die experimentellen Programme zur Beobachtung von Gravitationswellen entwickeln sich enorm, und vielleicht wird es in naher Zukunft möglich sein, Gravitationswellen zu studieren, die ihren Ursprung hinter der Wand der kosmischen Hintergrundstrahlung haben. Poetisch gesagt: Hat die Astronomie bisher nur das Licht des Universums gesehen (d. h. die elektromagnetischen Wellen), wird sie eines Tages den Klang des Universums hören können (d. h. die Gravitationswellen).

Es gibt jedoch keinen Grund, sich wegen der Schwierigkeiten zu quälen, die auftreten, wenn man durch die Wand der kosmischen Hintergrundstrahlung schauen will, denn das auf dem Bildschirm eingravierte Bild ist bereits eine unerschöpfliche Quelle des Wissens über das Ur-Universum. Nach der Entdeckung der kosmischen Hintergrundstrahlung haben sich die Projekte zur Erzielung immer präziserer Messungen vervielfacht. Das erste Ziel war es, die Strahlung bei verschiedenen Wellenlängen zu messen, um ihr gesamtes thermisches Spektrum zu rekonstruieren. Die Aufgabe wurde mit Experimenten auf atmosphärischen Ballons und Raketen begonnen, erforderte aber bald einen Detektor in der Umlaufbahn eines Satelliten, um die Absorption der Strahlung in der Erdatmosphäre zu eliminieren.

Im Jahr 1990 führte der von der NASA gestartete Satellit COBE Messungen über die gesamte Himmelskugel und über einen weiten Wellenlängenbereich durch, der von einem Mikrometer bis zu einem Zentimeter reichte, und bestätigte auf außergewöhnliche Weise die thermische Natur der kosmischen Hintergrundstrahlung. Die Daten bewiesen zweifelsfrei, dass die Temperatur, die der Strahlung entspricht, in jede Richtung des Himmels nahezu gleich ist, was beweist, dass das Universum aus dem Big Bang in einem Zustand weitgehender Gleichförmigkeit im gesamten Raum hervorgegangen ist. Die beiden Koordinatoren der COBE-Mission, John Mather und George Smoot, wurden 2006 mit dem Nobelpreis für Physik ausgezeichnet.

Es ist bemerkenswert, dass die Temperatur der kosmischen Hintergrundstrahlung, die McKellar 1940 auf der Grundlage der Spektrallinien des Cyanogen abgeleitet hatte, innerhalb der damaligen Messfehler im Wesentlichen mit dem heute mit großer Genauigkeit bekannten Wert von 2,725 K übereinstimmt. Als Beweis dafür wurden 1993 moderne Messungen an angeregtem kosmischem Cyanogen durchgeführt, die die perfekte Übereinstimmung bestätigten. McKellar hatte recht. Nur durch ein unglückliches Schicksal hörte damals niemand auf ihn, und es dauerte noch 25 Jahre, bis die wissenschaftliche Gemeinschaft die Existenz der kosmischen Hintergrundstrahlung anerkannte.

Die kosmische Zeit

Die außergewöhnliche Gleichförmigkeit der Temperatur des kosmischen Hintergrunds hat gezeigt, dass die Pioniere der Kosmologie die richtige Hypothese aufgestellt hatten: Das Universum ist erster Näherung tatsächlich im Raum gleichförmig. Nachts sehen wir einen dunklen Himmel, der mit Sternen gesprenkelt ist, die wir aber nur wegen des evolutionären Zufalls sehen, der unsere Augen für die Frequenzen des Lichts empfindlich gemacht hat, das von den Sonnen ausgesandt wird. Ein Außerirdischer, dessen Augen nur für Frequenzen um ein paar hundert Gigahertz empfindlich ist, also den Frequenzen des Mikrowellenbereichs, sieht zu jeder Tages- oder Nachtzeit ein diffuses und gleichmäßiges Licht am Himmel: die kosmische Hintergrundstrahlung.

Die Gleichförmigkeit des kosmischen Raums ist nicht nur ein nützliches Werkzeug, das es ermöglicht, die Einsteinsche Gleichung zu vereinfachen, sondern ist auch der Schlüssel zu einer unvermeidlichen Frage, die man stellen muss, wenn man über die Geschichte des Universums spricht: Wie misst man kosmische Zeit?

Einstein hat uns gelehrt, dass die Zeit nicht absolut ist, sondern von der Position und Bewegung desjenigen abhängt, der sie misst. Ein Außerirdischer, der in der Nähe eines Neutronensterns lebt, sieht die Zeit viel langsamer vergehen als ein Erdling. Zwei Astronauten, die sich im kosmischen Raum begegnen und mit entgegengesetzten Geschwindigkeiten dahinrasen, können sich nicht einmal darauf einigen, welcher von zwei Lichtblitzen zuerst angekommen ist. Einstein sagt uns, dass die Zeit eine subjektive Angelegenheit ist.

Macht es dann Sinn, von einem universellen Zeitverlauf zu sprechen? Was bedeutet es, dass das Alter des Universums, also die Zeitspanne vom Big Bang bis heute, 13,8 Mrd. Jahre beträgt? In Bezug auf welchen Außerirdischen, Astronauten oder Erdbewohner sind 13,8 Mrd. Jahre vergangen?

Die Zeit wird durch Veränderungen gemessen: der Sand, der durch eine Sanduhr fließt, der Zeiger, der sich auf einer Uhr dreht, die Erde, die sich um sich selbst dreht und um die Sonne kreist. Die kosmische Zeit wird durch die Evolution des Universums gemessen: der Temperaturabfall des Ur-Gases, die Nukleosynthese, die Bildung von Atomen und so weiter. Die kosmische Gleichförmigkeit ermöglicht es, eine universelle Uhr zu definieren, die an jedem Ort des Universums gültig ist, da der gesamte Kosmos die gleiche evolutionäre Geschichte erlebt, zumindest wenn man die Beobachtungen auf ausreichend große Dimensionen beschränkt und lokale Unregelmäßigkeiten vernachlässigt. Diese Uhr wird durch die allgemeine Struktur des Universums bestimmt und nicht durch die besondere Position oder Geschwindigkeit irgendeines Außerirdischen.

Vor der Entdeckung der kosmischen Hintergrundstrahlung war die Gleichförmigkeit des Universums nur eine Hypothese. Danach wurde sie zu einer unbestreitbaren Tatsache. Wäre das Universum nicht völlig gleichförmig, wäre die Kosmologie eine chaotische Disziplin, die nicht einmal der zeitlichen Abfolge der kosmischen Ereignisse eine absolute Bedeutung geben könnte. Die Kosmologie würde nicht zur Erforschung der Geschichte, sondern der Soziologie des Universums beitragen. Es ist ein großes Glück für professionelle Kosmologen, dass dies nicht der Fall ist, dass es möglich ist, die Geschichte des Universums in geordneter Weise zu erzählen und dass eine Aussage wie diese eine genaue Bedeutung hat: Der Big Bang fand vor 13,8 Mrd. Jahren statt.

Der Klang des Lichts

Nach dem Erfolg von COBE wurde die Erforschung der kosmischen Hintergrundstrahlung mit anderen Experimenten fortgesetzt, darunter dem WMAP-Satelliten der NASA und der Planck-Mission der Europäischen Weltraumorganisation (ESA), die zwischen 2009 und 2013 tätig war. Die Messungen ermöglichten es, eine hochpräzise Karte der kosmischen Hintergrundstrahlung zu erstellen, und neue Missionen sind in Planung. Welches Interesse steht hinter diesem intensiven Beobachtungsprogramm?

Die Messungen der kosmischen Hintergrundstrahlung haben uns gelehrt, dass das Universum in seiner Kindheit gleichförmig war. Und doch konnte es nicht perfekt gleichförmig gewesen sein. Die Planeten, Sterne, Galaxien und alle Strukturen, die wir heute im Universum beobachten, bezeugen schließlich, dass es Unregelmäßigkeiten in der Verteilung der Ur-Materie gegeben haben muss, die dann durch die anziehende Wirkung der Gravitation verstärkt wurden. Wäre das Universum am Anfang perfekt gleichförmig gewesen, hätte die Gravitation nichts verstärken können, und wir wären heute nur Atome eines homogenen Gases.

Das bedeutet, dass kurz nach dem Big Bang Variationen in der Materiedichte vorhanden gewesen sein mussten. Diese Variationen müssen aber einen Abdruck auf der kosmischen Hintergrundstrahlung hinterlassen haben. Das Ziel der WMAP- und Planck-Missionen war es, die Struktur dieses Abdrucks zu untersuchen.

Die ursprüngliche Strahlung verhielt sich wie ein Gas aus Photonen, den Teilchen, die die elektromagnetische Strahlung bilden – ganz so, wie sich Luft als Gas aus Molekülen verhält. Das kosmische Photonengas war zwei entgegengesetzten Kräften ausgesetzt. Auf der einen Seite zog die Gravitation die Photonen zu den Regionen hin, wo die Materie dichter war. Auf der anderen Seite widersetzte sich der Druck dieser Verdichtung, stieß die Photonen ab und versuchte, ihre Verteilung gleichmäßiger zu machen.

Die beiden entgegengesetzten Tendenzen erzeugten Schwingungen im Gas wegen der Photonen, die versuchten, zu den Anziehungspunkten der Gravitation zu fallen, dann aber angetrieben durch den Druck zurückprallten. Diese Verdichtungs- und Verdünnungsschwingungen des Gases sind ein genaues Analogon zu Schallwellen, die sich in der Luft ausbreiten. Mit anderen Worten: Die Ur-Strahlung war von akustischen Wellen durchzogen.

Auf der Oberfläche der Hintergrundstrahlung ist das Abbild der akustischen Wellen eingeprägt, die sich 380.000 Jahre nach dem Big Bang im Universum ausbreiteten. Dieses Bild vom Klang des kosmischen Lichts wurde erstmals 1992 von der COBE-Mission beobachtet und ist in Abb. 7.2 in der genauesten Version dargestellt, die man vom Planck-Observatorium erhalten konnte. Die Abbildung zeigt eine Karte des Himmels, deren Flecken Variationen der Temperatur der kosmischen Hintergrundstrahlung darstellen.

Eine Wetterkarte zeigt selbst für ein relativ kleines Land wie Italien signifikante Temperaturunterschiede zwischen verschiedenen Städten. Es ist nicht

Abb. 7.2 Himmelskarte der Temperaturschwankungen der kosmischen Hintergrund-strahlung, gemessen von der Planck-Mission der Europäischen Weltraumorganisation. Die durchschnittliche Temperatur der Strahlung beträgt 2,725 Grad über dem absoluten Nullpunkt, also 2,725 K. Die verschiedenen Grautöne zeigen die Temperatur-schwankungen an, die maximal einige Zehntausendstel Grad betragen

ungewöhnlich, dass am selben Tag des Jahres in Bozen 5 Grad Celsius und in Palermo 20 Grad Celsius herrschen. Die Karte in Abb. 7.2 deckt ein Gebiet ab, das viel größer ist als Italien, es ist so groß wie das gesamte beobachtbare Universum und umfasst Entfernungen bis zu 10 Mrd. Lichtjahre. Auf dieser riesigen Karte variiert die Temperatur der kosmischen Hintergrundstrahlung höchstens um einige Hunderttausendstel, als 0,001 %, was ihre außergewöhn-liche Gleichmäßigkeit beweist: An einem Punkt des Himmels beträgt die Temperatur 2,72545 K, an einem anderen Punkt 2,72551 K, aber die Unter-schiede sind nie größer. Der kosmische Wetterbericht würde schrecklich lang-weilig erscheinen. Für einen Kosmologen sind jedoch diese winzigen Temperaturschwankungen absolut faszinierend, weil sie wirklich wertvolle Informationen über das Ur-Universum enthalten. Man kann beispielsweise aus der Karte die Geometrie des kosmischen Raums ablesen. Lassen Sie uns sehen, wie das geht.

Stellen Sie sich einen Paläontologen vor, der auf eine außergewöhnliche Entdeckung stößt. Während einer Ausgrabung in einem abgelegenen Dorf findet er die Knochen einer neuen Dinosaurierart, die zuvor nie bekannt war: den Stranosaurus. Die Dorfbewohner, begeistert von der Entdeckung, kön-nen es kaum erwarten, die Information mit dem Rest der Menschheit zu tei-len. In ihrer Welt gibt es jedoch kein Radio, kein Telefon oder Internet: Man kann nur von Person zu Person kommunizieren. So brechen sie in verschiedene Richtungen auf, um jedem, den sie treffen, die erstaunliche Geschichte des Stranosaurus zu erzählen. Einige von ihnen gehen schnell, andere rennen, aber niemand kann sich schneller als 10 km/h bewegen. Es ist offensichtlich, dass die Nachricht vom Stranosaurus nach einer Stunde in höchstens 10 km Entfernung angekommen sein kann. Mit anderen Worten: Niemand, der mehr als 10 km vom Dorf entfernt lebt, kann eine Stunde nach seiner Entdeckung von der Existenz des Stranosaurus erfahren haben.

Etwas Ähnliches ist mit den Flecken auf der Karte in Abb. 7.2 passiert. Die Punkte auf einem Fleck gleicher Temperatur müssen Zeit gehabt haben, Informationen auszutauschen, um die gleiche Temperatur zu erreichen. Da uns Einsteins Relativitätstheorie lehrt, dass keine physikalische Information schneller als das Licht übertragen werden kann, können die Flecken auf der Himmelskarte nicht größer sein als die Entfernung, die das Licht in den 380.000 Jahren seit dem Big Bang zurückgelegt hat. Mit einer einfachen Rechnung können wir also die maximale Ausdehnung der Flecken ableiten, so wie wir die maximale Ausdehnung des Gebiets abgeleitet haben, in dem die Existenz des Stranosaurus bekannt war. Jetzt müssen wir diese theoretische Berechnung mit der astronomischen Beobachtung vergleichen.

Die Instrumente der Kosmologen messen leider nicht das tatsächliche Bild der Flecken der kosmischen Hintergrundstrahlung. Sie messen das scheinbare Bild, das durch die Verzerrung entsteht, die Lichtstrahlen auf ihrer Reise durch die Geometrie des Raums erfahren. Der Grund für diese Verzerrung liegt in der ungewöhnlichen Eigenschaft der nichteuklidischen Geometrien, die wir in Kap. 2 kennengelernt haben, wonach die Summe der Winkel eines Dreiecks sich von 180 Grad unterscheidet. Wie Abb. 7.3 zeigt, erscheinen in einem geschlossenen Universum die Flecken, die die Temperaturschwankungen beschreiben, den Planck-Instrumenten größer als sie tatsächlich sind. In einem offenen Universum ist das scheinbare Bild kleiner als das tatsächliche. Nur in einem flachen Universum gibt es keine Verzerrung. Der Effekt wird durch die unteren Felder in Abb. 7.3 veranschaulicht, die numerische Simulationen der Verzerrung zeigen, der das Bild der kosmischen Hintergrundstrahlung durch die Geometrie des Raums ausgesetzt ist. Die drei Felder entsprechen dem Bild des gleichen Flecks, wie er in Räumen mit unterschiedlicher Krümmung gesehen wird.

Die Verzerrung der Bilder in einem gekrümmten Raum ist ein wenig so, als würde man ein Objekt durch optische Linsen betrachten. Eine konvexe Linse bündelt die Lichtstrahlen und vergrößert das tatsächliche Bild, während eine konkave Linse den gegenteiligen Effekt hat (siehe Abb. 7.4). In einem Raum mit einer nichteuklidischen Geometrie zu leben ist wie das Betrachten der Welt durch verzerrende Linsen. Es gibt jedoch einen wichtigen Unterschied.

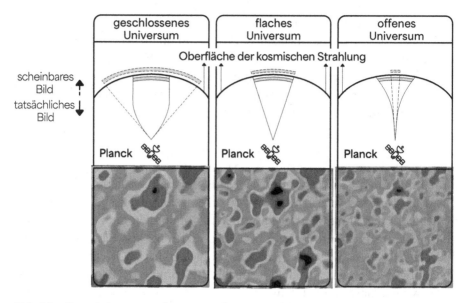

Abb. 7.3 Ein gekrümmtes Universum verformt das Bild der Flecken, die die Temperatur-schwankungen der kosmischen Hintergrundstrahlung charakterisieren. Das tatsächliche Bild jedes dieser Flecken entspricht der kleineren Seite des Dreiecks, das aus zwei Licht-strahlen gebildet wird, die beim Planck-Weltraumobservatorium ankommen. In einem gekrümmten Raum ist die Summe der Winkel eines Dreiecks nicht 180 Grad. Aus diesem Grund sieht das Planck-Observatorium ein scheinbares Bild der Flecken, das in einem geschlossenen Universum (links) größer ist als das tatsächliche, und in einem offenen Universum (rechts) kleiner. Nur in einem flachen Universum (Mitte) stimmen das schein-bare und das tatsächliche Bild überein. Die Felder unten zeigen numerische Simulatio-nen der Temperaturschwankungskarte der kosmischen Hintergrundstrahlung in den drei verschiedenen Fällen der Raumgeometrie. Durch den Vergleich dieser Simulatio-nen mit den Daten in Abb. 7.2 kann die Geometrie des Universums abgeleitet werden

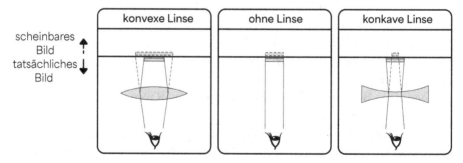

Abb. 7.4 Optische Linsen vergrößern (links) oder verkleinern (rechts) die Bilder, ana-log zur Krümmung des Raums

Die Verzerrung des Lichtwegs durch die Linsen findet nur auf ihrer Oberfläche statt, während in einem gekrümmten Universum die Verzerrung an jedem Punkt des Raums auftritt.

Der Vergleich zwischen der theoretischen Berechnung des tatsächlichen Bildes und der experimentellen Messung des scheinbaren Bildes ermöglicht die Bestimmung der Krümmung des kosmischen Raums. Die Daten der Planck-Mission zeigen, dass im Universum die flache euklidische Geometrie gilt, zumindest innerhalb einer experimentellen Unsicherheit von weniger als einem Prozent. Das bedeutet aber nicht, dass die Geometrie des Raums überall flach ist. In der Nähe eines Schwarzen Lochs oder eines Neutronensterns ist die Raumzeit stark gekrümmt. Die Bedeutung der Messung der kosmischen Hintergrundstrahlung liegt darin, dass sie die außergewöhnliche Flachheit der globalen Struktur der Geometrie des Universums anzeigt.

Es ist wirklich erstaunlich, wie die Menschheit es geschafft hat, die Form des Kosmos bis zu den allergrößten Entfernungen zu bestimmen, indem sie deduktive Logik mit außerordentlich präzisen Messungen kombiniert hat, die von Weltraummissionen durchgeführt wurden. Das Ergebnis ist ein wunderbarer Triumph der wissenschaftlichen Methode.

Dieser Triumph wird von einer großen Überraschung begleitet. Unter all den möglichen Geometrien, die die Gesamtstruktur des kosmischen Raums annehmen kann, hat die Natur eine besondere Form gewählt: die euklidische Geometrie. Es mag beruhigend erscheinen, dass das Universum als Ganzes den vertrauten Regeln der Geometrie folgt, die vor 2300 Jahren von Euklid entdeckt wurden, und nicht den geheimnisvollen Verwicklungen der nichteuklidischen Geometrie. Wie wir im Kap. 8 sehen werden, stellt uns dieses Ergebnis aber vor ein mysteriöses Rätsel.

Eine verspätete Entdeckung?

Die Geschichte der Entdeckung des Big Bang ist so voller Fehltritte, dass man sich fragen könnte, warum der Weg so beschwerlich war und warum es solange gedauert hat, das Ziel zu erreichen. Schließlich waren die notwendigen theoretischen Kenntnisse und astronomischen Daten weit vor dem Zeitpunkt verfügbar, in dem die wissenschaftliche Gemeinschaft schließlich die Idee von einem Ursprungsereignis akzeptierte. Die Allgemeine Relativitätstheorie, die zur Beschreibung der Form der Raumzeit erforderlich ist, wurde 1915 abgeschlossen. Die Fluchtbewegung der Galaxien wurde 1929 bestätigt. Die Kernphysik, die zum Verständnis der Synthese chemischer Elemente notwendig ist, wurde bereits 1932, nach der Entdeckung des Neutrons, gut verstanden. Schon 1940 bot die Beobachtung von interstellarem Cyanogen einen Beweis für eine thermische Strahlung kosmischen Ursprungs. Darüber hinaus waren die Technologien zum Empfang von Mikrowellenstrahlung bereits nach dem Zweiten Weltkrieg zugänglich. Aber niemand setzte die Teile des Puzzles zusammen.

Der Fortschritt ging sowohl auf theoretischer Seite als auch auf Seiten der Beobachtung ziemlich langsam voran, vor allem wenn man das mit dem explosiven Tempo neuer Ideen und Entdeckungen vergleicht, die in diesen Jahren im Bereich der Quantenmechanik und der subatomaren Physik auftauchten. Am Ende musste man bis 1965 auf die zufällige Entdeckung der kosmischen Hintergrundstrahlung warten, um den endgültigen Erfolg des Big Bang feiern zu können.

Sicherlich war ein Grund für diese Apathie der tiefe philosophische Widerstand gegen einen kosmischen Anfang, gemischt mit einer allgemeinen Skepsis gegenüber der Fähigkeit der Kosmologie, bedeutende wissenschaftliche Fortschritte zu machen. Das ist auch der Grund, warum man keinen einzelnen Erfinder der Big-Bang-Theorie ausmachen kann. Es gibt viele Forscher, die vor der Entdeckung der kosmischen Hintergrundstrahlung einen wichtigen Beitrag zur Entwicklung der Idee leisteten, aber keiner von ihnen hatte die Vision, die Kompetenz oder die Ausdauer, alle Elemente zusammenzufügen und die Mission zu erfüllen, eine vollständige Theorie zu erstellen.

Manchmal bedeutet eine wissenschaftliche Entdeckung nicht, etwas radikal Neues zu entdecken, sondern einfach das, was allen vor der Nase liegt, mit anderen Augen zu sehen. Das Genie des Wissenschaftlers zeigt sich nicht nur in der Pionierleistung, sondern auch in der Fähigkeit, den Wert der verfügbaren Informationen zu erkennen. Manchmal geht es nur darum, die Puzzleteile, die bereits auf dem Tisch liegen, zu beobachten, ihre Bedeutung zu erkennen und den richtigen Zusammenhang zu finden. Auch das ist ein Ausdruck von Genialität.

Die Wissenschaft bewegt sich in einem Gewirr von Ideen, und der wissenschaftliche Fortschritt erfolgt nie auf einem geraden Weg. Wissenschaftler sind nie völlig frei von ihren philosophischen Vorurteilen, die manchmal helfen, die richtige Intuition zu haben, und manchmal verhindern, den Inhalt der Daten zu erkennen. Die wissenschaftliche Methode erreicht, dass am Ende die Wahrheit ans Licht kommt. Wie Victor Hugo schrieb:

„Man kann der Invasion von Armeen Widerstand leisten, aber keiner Invasion von Ideen."

Wenn die Zeit reif ist, überwiegen die Ideen die Vorurteile. So war es beim Big Bang.

Die heutige Vertrautheit der Begriffe Big Bang oder Urknall in der Sprache und im kollektiven Bewusstsein sollte uns nicht den revolutionären Aspekt vergessen lassen, der hinter seiner Bedeutung verborgen ist. Die Idee, dass das Universum ruhend, still und ewig sein sollte, ohne Anfang und Ende, war so tief in der Physik verwurzelt, dass die Hypothese einer kosmischen Evolution sogar von der Wissenschaft als fremd angesehen wurde. Die anfängliche Skepsis und dann der hartnäckige Widerstand der Wissenschaftler der ersten Hälfte des 20. Jahrhunderts, den Big Bang zu akzeptieren, zeugen von seiner enormen intellektuellen Reichweite. Seine Entdeckung hat uns gezwungen, uns von der kosmischen Unveränderlichkeit zu verabschieden und uns eines beruhigenden Gegenpols zur Unsicherheit der menschlichen Existenz beraubt. Wir stehen vor einer immensen konzeptuellen Revolution.

Die Geburt einer neuen Wissenschaft

Die monumentale Entdeckung der kosmischen Hintergrundstrahlung zerschnitt den gordischen Knoten über den Ursprung des Universums und sprach das Urteil zugunsten des Big Bang aus. Aber es gibt dazu noch mehr zu sagen. Die Entdeckung markiert einen Wendepunkt für die Kosmologie, die von einer überwiegend spekulativen und beschreibenden Tätigkeit zu einer quantitativen Wissenschaft überging, in der etablierte Theorien mit präzisen astronomischen Beobachtungen verglichen werden. Mit der kosmischen Hintergrundstrahlung wechselte die Kosmologie von einer sorglosen Jugend zu einem bewussten Erwachsenenalter.

Vor der Entdeckung der kosmischen Hintergrundstrahlung war die Kosmologie eine Tätigkeit, die auf die Fantasie einiger Physiker beschränkt war. Die besten Köpfe waren anderswo beschäftigt. Die Quantenmechanik hatte die Prinzipien der klassischen Physik ausgehebelt und die Türen zu erschütternden Entdeckungen über die innere Struktur der Materie und zu neuen Technologien geöffnet, die das menschliche Leben revolutionieren könnten. Das waren die wissenschaftlichen Probleme, die angegangen werden mussten. Der Big Bang war nur ein vages Konzept außerhalb der Grenzen des Wissens oder, noch schlimmer, eine Versuchung, der man widerstehen musste.

Die Entdeckung der kosmischen Hintergrundstrahlung änderte den Verlauf der Wissenschaft. Die Big-Bang-Theorie wurde zum Paradigma. Mit ihr konnten konkrete Fragen über den Ursprung des Universums gestellt werden, die bis dahin für Religion oder Philosophie reserviert waren. Die Kosmologie begab sich so auf einen Weg wachsender Erfolge und erlangte das verdiente Prestige in der wissenschaftlichen Gemeinschaft.

8

Das Rätsel des Big Bang

Das Universum ist wie ein Safe, zu dem es eine Kombination gibt. Aber die Kombination ist im Safe eingeschlossen.
Peter de Vries

In einer Umfrage aus dem Jahr 2014 gaben 51 % der Amerikaner an, nicht an den Big Bang zu glauben oder zumindest zu glauben, dass die Theorie wenig glaubwürdig ist. Nachdem ich einen Vortrag an einer amerikanischen High School gehalten hatte, erzählte mir ein Freund, dass die Mehrheit der Schüler auf die Frage: „Was ist die Big-Bang-Theorie?" geantwortet hat: „Eine Fernsehserie."

Was ist die Big-Bang-Theorie?

Die Big-Bang-Theorie ist aber in Wirklichkeit eine streng wissenschaftliche Theorie, die auf der Annahme basiert, dass das Universum zu einem bestimmten Zeitpunkt in der Vergangenheit aus einem sich schnell ausdehnenden Raum und einem dichten, heißen und abgesehen von kleinen Dichteschwankungen fast perfekt gleichmäßigen Teilchengemisch bestand. Akzeptiert man diese Annahme über die Anfangsbedingungen des Universums, sind es nur noch die Gesetze der Physik, die die Entwicklung des Systems und sein kosmisches Schicksal bestimmen.

Das logische Gebäude der Big-Bang-Theorie stützt sich auf drei solide Säulen. Die erste ist die Allgemeine Relativitätstheorie, die die Geometrie des Raums und seine Expansion beschreibt. Die zweite ist die Physik der Elementarteilchen, die die quantenmechanischen Eigenschaften von Materie und Strah-

G. F. Giudice, *Vor dem Big Bang*, https://doi.org/10.1007/978-3-662-69847-1_8

lung beschreibt. Die dritte ist die statistische Mechanik, die das Verhalten von physikalischen Systemen bei hohen Temperaturen beschreibt. Ausgehend von diesen drei Säulen des Wissens, die mittlerweile durch unzählige Laborexperimente bestätigt wurden, ist die Theorie in der Lage, sehr genaue Vorhersagen zu treffen, die mit astronomischen Beobachtungen verglichen werden können.

Die Glaubwürdigkeit der Theorie basiert auf drei empirischen Beobachtungen. Die erste ist die Fluchtbewegung der Galaxien, die auf eine Expansion des Raums hinweist und daher gemäß der Einsteinschen Gleichung auf einen Anfang in der Vergangenheit. Die zweite ist die große Fülle von Helium im Kosmos und die hervorragende Übereinstimmung zwischen den astronomischen Beobachtungen und den Vorhersagen der Nukleosynthese. Dieses Ergebnis zeigt, dass sich das Universum in der Vergangenheit in einem Zustand sehr hoher Temperatur befand. Die dritte ist die Beobachtung der Hintergrundstrahlung. Sie ist ein Beweis dafür, dass das Universum in der Vergangenheit nicht nur heiß, sondern auch fast perfekt gleichmäßig war. Angesichts dieser experimentellen Daten nicht an den Big Bang zu glauben, ist als würde man behaupten, die Erde sei flach.

Die Big-Bang-Theorie ist eine der außergewöhnlichsten Errungenschaften des menschlichen Wissens, da sie ein quantitatives Verständnis der Geschichte des Universums ermöglicht. Sie bietet gleichzeitig eine wunderbare Synthese der gesamten physikalischen Welt, indem sie die erstaunliche Verbindung zwischen den Gesetzen beleuchtet, die die mikroskopische Welt und die globalen Eigenschaften des Kosmos beherrschen.

Auch heute ist aber noch nicht alles über die Geschichte des Universums nach dem Big Bang bekannt. Es gibt noch viele unbeantwortete Fragen, insbesondere was den Ursprung der Komponenten des Universums betrifft, der dunklen Energie und der dunklen Materie, und wie die Vorherrschaft der Materie über die Antimaterie erklärt werden kann. All dies sind faszinierende Fragen für die aktuelle kosmologische Forschung, die jedoch nicht in diesem Buch diskutiert werden können. In ihm geht es stattdessen darum, zu verstehen, was diesen ganz speziellen Anfang des Universums verursacht hat, den wir Big Bang nennen.

Der Big Bang und der Anfang von Allem

An diesem Punkt sollten wir klären, was genau wir mit dem Urknall meinen. Wenn die Gleichungen der Relativitätstheorie verwendet werden, um die Entwicklung des Universums in der Zeit zurückzuspulen, stoßen wir auf das, was Physiker eine Singularität nennen. Damit ist ein Punkt gemeint, an dem die Raumzeit unendlich stark gekrümmt ist und die Gesetze der Allgemeinen Relativitätstheorie nicht mehr anwendbar sind. Laut Einsteins Gleichung hätte unser Universum vor 13,8 Mrd. Jahren eine Singularität erreicht, an der alle Abstände zwischen den Punkten des Raums null und Materie unendlich dicht und unendlich heiß gewesen wären.

Niemand sollte jedoch glauben, dass sich das Universum jemals tatsächlich in dieser paradoxen Situation befunden hat. Dieses Ergebnis deutet lediglich darauf hin, dass ein neues physikalisches Phänomen notwendigerweise eingreifen muss, bevor der Raum in die Singularität kollabiert. Tatsächlich wissen wir, dass Einsteins Allgemeine Relativitätstheorie versagt, wenn wir uns einer solchen Singularität nähern, da sie die extremen physikalischen Bedingungen in diesen Situationen nicht beschreiben kann. Noch bevor die Singularität erreicht wird, tritt das Universum in einen Bereich ein, in dem die Krümmung der Raumzeit so stark ist, dass sie nicht mehr von der Allgemeinen Relativitätstheorie beschrieben werden kann. In diesem Bereich fehlt uns bislang das physikalische Verständnis, um eine adäquate Beschreibung der kosmischen Evolution zu liefern.

Astronomische Daten zeigen nicht, dass das Universum mit einer Singularität begonnen hat, sondern lediglich, dass es einen Moment gegeben haben muss, in dem die kosmische Materie in einem extrem dichten und heißen Zustand war. Es gibt keinen Grund zu glauben, dass die Temperatur oder die Dichte der Materie in diesem Moment unendlich war. Wir wissen lediglich, dass die Temperatur des primordialen Universums mindestens 100 Mrd. Grad betragen musste, um den Prozess der Nukleosynthese in Gang zu setzen – das entspricht tausendfach höheren Temperaturen als im Zentrum der Sonne. Es ist durchaus möglich, dass die Temperatur enorm viel höher war, vielleicht sogar Hunderte von Milliarden Milliarden Milliarden Grad, aber nicht unendlich. Wie wir später sehen werden, könnten wir eines Tages in der Lage sein, die Anfangstemperatur des Universums zu bestimmen, da deren Messung möglicherweise durch neue Experimente zur Untersuchung der kosmischen Hintergrundstrahlung erreichbar wird.

Im Lichte der astronomischen Daten werde ich den Urknall als das Ereignis definieren, das einem Universum mit einer nahezu gleichmäßigen Mischung von Teilchen bei hoher Temperatur und Dichte in einem sich ausdehnenden Raum den Anfang gegeben hat. Es handelt sich um den ersten Moment einer heißen primordialen Suppe, die alle Zutaten des heutigen Universums enthält.

Meine Definition bezieht sich nicht auf eine Singularität der Raumzeit. Der Begriff „Urknall" wird manchmal verwendet, um das Ereignis zu beschreiben, das Raum und Zeit hervorgebracht hat. In diesem Moment nimmt die gesamte Realität Gestalt an, und nichts könnte davor existiert haben. Um die beiden unterschiedlichen Definitionen nicht zu verwechseln, werde ich den hypothetischen Moment der kosmischen Entstehung den Anfang von Allem nennen.

Es ist wichtig, sich vor Augen zu halten, dass der Urknall und der Anfang von Allem prinzipiell zwei unterschiedliche Ereignisse sind und es bisher keine experimentellen Daten gibt, die nahelegen, dass sie zwangsläufig zusammenfallen müssen. Der Urknall bezeichnet ein klar definiertes physikalisches Phänomen und markiert den Beginn einer Phase, in der das Universum durch die heute bekannten physikalischen Gesetze beschrieben werden kann. Seine Existenz wird durch zahlreiche astronomische Beobachtungen bestätigt, die seine Eigenschaften bestimmen. Der Anfang von Allem hingegen ist lediglich das Ergebnis einer Hypothese, die sich auf extreme Bedingungen bezieht, die mit den uns derzeit zur Verfügung stehenden Theorien nicht beschrieben werden können. Zudem gibt es weder empirische Beweise für die Existenz eines Anfangs von Allem noch verlässliche Hinweise, die uns Aufschluss geben könnten. Daher können wir nicht mit Sicherheit sagen, ob das Universum jemals einen Anfang von Allem erlebt hat.

Auch wenn wir den Zeitpunkt des Urknalls mit großer Genauigkeit bestimmen können, gibt es keinen Grund zu glauben, dass der Anfang von Allem vor 13,8 Mrd. Jahren stattgefunden haben muss – selbst wenn er tatsächlich existiert haben sollte. Derzeit bleibt der Anfang von Allem eine vage, abstrakte Idee. Viele theoretische Ansätze zur Entstehung des Universums beziehen sich überhaupt nicht auf einen ursprünglichen Moment, in dem Raum und Zeit plötzlich entstanden und physische Realität wurden.

Wir werden uns daher zunächst darauf konzentrieren, den Urknall zu verstehen. Später, in Kapitel 15, werden wir einen kurzen Ausflug in noch weiter entfernte Zeiten unternehmen, um nach einem hypothetischen Anfang von Allem zu suchen.

Die Rätsel des Urknalls

Die Urknalltheorie versucht nicht, genau zu erklären, was der Urknall ist. Sie beschreibt lediglich, was nach diesem entscheidenden Ereignis geschah, und schweigt völlig über die Mechanismen, die es hervorgebracht haben könnten, oder über alles, was davor passierte. Für die Theorie ist der Urknall nur eine Hypothese über den Anfangszustand des Universums und kein klar definiertes physikalisches Phänomen. Die Urknalltheorie ist keine Theorie über den Urknall selbst.

Die Hypothese, auf der die Theorie basiert – dass das Universum in einem nahezu gleichmäßigen, heißen, dichten und expandierenden Zustand begann –, mag auf den ersten Blick wie eine vernünftige und harmlose Annahme erscheinen. Doch sie birgt tiefgreifende Rätsel. Sie ist alles andere als selbstverständlich, und einige ihrer Merkmale sind so außergewöhnlich, dass sie fast unvorstellbar wirken. Diese Rätsel werden uns auf der Suche nach dem Ursprung des Urknalls leiten.

Das Ganze erinnert an die Geschichte der *Doppelmorde in der Rue Morgue* von Edgar Allan Poe, in der der Exzentriker Auguste Dupin seine außergewöhnlichen deduktiven Fähigkeiten in die Praxis umsetzen will, indem er Nachforschungen über einen Doppelmord in einer Wohnung in Paris anstellt. Die Polizei ist orientierungslos. Die Indizien lassen es unmöglich erscheinen, dass die Verbrechen von einem Menschen begangen wurden. Dupin geht diesen scheinbar unverständlichen Indizien nach und versucht, durch logische Deduktion die Wahrheit herauszufinden. Das Gleiche gilt für den Ursprung des Big Bang: Die Indizien sind geheimnisvoll, und die Lösung des Rätsels wird alle Vorstellungskraft übertreffen.

Rätsel Nr. 1: die Expansion

Die Big-Bang-Theorie geht davon aus, dass das Universum seinen Anfang mit einer Expansionsphase nahm. Was ist das für ein physikalisches Phänomen, das für den ersten Anstoß verantwortlich war, der die Expansion in Gang setzte? Welcher Motor hat den Big Bang ausgelöst?

Es ist gar nicht so einfach, einen Verantwortlichen zu identifizieren, denn der Big Bang trat gleichmäßig im gesamten Raum auf. Es konnten daher nicht Kräfte von kurzer Reichweite sein, wie sie in den Atomkernen wirken. Das Gleiche gilt für den Elektromagnetismus, da sich die entgegengesetzten elektrischen Ladungen im Universum aufheben und keine Kräfte erzeugen, die auf große Entfernungen wirken könnten.

Die Erklärung muss also in der Gravitation verborgen sein. Aber von Newton haben wir gelernt, dass die Gravitation eine rein anziehende Kraft ist und daher eine Kontraktion verursachen oder höchstens eine bestehende Expansion verlangsamen kann, aber nicht in der Lage ist, eine Expansion auszulösen.

Mysterium Nr. 1

Wie konnte der Big Bang die gleichzeitige Expansion des gesamten Raums auslösen?

Rätsel Nr. 2: die Gleichförmigkeit

Die Big-Bang-Theorie geht davon aus, dass das Universum in einem nahezu gleichförmigen Zustand begann. Aber warum war das Universum so gleichförmig? Warum war es nicht chaotischer und unregelmäßiger? Warum gab es im frühen Universum nicht mehr Variationen der Dichte und der Temperatur?

Der nahezu gleichförmige Beginn wird durch Beobachtungen der kosmischen Hintergrundstrahlung bestätigt. Doch diese Gleichförmigkeit birgt ein Rätsel. Es ist nicht einfach zu erklären, warum das Universum so gleichförmig ist, denn die Gravitation, die einzige Kraft, die auf kosmologischen Skalen wirkt, tendiert dazu, Ungleichheiten zu verstärken, nicht zu verringern. Ist ein Bereich des Universums dichter als der Rest, zieht die Gravitation mehr Materie in diesen Bereich und macht ihn noch dichter.

Die Temperatur der kosmischen Hintergrundstrahlung hat an jedem Punkt des Himmels fast denselben Wert, Abweichungen gibt es nur in der vierten oder fünften Dezimalstelle. Auf den ersten Blick scheint daran nichts besonders seltsam zu sein. Vergessen Sie eine Tasse heißen Kaffee in der Küche, wird der Kaffee bei Ihrer Rückkehr kalt geworden sein, seine Temperatur hat sich der Raumtemperatur angepasst. Der springende Punkt ist jedoch, dass es Zeit braucht, um ein thermisches Gleichgewicht zu erreichen, und das Universum hatte diese Zeit nicht: Es war zu wenig Zeit verstrichen, als 380.000 Jahre nach dem Big Bang das Bild der kosmischen Hintergrundstrahlung entstand.

Orte im Universum, die wir heute an gegenüberliegenden Punkten des Himmels beobachten, waren zur Zeit, als das Bild der Hintergrundstrahlung entstand, zu weit voneinander entfernt, um irgendwelche physikalische Informationen austauschen zu können, was laut Einsteins Relativitätstheorie nicht mit Überlichtgeschwindigkeit geschehen kann. Wie ist es möglich, dass Orte im Universum, die nie Kontakt miteinander hatten und nie miteinander kommunizieren konnten, auf der Karte der kosmischen Hintergrundstrahlung die gleiche Temperatur haben? Es ist eine Situation, die ebenso paradox ist, wie wenn der heiße Kaffee, der in der Küche vergessen wurde, auf mysteriöse Weise die gleiche Temperatur annimmt wie alle Tassen Kaffee, die von unbekannten Außerirdischen in den Küchen weit entfernter Planeten hinterlassen wurden.

Mysterium Nr. 2:

Wie konnte der Big Bang scheinbar die Gesetze der Relativitätstheorie umgehen und das Universum auch an Orten im Raum fast perfekt gleichförmig machen, die nie miteinander kommunizieren konnten?

Rätsel Nr. 3: die Flachheit

Die Big-Bang-Theorie geht davon aus, dass das Universum in einem nahezu flachen Zustand begann. Aber warum war das Universum so flach? Warum war es nicht gekrümmter oder unregelmäßiger? Warum war die Gesamtenergie des Universums so nahe an Null?

Die Flachheit des Universums ist ein weiteres tiefes Rätsel. Es ist nicht einfach zu erklären, warum das Universum so flach ist, denn die Gravitation, die einzige Kraft, die auf kosmologischen Skalen wirkt, tendiert dazu, die Krümmung des Raums zu verstärken, nicht zu verringern. Wenn ein Teil des Universums gekrümmter ist als der Rest, zieht die Gravitation mehr Materie in diesen Bereich und macht ihn noch gekrümmter.

Wie wir in Kap. 7 gesehen haben, zeigt die Messung der kosmischen Hintergrundstrahlung, dass die Geometrie des Universums fast perfekt flach ist. Auf den ersten Blick scheint das kein Problem zu sein, weil man denken könnte, dass die eine Geometrie so gut ist wie jede andere. Aber sobald man die Expansion des Universums berücksichtigt, wird das Problem zu einem Mysterium.

Jede winzige Abweichung von der Flachheit wächst während der kosmischen Expansion rasend an. So wie himmlische Strukturen unter dem Einfluss der Gravitation zusammenstürzen, wird auch die Geometrie eines gekrümmten Raumes mit dem Fortschreiten der kosmischen Geschichte immer stärker gekrümmt. Damit das Universum heute so flach ist, wie es die Beobachtungsdaten nahelegen, muss es zur Zeit der Nukleosynthese mit einer Genauigkeit von einem Milliardstel eines Milliardstels (10^{-18}) völlig flach gewesen sein – und in Zeiten näher am Big Bang mit einer noch schwindelerregend höheren Genauigkeit. Die Flachheit ist eine während der kosmischen Evolution außerordentlich instabile Größe.

Um eine Analogie zu betrachten, stellen Sie sich vor, dass eine Kugel auf der Cheops-Pyramide die Krümmung des Raums im Universum anzeigt. Je näher die Kugel am Wüstenboden ist, umso stärker ist die Geometrie gekrümmt. Liegt die Kugel genau auf der Spitze der Pyramide, ist die Geometrie flach.

Stellen Sie sich nun vor, dass ,jemand' (der Big Bang) als Anfangsposition der Kugel (also den Anfangszustand der Geometrie des Universums) die oberste Stelle der Pyramide auswählt. Sie waren leider bei dem Versuch nicht dabei, aber Sie würden heute, 13,8 Mrd. Jahre nach dem Big Bang in Ägypten erwarten, dass sich die Kugel irgendwo tief unten befindet. Stattdessen finden Sie sie immer noch ganz nah an der Spitze. Sie schließen daraus, dass die Kugel am Anfang mit einer absolut außergewöhnlichen Präzision genau auf der Spitze der Pyramide platziert worden sein muss.

Es gibt keinen logischen Widerspruch in dem, was Sie in Ägypten sehen. Es könnte nur ein Zufall sein, aber in der Wissenschaft sind unwahrscheinliche Zufälle oft ein Hinweis auf ein schlecht verstandenes Phänomen und nicht das Ergebnis eines zufälligen Ereignisses. Der anfängliche Zustand völliger Flachheit ist so speziell, dass man sich natürlich fragt, warum der Big Bang diesen sehr speziellen Wert mit einer absolut verrückten Präzision gewählt hat.

Mysterium Nr. 3:
Wie konnte der Big Bang die Geometrie des Universums mit einer Präzision abflachen, die an die Grenze des Unglaublichen geht?

Diese drei Rätsel – die Expansion, die Gleichförmigkeit und die Flachheit – sind das zentrale Mysterium des Big Bang. Sie sind die Hauptgründe, warum wir nach einer Theorie suchen, die über die Big-Bang-Theorie hinausgeht und die uns erklärt, was vor dem Big Bang passiert ist.

In den folgenden Kapiteln werden wir diese Rätsel weiter untersuchen und versuchen, sie mithilfe der modernen Kosmologie zu lösen. Wir werden sehen, dass die Lösung dieser Rätsel uns zu einigen der tiefsten und faszinierendsten Fragen über die Natur des Universums führt.

Rätsel Nr. 4: Der Pfeil der Zeit

Es gibt noch ein weiteres Rätsel. Augustinus drückt in seinen *Bekenntnissen* eindrucksvoll die Verwirrung aus, die man empfindet, wenn man über die Zeit nachdenkt:

„Was ist also die Zeit? Wenn mich niemand darnach fragt, weiß ich es, wenn ich es aber einem, der mich fragt, erklären sollte, weiß ich es nicht."

Es gibt etwas Flüchtiges im Konzept der Zeit, etwas Mehrdeutiges. Wir nehmen sie als einen Fluss wahr, der konstant und unveränderlich fließt und die ganze Welt in seiner Strömung mitzieht. Dieses intuitive Bild scheint jedoch mit der Behauptung der Relativitätstheorie zu kollidieren, wonach Raum und Zeit Manifestationen derselben Größe sind: der Raumzeit. Nun können wir uns zwar im Raum frei in alle Richtungen bewegen, die Zeit ist hingegen eine Einbahnstraße, der unsere Wünsche gleichgültig sind. Die alltägliche Erfahrung lehrt uns, dass der Pfeil der Zeit, der die Richtung von der Vergangenheit in die Zukunft anzeigt, unverrückbar ist.

Angesichts des Studiums der physikalischen Gesetze bringt uns die Frage des heiligen Augustinus noch mehr in Verwirrung. Die Gesetze der Gravitation, des Elektromagnetismus und der Quantenmechanik sind von der Zeitrichtung völlig unabhängig. Es erscheint uns ganz natürlich, wenn ein Film, der die Schwingungen eines perfekten Pendels oder die Bewegung der Moleküle eines Gases im thermischen Gleichgewicht zeigt, rückwärts abgespielt wird. Die physikalischen Gesetze, die diese Prozesse regeln, kennen keinen Zeitpfeil. Andererseits wirkt es geradezu absurd und bringt uns zum Lachen, wenn wir in einem Film sehen, wie tausend Glasscherben, die über den Boden verstreut sind, spontan auf den Tisch springen und sich wieder zu einem Glas zusammensetzen. Im Alltag erkennen wir sofort die Richtung der Zeit. Die Geschichte eines Mannes, der jünger wird, bis er als neugeborenes Baby seine ersten Schreie ausstößt, mag in einem Fantasy-Film wie *Der seltsame Fall des Benjamin Button* gut passen, aber sie gehört nicht zur Realität.

Die physikalischen Gesetze werden im Allgemeinen durch Umkehrung der Zeitrichtung nicht verändert – bis auf eines: Das zweite Gesetz der Thermodynamik unterscheidet die Richtung der Zeit, denn es besagt, dass die Entropie eines Systems immer zunimmt. In der Alltagssprache heißt das, dass die Unordnung eines physikalischen Systems im Verlauf der Zeit zunimmt. Das zweite Gesetz der Thermodynamik ist aber kein grundlegendes Gesetz der Natur, sondern nur ein von Zufall und Wahrscheinlichkeit bestimmter Zusammenhang. Um das zu verstehen, ist es hilfreich, ein Beispiel zu betrachten.

Wenn Sie einen Kartenstapel mischen, der anfangs nach Wert und Farbe geordnet ist, können Sie sicher sein, dass die Ordnung allmählich verschwindet. Warum? Der Grund ist rein probabilistisch. Die Anzahl der Möglichkeiten, 52 Karten in einer Reihe aufzulegen, ist ungeheuer groß, sie entspricht der Zahl der Atome der gesamten Galaxie. Andererseits gibt es nur ganz wenige Möglichkeiten, die Karten streng nach Wert und Farbe anzuordnen. Das bedeutet, dass es praktisch unmöglich ist, die Ordnung der Karten wiederherzustellen, indem man den Stapel wieder und wieder mischt. Es ist, als würde man darauf bestehen, ein bestimmtes Atom zu suchen, das irgendwo in der Galaxie versteckt ist. Die Anzahl der möglichen Reihenfolgen ist bei 52 Karten so gigantisch, dass Sie nach jedem Mischen praktisch sicher sein können, dass diese Hand noch nie in der Geschichte der Menschheit gespielt wurde und nie wieder in der Zukunft des Universums gespielt werden wird. Genießen Sie also jedes Spiel, denn es ist absolut einzigartig.

Die Zahl der Moleküle eines physikalischen Systems beträgt nicht 52 wie bei einem Spiel Karten. Sie wird als Vielfaches der Avogadrozahl angegeben, die 600.000 Trillionen (6×10^{23}) beträgt. Die Anzahl der möglichen Konfigurationen von Molekülen in einem komplexen System ist daher so ungeheuer groß, dass es einem schwindelig wird. Zusammengefasst besagt der zweite Hauptsatz also, dass die Anzahl der möglichen Zustände eines komplexen Systems enorm ist, während die geordneten Zustände äußerst selten sind. Daher geht ein geordneter Zustand in einen ungeordneten Zustand über. Die Wahrscheinlichkeit, dass ein physikalisches System spontan von Unordnung zu Ordnung, also von einem Zustand hoher Entropie zu einem Zustand niedriger Entropie übergeht, ist dagegen praktisch null.

Will man unbedingt eine Moral aus einem physikalischen Gesetz ziehen, ist die Lektion, dass man jeden Moment des Lebens genießen sollte, denn der zweite Hauptsatz der Thermodynamik lehrt uns, dass dieser Moment wirklich unwiederholbar ist.

Unsere Wahrnehmung der Zeit ist nicht die Folge eines grundlegenden physikalischen Gesetzes, sondern nur das Ergebnis dessen, dass wir kein

Elementarteilchen sind, sondern Teil eines komplexen Systems, das aus einer enormen Anzahl von Molekülen besteht. Wir nehmen die Welt wahr, indem wir den Durchschnitt gigantischer Zahlen möglicher Konfigurationen der Komponenten des Systems bilden. Der Fluss der Zeit ist das Ergebnis unserer ungefähr Wahrnehmung der Realität, also der Wahrnehmung der Entwicklung komplexer Systeme – und nicht der Bewegung ihrer grundlegenden Komponenten. Wir haben eine Vorstellung von der Zeit, weil der vergangene Zustand des Universums unwahrscheinlicher ist als der gegenwärtige.

Damit das Universum einen Zeitpfeil kennt und eine fortgeschrittene evolutionäre Form wie das Leben beherbergen kann, muss es von einem Zustand extremer Ordnung ausgehen. Wäre das Universum zu Beginn ungeordnet gewesen, wäre es für immer so geblieben, genau wie ein Kartenspiel ungeordnet bleibt, gleichgültig wie oft man es mischt. Das Universum würde nur als steriles Chaos existieren und wäre unfähig, irgendeinen komplexen evolutionären Prozess zu ermöglichen.

Das Problem des Zeitpfeils besteht also darin, einen Zustand des Universums mit extremer Ordnung, also niedriger Entropie im Moment des Big Bang zu finden. Danach wurde und wird gemäß dem zweiten Hauptsatz der Thermodynamik die Ordnung abgebaut, bis die Sterne erlöschen, alles Leben stirbt und alles, was das Universum interessant macht, zerstört wird.

Die Intuition legt nahe, dass ein Universum, in dem Materie und Energie gleichmäßig verteilt sind, einem ungeordneten Zustand entspricht. Gießt man Milch in eine Tasse Kaffee und rührt dann mit dem Löffel um, wird ein geordneter Zustand (Milch und Kaffee getrennt) in einen ungeordneten Zustand (homogene Mischung aus Milch und Kaffee) verwandelt. Leider täuscht die Intuition beim Universum, denn es ist kein Milchkaffee.

Studiert man die globale Struktur des Universums, ist die einzige Kraft, die im Spiel ist, die Gravitation, und die Gravitation wirkt anders als das Umrühren des Milchkaffees. Da die Gravitation eine anziehende Kraft ist, entspricht eine gleichmäßige Verteilung von Materie einem geordneten Zustand, die Entropie nimmt mit dem Kollaps der Materie zu, und der Zustand maximaler Unordnung ist, zumindest unter Vernachlässigung der quantenmechanischen Effekte, ein Schwarzes Loch, in dem die gesamte im Universum verteilte Materie von einer kleinen Raumregion verschluckt wird.

Um den Zeitpfeil zu erklären, ist es daher notwendig, dass das Universum aus dem Big Bang in einem Zustand hervorging, in dem Materie und Energie so gleichmäßig wie möglich im Raum verteilt waren. Dieser nahezu perfekt geordnete Zustand ermöglichte einen kosmischen Zeitfluss, in dessen Verlauf die Entropie kleiner wurde. Das Gegenbild wäre ein Universum, das einem stationären Chaos ausgeliefert ist, ähnlich dem einer Tasse Milchkaffee, die ständig umgerührt wird.

Die tiefe Ursache des Zeitpfeils ist immer noch ein Rätsel. Wir haben viele Fortschritte gemacht, um seine Bedeutung zu verstehen, aber wir sind gar nicht so weit entfernt von Augustinus, der seine Überlegungen mit den Worten abschloss:

„Ich bekenne es dir, Herr, daß ich immer noch nicht weiß, was die Zeit ist."

Mysterium Nr. 4:
Wie konnte der Big Bang einen unfassbar geordneten Zustand des Universums erzeugen, der scheinbar im Widerspruch zu den Geboten des zweiten Hauptsatzes der Thermodynamik steht?

Rätsel Nr. 5: die kosmischen Strukturen

Die kosmische Hintergrundstrahlung deutet darauf hin, dass das Universum zum Zeitpunkt des Big Bang gleichförmig war. Und doch ist der Kosmos heute, zumindest auf Entfernungen, die geringer sind als etwa 300 Mill. Lichtjahre, alles andere als gleichförmig. Daher kann der ursprüngliche Zustand des Universums nicht perfekt gleichförmig gewesen sein, sondern muss Dichteschwankungen enthalten haben, die die Ursache für alle kosmischen Strukturen darstellen: von den Superhaufen von Galaxien bis hin zu den kleinsten Zwergplaneten.

Mysterium Nr. 5:
Wie konnte der Big Bang der fast perfekten Gleichförmigkeit des Ur-Universums die Unregelmäßigkeiten aufprägen, die die Ursache für alle kosmischen Strukturen sind?

Das Mysterium der Mysterien

Alle vom Big Bang aufgeworfenen Mysterien könnte man als eher abstrakte Fragen abtun, die sich nur für Diskussionen zwischen theoretischen Physikern in den Fluren irgendeines staubigen Forschungsinstituts eignen. Sie spiegeln aber ein Mysterium wider, das in eine sehr einfache Frage zusammengefasst werden kann: *Wurde das Universum geschaffen, um Leben zu beherbergen?* Das ist das Mysterium der Mysterien.

Hätten die Anfangsbedingungen des Universums auch nur geringfügig von denen abgewichen, die von der Big-Bang-Theorie vorausgesetzt werden, hätte sich die kosmische Geschichte radikal anders entwickelt – so radikal anders, dass keine komplexen Strukturen jemals hätten existieren können, geschweige denn Leben. Das ist im Wesentlichen der Inhalt der fünf zuvor genannten Rätsel und Mysterien.

Ein gekrümmtes und geschlossenes Universum wird nicht alt und rollt sich schnell in einem katastrophalen Big Crunch zusammen. Ein gekrümmtes und offenes Universum expandiert so schnell, dass es alle Materie schnell verdünnt und nur fast leeren Raum hinterlässt. In beiden Fällen gibt es keine Zeit, um Galaxien zu bilden und eine biologische Evolution zu entwickeln. Kurz gesagt: Die Schaffung von Leben erfordert Zeit, und nur ein nahezu perfekt flaches Universum kann sie gewährleisten.

Wäre die Ur-Materie ungleichmäßig verteilt gewesen, wäre das Universum schnell mit Schwarzen Löchern überschwemmt worden, die bereit gewesen wären, alles zu verschlingen was sie umgab. Wäre es perfekt homogen gewesen, hätte das Universum nur ein steriles, gleichförmiges Gas enthalten. In beiden Fällen hätte es keinen Platz gegeben, um komplexe Strukturen zu entwickeln. Um Leben zu schaffen, ist ein spezielles Rezept erforderlich, das auf einer gleichförmigen Mischung von Materie mit einer leichten Prise von Unregelmäßigkeiten basiert.

Die Rätsel und Mysterien des Big Bang, die in diesem Kapitel beschrieben werden, enthalten die Information, dass die Anfangsbedingungen des Universums so speziell waren, dass sie paradox erscheinen, wenn nicht sogar im Widerspruch zu den physikalischen Gesetzen. Aber es gibt noch mehr Rätsel! Die Gleichungen der Allgemeinen Relativitätstheorie erlauben eine enorme Vielfalt möglicher Universen, aber fast keines von ihnen bietet die notwendigen Bedingungen für die Evolution irgendeiner Form von Leben. Aus dieser Perspektive erscheint das Universum, in dem wir leben, völlig unwahrscheinlich – oder sorgfältig ausgewählt von einer unsichtbaren Hand.

Die von der Big-Bang-Theorie vorausgesetzten Anfangsbedingungen sind die einzigen, die ein Universum schaffen konnten, das eine biologische Evolution beherbergen konnte. Es ist, als ob der Kosmos von Anfang an wusste, dass sein Schicksal sein werde, Leben zu schaffen. Es scheint fast so, als ob das Universum, das aus dem Big Bang hervorgegangen ist, dazu bestimmt war, ein Mädchen zu erzeugen, das mich in einem Zug fragt, ob die Beschreibung der kosmischen Geschichte ihre Existenz berücksichtigen muss. Das ist das Mysterium der Mysterien.

Die vielen Rätsel, die der Big Bang aufwirft, drängen uns in die Ecke. Wenn wir den Anspruch haben, den Ursprung des Universums zu verstehen, können wir die Fragen nicht einfach in unvernünftigen Annahmen über die Anfangsbedingungen des Kosmos verstecken. Es ist an der Zeit zu verstehen, welcher physikalische Mechanismus hinter jedem dieser Rätsel steckt. Gibt es eine wissenschaftliche Erklärung für die Rätsel des Big Bang, bleibt nur ein Weg, die Antwort zu finden: zu erforschen, was *vorher* passiert ist. *Vor* dem Big Bang.

9

Wie funktioniert der Big Bang?

Menschen, die verrückt genug sind zu denken, sie könnten die Welt verändern, sind diejenigen, die es auch tun.
   Steve Jobs

Die Karriere eines theoretischen Physikers verläuft mehr oder weniger immer gleich. Nach dem Erwerb des Doktortitels (im Englischen PhD genannt) beginnt ein nomadisches Leben, in dem man zwei oder drei Jahre mit befristeten Verträgen (sogenannte Postdoc-Stellen) an akademischen Instituten auf der ganzen Welt verbringt. Zwei Jahre an irgendeiner Universität in Großbritannien, dann drei Jahre in Kalifornien und schließlich weitere zwei in einem Forschungsinstitut in Deutschland. Solche Wege, die Physiker von einem Ende des Atlantiks zum anderen führen, sind die Norm.

Es ist ein Leben voller Anregungen und Möglichkeiten, in dem man sich mit verschiedenen Realitäten und Kulturen auseinandersetzt, in dem neue Beziehungen zu Forschern aus anderen Ländern geknüpft und spannende Projekte gestartet werden. Es sind aufregende Jahre, in denen man oft den Höhepunkt seiner intellektuellen Kreativität erreicht. Allerdings sind es auch die Jahre, in denen Bindungen und Familien entstehen, was für das Herumwandern um den Globus persönliche Opfer erfordert.

Nach einer Handvoll solcher Postdoc-Stellen kommt der entscheidende Moment in der Karriere eines Physikers: die Hoffnung auf eine Professur an einer Universität oder Forschungseinrichtung. Nicht alle überwinden diese Hürde. Wer nicht die richtige Stelle findet, muss sich außerhalb der akademischen Welt einen Job suchen und sich von der theoretischen Physik verabschieden.

Ende der siebziger Jahre befand sich Alan Guth an diesem kritischen Punkt seiner Karriere. Guth, ein Jude aus New Jersey, hatte das Mädchen geheiratet, das er in der High School kennengelernt hatte, er hatte ein Kind, und er hatte vier Postdoc-Stellen an ebenso vielen Instituten in den USA hinter sich. Obwohl sein Talent bereits offensichtlich war, sah es schlecht aus. Er hatte noch kein Forschungsergebnis erzielt, das ihm die Türen zu einer Professur öffnen könnte, und er hatte das Alter erreicht, das die letzte Chance für eine akademische Karriere markiert. Alles änderte sich in der Nacht vom 6. auf den 7. Dezember 1979.

Guth ist eine ziemlich ungewöhnliche Figur. Oder vielleicht sollte ich sagen, dass er perfekt konventionell ist, da er das klassische Stereotyp des theoretischen Physikers verkörpert: zerstreut, unordentlich, verwirrt und … absolut genial. Seine spontane Höflichkeit zeigt eine natürliche Unschuld, und seine Klarheit und Tiefe des Denkens offenbaren die Größe seines Geistes.

In jener Nacht von 1979 entwickelte Guth eine Idee, die ihm schon seit einigen Monaten im Kopf herumschwirrte. Am Morgen schwang er sich auf sein Fahrrad und stellte seinen persönlichen Rekord auf der Strecke von zu Hause zum Büro im SLAC-Labor in Stanford auf. Er war in Eile, weil er seine Idee formulieren wollte. Angekommen an seinem Schreibtisch, begann er den Tag, indem er in sein Notizbuch die Worte

„Spektakulärer Gedanke"

schrieb. Guth hatte einen Mechanismus erkannt, der erklären konnte, wie der Big Bang funktioniert hatte.

Um diesen „spektakulären Gedanken" verstehen zu können, muss man fortgeschrittene Konzepte der Allgemeinen Relativitätstheorie und der Quantenmechanik kennen. Daher wird ab diesem Kapitel der Weg für den Leser steiniger, und es wird eine gewisse Aufmerksamkeit und Geduld notwendig sein. Aber die Anstrengung wird belohnt, denn es geht darum, den Big Bang in Aktion zu sehen, die Mechanismen zu verstehen, die ihn erzeugt haben, und das Universum vor dem Beginn des Big Bang zu betrachten.

Die Substanz, aus der Engel gemacht sind

Um zu verstehen, wie der Big Bang funktioniert hat, muss man ein bizarres physikalisches Phänomen kennen, das in der Welt der Quantenmechanik auftritt. Einige Arten von Teilchen haben unter bestimmten Bedingungen die einzigartige Eigenschaft, sich spontan zu Teilchenpaaren zusammenzufinden, die insgesamt die *Vakuumsubstanz* bilden. In der quantenmechanischen Beschreibung der mikroskopischen Welt bilden diese Quanten das über die gesamte Raumzeit verteilte Quantenfeld.

Das Konzept wird verständlicher, wenn wir elektrische oder magnetische Felder betrachten, die jedem bekannt sind, der in der Schule ein Physikexperiment gemacht hat. Elektromagnetische Felder füllen gleichmäßig den Raum und breiten sich mit der Zeit aus. Betrachtet man sie unter dem Mikroskop der Quantenmechanik, offenbart sich die Natur des Felds als Ansammlung von Teilchen, den sogenannten Photonen. Die Photonen sind die Quanten, aus denen das elektromagnetische Feld besteht.

Das Vakuum ist wie das elektromagnetische Feld ein Quantenfeld, das aus Teilchen besteht. Es gibt jedoch einen wichtigen Unterschied. Ein elektrisches oder magnetisches Feld ändert sein Aussehen, wenn es aus verschiedenen Blickwinkeln betrachtet wird – zum Beispiel von Beobachtern in relativer Bewegung. Einem Beobachter, der sich bewegt, erscheint beispielsweise eine statische Ladung als Strom. Daher können elektrische und magnetische Felder ihre Rollen tauschen, wenn sie von verschiedenen Beobachtern gemessen werden. Das ist völlig natürlich: Die Anwesenheit eines realen Objekts im Raum wird gerade dadurch hervorgehoben, dass es aus verschiedenen Blickwinkeln betrachtet werden kann. Überraschenderweise gilt das nicht für die Vakuumsubstanz. Sie erscheint immer gleich, wie und wo man sie auch betrachtet. Sie ist beispielsweise unabhängig von der Geschwindigkeit eines gleichförmig bewegten Beobachters oder von einer Drehung oder Verschiebung des Raums. Die Vakuumsubstanz ändert ihr Aussehen nicht. Kurz gesagt: Die Vakuumsubstanz ist von der leeren Raumzeit nicht zu unterscheiden.

Die Vakuumsubstanz tarnt sich in der leeren Raumzeit, sie wird Teil ihrer Struktur. Es handelt sich um ein kollektives Phänomen, das eine Organisation von Teilchen in einem ausgedehnten Raumgebiet bedingt. Obwohl die Vakuumsubstanz aus Teilchen und daher aus Materie besteht, ist sie keine Form von Materie, die im Raum eingebettet ist, sie ist vielmehr Teil des Gewebes der Raumzeit selbst.

Die Ansammlung von Teilchen, die die Vakuumsubstanz bildet, hat eine physikalische Realität und enthält Energie. Da diese Energie die Raumzeit gleichmäßig durchdringt und auch bestehen bleibt, wenn jegliche Form von Materie oder Strahlung fehlt, wird sie von den Physikern *Vakuumenergie* genannt. Der Name ist gut gewählt, denn diese erstaunliche Form von Energie ist wirklich in das Gewebe der leeren Raumzeit eingewebt.

Oft werden die Begriffe Vakuumsubstanz und Vakuumenergie fast synonym verwendet, da sie dasselbe physikalische Phänomen widerspiegeln. Es ist jedoch wichtig, sie zu unterscheiden: Die Vakuumsubstanz repräsentiert die Struktur, die die Raumzeit füllt, während die Vakuumenergie deren Energieinhalt beschreibt. Metaphorisch gesprochen entspricht die Vakuumsubstanz dem Motor eines Autos, die Vakuumenergie entspricht dem Schub, der das Auto fahren lässt.

Die Vakuumsubstanz entspricht einem gleichmäßigen quantenmechanischen Feld in der gesamten Raumzeit, das aber nicht gleich null ist. Die Gleichmäßigkeit des Feldes stellt sicher, dass die Raumzeit die gleichen Eigenschaften wie das Vakuum hat. Dass sie aber nicht den Wert Null hat, zeigt das Vorhandensein einer Menge von Teilchen, die Vakuumenergie enthalten. Mit anderen Worten: Die Vakuumsubstanz ist ein Feld, das gleichmäßig die gesamte Raumzeit durchdringt, sodass es wie ein Vakuum erscheint, das aber eine echte physikalische Größe verbirgt.

All dies mag ziemlich abstrakt erscheinen. Wer weiß, vielleicht kann uns die Metaphysik helfen, vor dem inneren Auge Bilder zu konstruieren. Lassen Sie uns einige Beispiele versuchen.

Im 8. Jahrhundert behauptete der arabische christliche Theologe Johannes von Damaskus, die Substanz, aus der Engel gemacht sind, sei körperlos und immateriell im Vergleich zu der der Menschen, sie sei aber greifbar und materiell im Vergleich zu Gott, weil nur das Göttliche wirklich körperlos und immateriell ist. In gewisser Weise ähnelt die Vakuumsubstanz der Substanz, aus der Engel gemacht sind, weil sie eine materielle Realität im Vergleich zum Nichts hat, aber im Vergleich zur Materie ein Vakuum darstellt.

Das Sanskrit-Wort *Shunyata* bedeutet Leere. In der buddhistischen Philosophie ist Shunyata aber weder das absolute Nichts noch die Verneinung der Existenz, sondern die wesentliche Natur der Dinge. Es ist auch ein meditativer Zustand, in dem man sich von der Vergänglichkeit der Realität löst und den Geist leert, was zur Weisheit führt. Der vielseitige Charakter der Shunyata wird in den Versen des *Herz-Sutra* ausgedrückt: „Form ist Leere und Leere ist Form." Die Shunyata hat Nuancen, die der Vakuumsubstanz ähneln, die, obwohl sie die Essenz der leeren Raumzeit verkörpert, nicht das Nichts ist, sondern einen echten physikalischen Inhalt hat, der durch die Vakuumenergie ausgedrückt wird.

Vielleicht ist es besser, die Metaphysik beiseite zu lassen und zur Physik zurückzukehren. Obwohl die Vakuumsubstanz wie eine abstrakte Idee erscheint, ist sie ein absolut reales Phänomen. Eines der konkretesten Beispiele für ihre Existenz ist die Supraleitung, d. h. die Eigenschaft einiger Materialien, elektrischen Strom ohne Widerstand zu leiten, wenn sie auf Temperaturen nahe dem absoluten Nullpunkt abgekühlt werden. Im Fall der Supraleitung besteht die Vakuumsubstanz aus einer speziellen Ansammlung von Elektronen, die sich spontan im Inneren des Materials bildet, wenn die Temperatur unter einen kritischen Wert fällt.

Würde es in der Zukunft gelingen, Materialien herzustellen, die ihre Eigenschaften als Supraleiter auch bei Raumtemperatur beibehalten, wäre das eine echte technologische Revolution, die unser tägliches Leben verändern könnte. Elektrische Energie könnte ohne Verluste gespeichert und über große Entfernungen verteilt werden. Wir würden immer mehr Kernfusionskraftwerke bauen, was das Ende der fossilen Brennstoffe bedeuten würde. Bahnhöfe würden von superschnellen Magnetschwebebahnen wimmeln. Computer würden beispiellose Rechengeschwindigkeiten erreichen und Elektromotoren würden supereffizient werden. Auch ohne von so einer großartigen Zukunft zu träumen, ist die Supraleitung (zumindest bei niedrigen Temperaturen) bereits heute eine Realität, die beispielsweise in Krankenhäusern für die Magnetresonanztomografie (MRT) und in Laboratorien für Teilchenbeschleuniger verwendet wird.

Einen weiteren spektakulären Beweis für das natürliche Vorkommen der Vakuumsubstanz brachte 2012 die Entdeckung des Higgs-Bosons am CERN. Es wurde gezeigt, dass die Raumzeit von einer Vakuumsubstanz durchdrungen ist, die aus einer Ansammlung von Higgs-Bosonen besteht, die im Universum eine Zehntel Milliardstel Sekunde (10^{-10} s) nach dem Big Bang erzeugt wurden.

Die Bildung von Vakuumsubstanz scheint ein allgemeines Phänomen in der Teilchenphysik zu sein, das nicht nur auf das Higgs-Boson beschränkt ist. Daher ist der Gedanke gar nicht so abstrakt, dass im Ur-Universum andere Formen von Vakuumsubstanz vorhanden waren, die vielleicht aus neuen, noch unbekannten Teilchenarten bestanden.

Die Antigravitation der Vakuumenergie

Die Vakuumenergie, die in der Vakuumsubstanz enthalten ist, hat eine physikalische Eigenschaft, die sie im Vergleich zu Materie, Strahlung oder jeder anderen bekannten Energieform absolut einzigartig macht. Diese außergewöhnliche Eigenschaft betrifft die Gravitation.

Nach Einsteins Relativitätstheorie wirkt die Gravitation nicht nur auf die Masse der Körper, wie es von der Newtonschen Theorie vorhergesagt wird, sondern auch auf jede Form von Energie, einschließlich Licht. Es war gerade die Beobachtung der Verzerrung von Lichtstrahlen durch die Gravitation während der Sonnenfinsternis von 1919, die den Triumph der Allgemeinen Relativitätstheorie besiegelte.

Die Unterschiede zwischen Einsteins und Newtons Theorie beschränken sich nicht auf die Wirkung der Gravitation auf alle Energieformen. Ein weiterer Aspekt der Allgemeinen Relativitätstheorie ist, dass auch der Druck eine gravitative Kraft ausübt. Es ist allgemein bekannt, dass der Druck (genauer gesagt, der Druckunterschied) eine Kraft ausübt, wie man sofort bemerkt, wenn man eine Flasche Prosecco öffnet. Aber das ist nicht die Kraft, die Einsteins Gleichung beschreibt. Nach der Allgemeinen Relativitätstheorie verursacht der Druck in gleicher Weise wie Masse oder Energie eine gravitative Kraft. Das hat eine wirklich erstaunliche Konsequenz: Die Vakuumenergie erzeugt Antigravitation!

Um die Bedeutung dieser Aussage zu verstehen, betrachten Sie zunächst ein Gas in einem Behälter, wie es in Abb. 9.1a dargestellt ist. Das Gas übt einen positiven Druck auf die Wände des Behälters aus, d. h. eine Kraft, die sich dem Versuch widersetzt, das Volumen des Gases zu reduzieren. Nach der Allgemeinen Relativitätstheorie erzeugt der Druck des Gases eine anziehende gravitative Kraft, die zu der durch die Masse und Energie des Gases erzeugten hinzukommt. Die gesamte gravitative Kraft zieht die Moleküle des Gases zueinander und begünstigt ihren Kollaps, genau wie sie es bei der Sternentstehung tut. Bis hierhin ist nichts Ungewöhnliches geschehen.

Die Seltsamkeiten beginnen, wenn man einen Raum betrachtet, der von Vakuumsubstanz durchdrungen ist (siehe Abb. 9.1b). Die Vakuumenergie verhält sich wie ein Gummiband: Man muss Kraft aufwenden, um sie auszudehnen. Sie widersetzt sich dem Versuch, das Volumen des Raumes zu erweitern, d. h. sie übt einen negativen Druck aus. Wendet man Einsteins Gleichung auf die Vakuumsubstanz an, entdeckt man, dass die durch den negativen Druck verursachte Gravitationskraft dreimal größer ist als die der Energie und dass sie in entgegengesetzter Richtung wirkt. Das Nettoergebnis ist eine abstoßende Gravitationskraft, also das Gegenteil des vertrauten anziehenden Effekts der Gravitation.

Dieses Ergebnis ist eines Science-Fiction-Films würdig. Wir sind es gewohnt zu sehen, wie Dinge zu Boden fallen, wenn sie uns aus den Händen

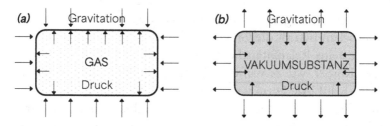

Abb. 9.1 **(a)** Ein Gas übt einen (positiven) Druck nach außen aus, während die Gravitation dazu tendiert, es implodieren zu lassen. **(b)** Ein Bereich, der mit Vakuumsubstanz gefüllt ist, übt einen (negativen) Druck nach innen aus, während die Gravitation dazu tendiert, ihn expandieren zu lassen

rutschen. Wir sind gewohnt zu denken, dass die Planeten ewig im Sonnensystem gefangen bleiben müssen. Die Intuition lässt uns glauben, dass alles so funktionieren muss und dass die Gravitation immer anziehend sein muss.

Aber nein, so ist es nicht! Die Vakuumenergie ist eine überraschende Ausnahme. Ein Raum, der von Vakuumsubstanz durchdrungen ist, unterliegt der umgekehrten Gravitation – oder, um es genauer zu sagen, der Antigravitation, die alles in eine schwindelerregende Expansion treibt, angetrieben von einer abstoßenden Kraft, die mit zunehmender Entfernung anwächst. Ein unsichtbarer Sturm treibt in einem überwältigenden Crescendo jeden Punkt des Raumes immer weiter von jedem anderen weg.

Im Jahr 1882 besuchte der irische Schriftsteller Oscar Wilde die Niagarafälle, aber er war überhaupt nicht beeindruckt. Er bezog sich auf ein Klischee, das damals darin bestand, sie als Ziel der Flitterwochen zu wählen, und bezeichnete den Ort mit seinem unverwechselbaren Sarkasmus als

„die zweite große Enttäuschung jeder amerikanischen Braut".

Gelangweilt von dem Besuch kommentierte er, dass die Niagarafälle ihm wie eine enorme und nutzlose Menge Wasser erschienen, die von oben nach unten fließt, und fügte ironisch hinzu, er wäre mehr beeindruckt gewesen, wenn er das Wasser in die entgegengesetzte Richtung hätte fließen sehen. Zumindest in diesem letzten Punkt hätte die Vakuumenergie Wildes Enttäuschung lindern können, denn die Antigravitation wirkt tatsächlich in die entgegengesetzte Richtung der Gravitation.

Dem aufmerksamen Leser mag eine tiefe Ähnlichkeit zwischen der Vakuumenergie und der kosmologischen Konstante nicht entgangen sein, die von Einstein in seinem ungeschickten Versuch eingeführt wurde, das Zusammenbrechen des Universums zu verhindern. Dieser kluge Leser hat absolut Recht, denn wir stehen vor genau dem gleichen Phänomen.

Obwohl Einstein die kosmologische Konstante erfunden hatte, war er zunächst unzufrieden mit ihr und dann sogar gegen die Idee, weil sie ihm nur wie ein mathematischer Kunstgriff ohne eine echte physikalische Bedeutung erschien. Das Verständnis der mikroskopischen Welt hat die Dinge verändert. Mit der Entdeckung der Vakuumenergie hat die Teilchenphysik die tiefe Bedeutung der kosmologischen Konstante erkannt. Sie ist kein mathematischer Kunstgriff, sondern ein sehr präzises physikalisches Konzept. Sie beschreibt die Vakuumenergie und ist eine reale physikalische Größe, die durch Ansammlungen von Teilchen erzeugt wird, die tatsächlich den bizarren Effekt der Antigravitation hervorrufen, der eine unaufhaltsame Expansion des Raumes antreibt.

Es gibt jedoch einen feinen Unterschied. Die kosmologische Konstante ist – *nomen est omen* – konstant: Sie ändert sich nicht mit der Zeit und ist überall im Raum gleich. Die Vakuumenergie hingegen könnte aufgrund der dynamischen Vakuumsubstanz im Laufe der Zeit variieren und in verschiedenen Regionen des Raumes während der Evolution des Universums unterschiedlich sein. In diesem Sinne erweitert die Vakuumenergie das Konzept der kosmologischen Konstante.

Der spektakuläre Gedanke

Artus, ein einfacher Knappe, zog zufällig das Schwert aus dem Stein, eine Leistung, die keinem der tapfersten britischen Ritter gelungen war. So wurde er als der wahre König anerkannt, der einzige Erbe von Uther Pendragon, und erhielt ein magisches Schwert. Auf die gleiche Weise hatte Guth, während er gedankenverloren über die kosmologischen Effekte der Vakuumenergie nachdachte, eine mächtige Waffe in den Händen. Jetzt ging es darum herauszufinden, wie man sie benutzt.

Der „spektakuläre Gedanke" war, sich vorzustellen, dass das Universum vor dem Big Bang völlig leer, dunkel und kalt war: die absolute Leere, ohne irgendeine Form von Materie oder Strahlung – aber mit mindestens einem Körnchen Raum, das Vakuumenergie enthielt. Innerhalb dieses Körnchens begann der Raum sich rasant auszudehnen, angetrieben durch die antigravitative Abstoßung. Mit jedem Zeittakt verdoppelten sich die Abstände zweier beliebiger Punkte. Eine solche Expansion mit regelmäßigen Verdoppelungsintervallen wird als *exponentiell* bezeichnet.

Exponentielles Wachstum ist in der Statistik häufig, der Begriff ist mittlerweile auch in der Alltagssprache bekannt. Diese Vertrautheit verschleiert jedoch, wie erstaunlich ein exponentielles Wachstum tatsächlich ist. Einige Beispiele können die Idee konkreter machen.

Reißen Sie eine Seite aus diesem Buch und falten Sie sie in der Mitte, indem Sie die beiden Teile übereinanderlegen. Nehmen Sie die gefaltete Seite und falten Sie sie erneut in der Mitte. Die Dicke verdoppelt sich, und es gibt nun vier Papierschichten. Falten Sie diese erneut in der Mitte, verdoppelt sich die Dicke ein weiteres Mal, und es sind nun acht Papierschichten. So geht es immer weiter. Wie dick ist der Papierstapel, wenn Sie den Vorgang 42 Mal wiederholt haben? Die Antwort: Der Stapel wird so hoch, dass er den Mond erreicht! Versuchen Sie es, wenn Sie mir nicht glauben … Es sind nur 42 Faltungen nötig, um einen astronomisch hohen Stapel zu erreichen. Das ist das Wunder einer exponentiellen Progression, bei der die Dicke bei jeder Faltung verdoppelt wird. Wenn das noch nicht genügt, um Sie zu überzeugen, versuche ich es mit einem anderen Beispiel.

Ein Finanzberater schlägt Ihnen eine Investition mit exponentiellem Wachstum vor: Ihr Kapital wird sich jeden Monat verdoppeln. Es scheint ein gutes Geschäft zu sein, und Sie investieren all Ihre Ersparnisse, die sich auf ganze dreißig Cent belaufen. Tatsächlich ist es ein großartiges Geschäft, und vorausgesetzt, der Berater hat Sie nicht betrogen, wird Ihr Kapital nach nur vier Jahren gleich dem gesamten weltweiten Bruttoinlandsprodukt sein!

In der Hoffnung, Sie überzeugt zu haben, kehren wir zur Expansion des Raums zurück, die durch die wunderbare Vakuumenergie angetrieben wird. Mit plausiblen Werten für die Verdoppelungszeit stellt man fest, dass sich während der Phase vor dem Big Bang und in einer Zeit von nur einem Quadrillionstel Nanosekunden (10^{-33} s) ein Raumteilchen, das nicht größer als ein Atom war, in eine Region verwandeln konnte, die so groß ist wie der Virgo-Superhaufen, der gigantische Galaxienhaufen, in dem wir leben. Dieser verrückte Expansionsprozess wurde von Guth als *Inflation* bezeichnet.

Der Name leitet sich vom wirtschaftlichen Begriff für die Preissteigerung ab, die zurzeit, als Guth seine Theorie vorschlug, ein aktuelles Thema war: 1979 hatte die Inflation in den USA 11 % erreicht. Es gab Schlimmeres in der Geschichte: Während der Krise des 3. Jahrhunderts wurden im Römischen Reich einige Güter innerhalb weniger Jahrzehnte tausendfach teurer. Die Inflation in der Weimarer Republik war so verheerend, dass 1923 ein Wechselkurs von 4 Bill. Mark für einen US-Dollar erreicht wurde. Wir sind gewohnt zu denken, dass die Folgen der Inflation meist schädlich sind: Verlust der Ersparnisse, Kaufkraftverlust, Verlangsamung der Investitionen, Anstieg der Staatsverschuldung. Bei der kosmischen Inflation ist es ganz anders: Ihre Folgen sind ganz erstaunlich.

Die durch die Inflationstheorie vorhergesagte kosmische Expansion war so rasant, dass es keine Rolle spielt, wie groß das ursprüngliche Staubkorn des Raums war, das die Vakuumenergie enthielt. Es könnte mikroskopisch gewesen sein oder das gesamte Universum gefüllt haben, ohne dass das einen großen Unterschied für die kosmische Geschichte gemacht hätte. Es ist nur wichtig, dass es am Anfang eine Region im Universum gab, die von der Vakuumenergie durchdrungen war. Dann ließ die Inflation diese Region so enorm wachsen, dass sie schnell jede andere Raumregion übertraf.

Enthielt das Universum vor dem Big Bang nichts anderes als die Vakuumenergie, können wir leicht seine Form, also seine Geometrie ableiten. Wie wir in Kap. 2 gesehen haben, leitete de Sitter die Form seines Raums aus der Annahme ab, dass das Universum keine Art von Materie enthält, aber von einer kosmologischen Konstante bestimmt wird. Da die Vakuumenergie die physikalische Bedeutung der kosmologischen Konstante beschreibt, kommen wir zu dem überraschenden Schluss, dass die Geometrie des Universums vor dem Big Bang die des de Sitter-Raums war.

Es ist wirklich merkwürdig, wie der de Sitter-Raum, der in einem fehlgeschlagenen Versuch erfunden wurde, das Universum statisch zu machen und dann in einer staubigen Schublade der Wissenschaftsgeschichte abgelegt wurde, viele Jahre später in einer völlig anderen Form wieder auftauchte. Wer weiß, was de Sitter denken würde, wenn wir ihm erzählen würden, dass das Universum vor dem Big Bang die Form des Raums hatte, den er sich vorgestellt hatte.

Lassen Sie mich der Klarheit wegen zusammenfassen, was bisher gesagt wurde. Nach der Inflationstheorie war das Universum vor dem Big Bang nichts – wenn nicht die Vakuumenergie gewesen wäre, die in das Gewebe der Raumzeit eingewickelt war. Diese immaterielle unvergleichliche Substanz durchdrang das Vakuum, was den Motor für eine exorbitante Expansion des Raums darstellte, die unerbittlich alles verdünnte, was nicht Vakuumenergie war. Das ursprüngliche Universum war finstere Leere und ein sich rasch ausdehnender Raum.

Dieses Bild des Universums vor dem Big Bang, das so beunruhigend ist, dass es wie das Werk eines düsteren existenzialistischen Dichters erscheint, wirft sofort eine wissenschaftliche Frage auf. Wie kann die Vakuumenergie sich selbst reproduzieren, um die ständig exponentiell wachsende Expansion des Universums aufrechtzuerhalten? Wie kann die Inflation sich selbst aufrechterhalten, ohne dass der Treibstoff erschöpft?

Eine unerschöpfliche Energiequelle?

Ein Gas in einem sich ausdehnenden Behälter wird zunehmend verdünnt. Das liegt daran, dass das Volumen zunimmt, während der Materiemenge im Inneren konstant bleibt. Die Materiedichte nimmt mit der Expansion ab. Bis hierhin ist alles völlig logisch.

Bei der Vakuumenergie tritt jedoch ein Phänomen auf, das völlig gegen die Intuition ist. Während sich ein Raum, der mit Vakuumsubstanz gefüllt ist, unter dem Druck seiner antigravitativen Kraft ausdehnt, bleibt die Dichte der Vakuumenergie anstatt abzunehmen immer genau gleich. Wie ist das möglich? Bleibt die Energiedichte in einem wachsenden Volumen konstant, nimmt zwangsläufig die Gesamtenergiemenge ständig zu. Es ist wie in einer Stadt, deren Vororte sich ständig durch neue Gebäude ausdehnen. Hält man die Bevölkerungsdichte (d. h. die Zahl der Einwohner pro Quadratkilometer) konstant, wird während dieser Ausdehnungsphase die Bevölkerung der Stadt zwangsläufig zunehmen.

Die ständige Ausdehnung des Raums bei konstanter Dichte der Vakuumenergie erzeugt ein scheinbares Paradoxon. Wer versorgt das Vakuum mit Energie, damit es sich während der exponentiellen Ausdehnung des Raums selbst vervielfältigen kann? Haben wir eine unerschöpfliche Energiequelle entdeckt? Gilt vor dem Big Bang für die Energie vielleicht kein Erhaltungssatz?

Die Lösung des Paradoxons liegt in der Tatsache, dass auch die Gravitation eine Form von Energie in sich birgt. Um zu verstehen, was vor sich geht, helfen wir uns mit einer Analogie. Stellen Sie sich vor, Galilei steigt mit großen Schritten den Schiefen Turm von Pisa hinauf. Er hat eine Kanonenkugel bei sich, die er dann von oben fallen lässt. In dem Moment, in dem sie aus Galileis Händen gleitet, steht die Kanonenkugel still und hat daher keine kinetische Energie. Beim Fallen gewinnt sie an Geschwindigkeit und ihre kinetische Energie nimmt zu. Hat Galilei etwa Energie aus dem Nichts geschaffen? Offensichtlich nicht. Um die Energiebilanz herzustellen und die Energieerhaltung zu überprüfen, muss man die Gravitationsenergie berücksichtigen. Als er die Wendeltreppe des Schiefen Turms hinaufstieg, hat Galilei der Kanonenkugel Gravitationsenergie hinzugefügt, was ihm eine Menge Schweiß gekostet haben muss. Beim Fallen wird die Gravitationsenergie in kinetische Energie umgewandelt.

Es ist nur natürlich, der Kanonenkugel die Gravitationsenergie null zuzuweisen, wenn sie unendlich weit von der Erde entfernt ist, weil sie in unendlicher Entfernung keine Gravitationsanziehung der Erde mehr spürt. Von welchem Punkt auch immer die Kugel Richtung Erde fällt, wird sie positive kinetische Energie gewinnen, die mit der Zeit zunimmt – auf Kosten der Gravitationsenergie, die immer negativer wird.

Im Falle der kosmischen Inflation liegt das Geheimnis in der Antigravitation, die von der Vakuumsubstanz ausgeübt wird. Im Gegensatz zur normalen Gravitation, deren Energie negativer wird, wenn ein Körper sich dem anziehenden Zentrum nähert, wird die Gravitationsenergie der Vakuumsubstanz immer negativer, je mehr der Raum anwächst. Abgesehen von diesem Unterschied ist die Situation ähnlich der bei Galilei. Beim Fallen der Kanonenkugel nimmt die kinetische Energie auf Kosten der Gravitationsenergie zu, die immer negativer wird. Analog dazu nimmt bei der Expansion des Raums die Vakuumenergie auf Kosten der Gravitationsenergie zu, die immer negativer wird.

Während der Inflation wird die Gravitationsenergie zu einer Energie aus dem Nichts, die das Wachstum des Raums kompensiert und die Energiedichte der Vakuumsubstanz konstant hält. Es ist eine genaue Balance, die es dem System ermöglicht, sich selbst zu erhalten, indem sie eine exponentielle Expansion des Raums fördert, die die Energiedichte des Vakuums unverändert lässt. In aller Stille liefert die Gravitation die Energie, um diesen scheinbar wunderbaren Prozess am Leben zu erhalten, ohne dass dabei physikalische Gesetze verletzt werden.

Ein Körnchen Raum, das Vakuumenergie enthält, reicht aus, um die Kettenreaktion der Inflation auszulösen. Die Antigravitation der Vakuumsubstanz dehnt den Raum des Körnchens aus. Im Gegenzug dehnt die Umwandlung von Gravitationsenergie in Vakuumenergie den Raum aus, wobei die Dichte der Vakuumenergie konstant bleibt. Und so geht es weiter, in einem unaufhaltsamen Wirbel von regelmäßigen Verdoppelungen der Entfernungen, der dieses anfänglich kleine Körnchen in ein Volumen verwandelt, das größer ist als unser gesamtes Universum, und vielleicht sogar größer als alles, was wir uns vorstellen können. Im Grunde genommen ist die Inflation eine Energieübertragung von der Gravitation in den leeren Raum.

Das Verschwinden der Inflation

Auf den ersten Blick scheint das, was die Inflationstheorie über das Universum vor dem Big Bang erzählt, wenig mit der realen Welt zu tun zu haben. Wie wir später sehen werden, hat aber gerade die krampfartige Expansion dieses kalten und dunklen leeren Raums in aller Stille die perfekten Bedingungen für ein Universum vorbereitet, das so vielfältig und komplex ist wie das, in dem wir leben. Die Frage ist dann: Was hat die Einsamkeit des leeren Raums *vor* dem Big Bang in die brodelnde Materiesuppe verwandelt, aus der die Sterne und Planeten *nach* dem Big Bang hervorgegangen sind?

Guths ursprüngliche Idee war es, sich etwas vorzustellen, was ähnlich dem Übergang von Wasser zu Eis ist. Dieselbe Substanz kann abhängig vom Druck und der Temperatur in einem flüssigen (Wasser) oder einem festen (Eis) Zustand existieren. Ebenso kann die Raumzeit, abhängig von äußeren Umständen, in verschiedenen Zuständen existieren: In dem einen Zustand organisieren sich die Elementarteilchen und bilden die Vakuumsubstanz, im anderen gibt es nichts, und die Vakuumenergie ist null.

Der Trick, den Guth sich ausgedacht hat, um den Inflationsprozess zu beenden, basiert auf zufälligen Übergängen zwischen verschiedenen Zuständen der Raumzeit, bei denen die Vakuumenergie plötzlich verschwindet und die Kettenreaktion, die die Inflation antreibt, abbricht. Dieser Prozess mag wie Magie erscheinen, das Phänomen, dass ein physikalischer Zustand eine plötzliche Transformation in einen anderen Zustand erfahren kann, ist in der

Quantenmechanik aber gut bekannt. Es ist das Phänomen, das den Zerfall radioaktiver Kerne und die Funktion elektronischer Bauteile wie Tunnel-Dioden oder Josephson-Kontakte erklärt.

Der Mechanismus, den Guth sich zur Beendigung der Inflation ausgedacht hat, funktioniert leider nicht ganz, weil er nicht in der Lage ist, sie vollständig zu stoppen. Irgendwo im Universum setzt sich die Inflation hartnäckig fort, ein bisschen wie ein Feuer, das man nie ganz löschen kann, weil es, wenn es an einer Stelle erlischt, an einer anderen wieder aufflammt.

Das Problem wurde 1981 von dem jungen russischen Kosmologen Andrei Linde gelöst. Eine ähnliche Lösung wurde einige Monate später, unabhängig von Linde, von Andreas Albrecht und Paul Steinhardt von der Universität von Pennsylvania vorgeschlagen. Die Inflationstheorie ist heute eines der turbulentesten Forschungsfelder in der Kosmologie, und Hunderte von Forschern haben dazu beigetragen. Unter allen sticht Linde als eine der ikonischsten Figuren der Inflationstheorie hervor, weil er von den Anfängen bis heute grundlegende Beiträge zur ihrer Entwicklung geleistet hat. Charismatisch, vielseitig und exzentrisch, arbeitete Linde Ende der achtziger Jahre am CERN, bevor er an die Universität Stanford wechselte, wo er noch heute arbeitet. Er hat einen scharfen Sinn für Ironie, den er großzügig in wissenschaftliche Diskussionen einbringt. Mit einem unbeweglichen Gesichtsausdruck und einem starken russischen Akzent wechselt er zwischen urkomischen Witzen und Einsichten zu tiefgreifenden wissenschaftlichen Erkenntnissen. Er ist ein Vulkan von Ideen, und viele der Fortschritte im Bereich der Inflationstheorie sind sein Verdienst.

Die Idee von Linde und seinen Kollegen basiert auf einer einfachen Beobachtung. Es gibt eine Beziehung zwischen der Vakuumsubstanz und der Dichte der Vakuumenergie. Es ist wie bei einem Heizkörper: Die Stellung des Reglers (das ist die Intensität der Vakuumsubstanz beziehungsweise die Stärke ihres Feldes) bestimmt die Temperatur des Heizkörpers (das ist die Dichte der Vakuumenergie). Im Jargon der Physik wird die mathematische Beziehung, die die Vakuumenergie mit der Vakuumsubstanz verbindet, als *Potenzial* bezeichnet. Die Form dieser mathematischen Beziehung hängt von der mikroskopischen Struktur der Teilchenansammlung ab. Das Potenzial entspricht der Bedienungsanleitung des Heizkörpers, die uns sagt, welche Temperatur in Abhängigkeit von der Stellung des Reglers herrscht.

Während der kosmischen Evolution bleibt die Intensität der Vakuumsubstanz nicht konstant, sondern variiert nach einem physikalischen Gesetz, das vom Potenzial abhängt. Es ist wie bei einem defekten Regler, der sich ganz gleichgültig, wie er zu Beginn eingestellt ist, langsam von selbst dreht, bis er immer wieder die gleiche Endposition erreicht.

Heute glaubt man, dass die kosmische Inflation durch eine Variante der ursprünglichen Idee von Guth beendet wurde. Anstatt von abrupten Übergängen zwischen zwei verschiedenen Zuständen auszugehen, stellt man sich vor, dass sich die Vakuumsubstanz während der Geschichte des Universums sehr langsam verändert hat, bis sie verschwand. Diese allmähliche Metamorphose ermöglichte es, den Inflationsprozess überall im Raum zu stoppen, ohne auf die Schwierigkeiten zu stoßen, die Guth mit einem plötzlichen Phasenübergang hatte.

Eine Analogie kann helfen, sich die Situation vorzustellen. Eine Kugel bewegt sich auf dem Boden einer Schüssel, deren Oberfläche eine starke Reibung ausübt (siehe Abb. 9.2). In diesem Beispiel repräsentiert die Form der Schüssel das Potenzial, d. h. die Beziehung zwischen Vakuumsubstanz und Vakuumenergie. Die Position der Kugel repräsentiert den Zustand des Universums. Befindet sich die Kugel auf dem Boden der Schüssel, wo die Dichte der Vakuumenergie null ist und auch die Vakuumsubstanz null ist, erlischt die Inflation. Je weiter die Kugel vom Boden der Schüssel entfernt ist, umso größer ist die Vakuumenergie, was den Inflationsprozess beschleunigt. Die Reibung, die auf die Kugel wirkt, entspricht der Wirkung der Raumexpansion, die die Evolution der Vakuumsubstanz bremst.

Die Analogie ist wirklich treffend, weil die Gleichung, die die Evolution der Vakuumsubstanz während der Inflation beschreibt, die gleiche mathematische Form hat wie die der Kugelbewegung, obwohl die physikalischen Phänomene völlig unterschiedlich sind.

Um die Form des Potenzials zu kennen, müsste man die Teilchenstruktur der für die Inflation verantwortlichen Vakuumsubstanz kennen – sie ist aber leider noch unbekannt. Wenn wir zu unsrem Beispiel zurückkehren, sehen

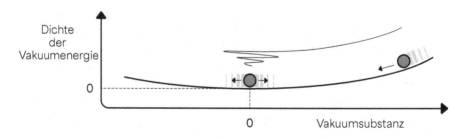

Abb. 9.2 Die Bewegung einer Kugel in einer Schüssel mit Reibung, die als Analogie für die kosmische Evolution der Vakuumsubstanz dient. Die Form der Schüssel repräsentiert das Potenzial, d. h. die Beziehung zwischen der Vakuumsubstanz und der Vakuumenergie. Die Position der Kugel entlang der horizontalen Achse repräsentiert die Intensität der Vakuumsubstanz beziehungsweise die Stärke ihres Feldes. Der Boden der Schüssel entspricht dem Zustand, in dem die Dichte der Vakuumenergie null ist, die Höhe in Bezug auf diesen Punkt definiert den Wert der Dichte der Vakuumenergie des entsprechenden Zustands

wir, dass die Natur vergessen hat, uns zu sagen, wo sie die Bedienungsanleitung des Heizkörpers versteckt hat, die wir noch nicht gefunden haben. Glücklicherweise sind viele der Folgen der Inflation ableitbar, indem man einige Annahmen über das Potenzial macht, ohne dessen genaue Form zu kennen.

Um ein konkretes Beispiel zu geben, stellen Sie sich vor, dass das Potenzial die Form hat, die in Abb. 9.2 gezeigt wird. Es ist nicht schwer, sich die Bewegung der Kugel vorzustellen. Wenn sie zunächst nahe am Rand der Schüssel platziert wird, rollt sie langsam zum Boden, wo sie nach einigem Auf- und Abschwingen gebremst durch die Reibung schließlich zum Stillstand kommt. Das Gleiche geschah im Universum vor dem Big Bang. Ausgehend von einem Anfangswert, der die Inflation auslöste, nahm die Dichte der Vakuumenergie langsam ab, bis sie nicht mehr in der Lage war, den Prozess der exponentiellen Ausdehnung zu unterstützen.

Während der letzten Schwingungen um den Endzustand herum erwachten die in der Vakuumsubstanz eingefrorenen Teilchen zum Leben und verwandelten sich in andere Teilchenarten. Diese Prozesse der quantenmechanischen Umwandlung von Teilchen mögen mysteriös erscheinen, werden aber tatsächlich regelmäßig in Experimenten mit großen Beschleunigern gemessen. Ihre Erforschung ist eines meiner liebsten Hobbys, und es ist das, was die Tage aller meiner Physikerkollegen am CERN mit guter Laune füllt.

Im Moment, in dem die Inflation erlischt, verwandelt sich die Vakuumsubstanz in einen Tumult von Teilchen und die Vakuumenergie wird in Form von thermischer Energie des entstehenden Ur-Gases freigesetzt. Aus der Asche der Vakuumsubstanz entsteht die Materie. In diesem Moment verwandelt sich das leere und kalte Universum in einen brodelnden Brei, voll mit allen grundlegenden Elementen der Materie und Strahlung, die heute den Kosmos bevölkern. Das ist er: der Moment des Big Bang.

Der Big Bang nach der Inflationstheorie

Die Funktionsweise des Big Bang, erklärt durch die Inflationstheorie, ist eine so außergewöhnliche Geschichte, dass sie es verdient, zusammengefasst zu werden. Nach der Inflationstheorie ist der Big Bang der Moment, in dem die im Gewebe der leeren Raumzeit gespeicherte Energie eine quantenmechanische Transformation durchläuft, die in der Lage ist, die grundlegenden Komponenten der Materie zu erzeugen. Es ist der Moment, in dem der leere Raum, der so kalt ist, dass seine Temperatur gleich dem absoluten Nullpunkt ist, plötzlich mit einem sehr heißen Gas gefüllt wird: Es ist reich an allen primären Elementen, die durch komplexe Prozesse, die durchaus 10 Mrd. Jahre dauern können, Sterne, Planeten, Leben und alles, was wir im Universum beobachten, erzeugen.

Der Big Bang ist auch der Moment, in dem die erstaunliche Expansion des Raums endet, bei der sich die Entfernungen bei jedem Zeitintervall verdoppeln. Von diesem Moment an expandiert das Universum aufgrund der Trägheit durch den anfänglichen Schub weiter, dem es während der Inflationsphase gefolgt ist, genau wie ein Spielzeugauto, das auf dem Boden auch weiterrollt, nachdem die Hand des Kindes es losgelassen hat und nicht mehr anschiebt.

Ironischerweise ist der Big Bang nach der Inflation *nicht* der explosive Beginn einer Expansionsphase des Universums. Im Gegenteil: Der Big Bang markiert das Ende der hektischen exponentiellen Ausdehnung. Nach dem Big Bang spürt das Universum nur noch ein verblasstes Echo der gewaltigen Inflationsära, und die weitere Expansion des Raums verläuft in einem immer gemäßigteren Tempo, das allmählich durch die Gravitationsanziehung der Materie verringert wird.

Die Inflationstheorie erklärt, dass der Big Bang keine Explosion an einem Punkt im Raum war, sondern eine gleichmäßige Übergangsphase, die fast gleichzeitig den gesamten Raum betraf, der heute unser beobachtbares Universum bildet – und vielleicht noch viel mehr. Dieser Übergang entsprach der Transformation der Raumzeit aus einem Zustand, der mit Vakuumenergie durchdrungen war, in einen Zustand, der davon frei war; aus einem Zustand, in dem die Teilchen in einem Bereich eingesperrt waren, den sie gleichmäßig gefüllt haben, in einen Zustand, in dem die Teilchen sich in hektischer thermischer Bewegung befanden.

Das Bild des Big Bang, der aus der Inflationstheorie folgt, ist also nicht das einer Dynamitexplosion, sondern eher das eines riesigen gefrorenen Sees, der plötzlich schmilzt und überall im Raum seinen Zustand ändert. Der Big Bang ist wie ein kolossales Kartenhaus, das unter einem heftigen Windstoß zusammenbricht. Er ist wie ein Berg, der mit einem kolossalen Erdrutsch endet und die Trümmer hinterlässt, die eine neue Form der physikalischen Realität formen werden.

Das Porträt des Big Bang, das von der Inflationstheorie gemalt wird, mag wie eine vage abstrakte Form erscheinen, eine fantastische Geschichte, die an die Metaphysik grenzt. Um zu verstehen, ob die Inflationstheorie den Titel ‚wissenschaftlich' verdient, müssen wir sie auf die Probe stellen. Es reicht nicht, wenn eine wissenschaftliche Theorie eine Geschichte erzählt: Sie muss experimentelle Daten erklären, einen Vergleich mit früheren Theorien liefern und ein tieferes Verständnis der natürlichen Phänomene oder Lösungen für ungelöste Rätsel bieten. Es ist also an der Zeit zu prüfen, ob die Inflationstheorie den Test besteht und wirklich den Status einer wissenschaftlichen Erklärung des Big Bang verdient.

10

Die Entschlüsselung der Geheimnisse des Big Bang

Mich erstaunen Menschen, die das Universum begreifen wollen, wo es doch schon schwierig genug ist, sich in Chinatown zurechtzufinden.
Woody Allen

Als Junge war ich begeistert von den Geschichten des Archäologen Heinrich Schliemann. Ich war fasziniert von seiner Besessenheit, beweisen zu wollen, dass die *Ilias* nicht nur ein Produkt von Homers Fantasie ist, sondern tatsächliche Ereignisse erzählt. Vor Jahren übernachtete ich in Mykene im selben Zimmer, in dem Schliemann während der Ausgrabungen gewohnt hatte, bei denen er die Goldmaske von Agamemnon fand. Es war aufregend, im selben Eisenbett zu schlafen, das der exzentrische deutsche Archäologe benutzt hatte, und ich träumte von den Heldentaten von Achilleus und Hektor, wie er es vielleicht 130 Jahre vor mir getan hatte.

Schliemann fand den Standort des mythischen Troja heraus und brachte dann nicht eine Stadt, sondern neun Schichten von Städten zum Vorschein, die untereinander begraben waren. Heutzutage werden seine Ausgrabungsmethoden stark kritisiert, und es gibt Leute, die sarkastisch sagen, dass Schliemann das geschafft hat, woran die Achäer gescheitert sind: die Mauern von Troja zu zerstören. Aber der Reiz, den seine Persönlichkeit für mich als Kind hatte, beruhte auf der Leidenschaft von jemandem, eine verrückte Idee zu verfolgen und auf dem Weg dorthin viel mehr zu entdecken, als es sich selbst der Geist eines Visionärs hätte vorstellen können. So lief es auch mit der Inflation des Universums.

Zur Zeit ihrer Entdeckung schien die Inflationstheorie nur eine kühne Idee zu sein, die höchstens einige abstrakte theoretische Paradoxa klären konnte.

G. F. Giudice, *Vor dem Big Bang*, https://doi.org/10.1007/978-3-662-69847-1_10

Mit fortschreitender Forschung kamen neue Schichten des Verständnisses der Theorie zum Vorschein, die völlig unerwartete Ergebnisse hervorbrachten. Heute wissen wir, dass die Inflationstheorie viele der Geheimnisse des Big Bang aufdeckt, auf die wir im Kap. 8 getroffen sind.

Lösung des Rätsels Nr.1: die Expansion

Die Inflationstheorie gibt eine klare Antwort auf die Frage, was die Expansion des Raums in Gang gesetzt hat. Der verborgene Motor hinter dem anfänglichen Schub zur Entwicklung des Universums war die abstoßende Gravitationskraft, die durch die Vakuumenergie verursacht wurde. Die Ansammlung hypothetischer Elementarteilchen hat die Struktur des Raumzeit-Kontinuums vor dem Big Bang verändert und die Vakuumenergie bereitgestellt, die dann die rasante Expansion des Raums antreiben konnte. Dieses erstaunliche Phänomen endete mit dem Big Bang, und die von Hubble entdeckte darauf folgende Expansion des Universums ist nur eine blasse Erinnerung an die Ereignisse, die in einer noch ferneren Vergangenheit stattgefunden hatten. Die Lösung des Rätsels, was der Motor des Big Bang war, verbirgt sich also in den tiefsten Falten der mikroskopischen Welt der subnuklearen Teilchen.

Der kosmische Horizont

Bevor wir uns den anderen Geheimnissen des Big Bang zuwenden, ist ein Exkurs nötig, um zu erklären, was der ‚kosmische Horizont' ist.

Das Meer von einem Strand aus zu bewundern, vermittelt Ruhe und bringt uns instinktiv dazu, über die Bedeutung des Kosmos nachzudenken. Vielleicht kommen uns diese tiefen Gedanken unbewusst, weil das Meer scheinbar keine Grenzen hat. Tatsächlich können wir vom Strand aus die Oberfläche des Meeres nur bis in 5 km Entfernung sehen. Jenseits dieser Grenze ist das Meer für uns unsichtbar, es ist durch die Erdkrümmung verborgen.

Erhöhen wir unseren Beobachtungspunkt, erweitert sich der Horizont. Steigen wir auf den Ausguck eines Schiffes in 40 m Höhe, können wir das Meer bis in einer Entfernung von etwa 12 Seemeilen (oder 22 km) sehen. Es ist kein Zufall, dass das internationale Recht genau 12 Seemeilen als Grenze der Hoheitsgewässer gewählt hat, denn das ist die maximale Entfernung, die mit einem guten Fernglas vom Mast aus sichtbar gemacht werden kann. Auch die Verwendung leistungsfähigerer optischer Geräte bringt nicht mehr. Jenseits dieser Entfernung verschwindet das Meer hinter dem Horizont aufgrund

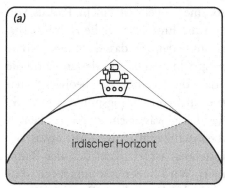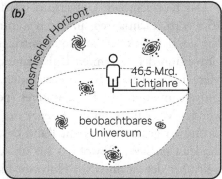

Abb. 10.1 **(a)** Der irdische Horizont ist ein Kreis auf der Erdoberfläche mit dem Beobachter im Zentrum. **(b)** Der kosmische Horizont ist eine sphärische Oberfläche im Raum mit dem Beobachter im Zentrum. Der dreidimensionale Raum innerhalb des kosmischen Horizonts wird als beobachtbares Universum bezeichnet

der Erdkrümmung, und seine Oberfläche bleibt unrettbar unsichtbar, wie es in Abb. 10.1a dargestellt ist.

Ein ähnliches Phänomen tritt im Universum auf. Das hat natürlich nichts mit der Erdkrümmung zu tun. Nach der Relativitätstheorie kann keine physikalische Information mit einer größerer Geschwindigkeit verbreitet werden als der des Lichts, also mit 1 Mrd. km/h. Da der Big Bang nicht unendlich lang her ist, gibt es eine maximale Entfernung, aus der wir Signale empfangen können. Diese Grenze ist der *kosmische Horizont*. Das Universum jenseits des kosmischen Horizonts ist unsichtbar, weil kein Signal die Zeit gehabt hat, uns zu erreichen, selbst wenn es seit der Zeit des Big Bang unterwegs ist. Aus diesem Grund wird der Raum innerhalb des kosmischen Horizonts als *beobachtbares Universum* bezeichnet. Alles, was jenseits der Grenzen des beobachtbaren Universums liegt, ist unsichtbar, nicht wegen einer unzureichenden Auflösung der astronomischen Teleskope, sondern wegen einer absoluten Begrenzung, die durch die physikalischen Gesetze auferlegt wird. Der kosmische Horizont markiert also sozusagen die Grenze der für die menschliche Beobachtung zugänglichen Hoheitsgewässer.

Würde sich das Universum nicht ausdehnen, wäre der kosmische Horizont 13,8 Mrd. Lichtjahre von uns entfernt, denn das ist die Entfernung, die ein elektromagnetisches Signal in der Zeit vom Big Bang bis heute zurücklegt hat. Tatsächlich ist das beobachtbare Universum aber größer. Aufgrund der Expansion des Raums ist die Quelle eines Lichtsignals heute weiter von uns entfernt als zum Zeitpunkt, als es ausgesendet wurde. Berücksichtigt man diesen Effekt, ergibt sich, dass der kosmische Horizont heute 46,5 Mrd. Lichtjahre von uns entfernt ist.

Das beobachtbare Universum ist also eine Kugel mit einem Radius von 46,5 Mrd. Lichtjahren, in deren Zentrum die Erde liegt (siehe Abb. 10.1b). Nur ein hartnäckiger Anthropozentriker könnte denken, dass das beobachtbare Universum dem gesamten Universum entspricht und dass in dessen Mitte die Menschheit sitzt. Es ist offensichtlich, dass die Grenzen des beobachtbaren Universums nur eine Folge unseres speziellen Beobachtungspunktes sind. So wie das Meer nicht an der Grenze der Hoheitsgewässer endet, gibt es keinen Grund zu glauben, dass am Rand des beobachtbaren Universums etwas Besonderes passiert. Obwohl es für uns unsichtbar ist, erstreckt sich der Raum weit über den kosmischen Horizont hinaus. Wir können also nur sagen, dass sich das Universum *mindestens* 46,5 Mrd. Lichtjahre weit im Raum erstreckt. Aus den astronomischen Beobachtungen wissen wir aber nicht, wie groß es wirklich ist oder welche geometrische Form es insgesamt hat. Nur durch logische Deduktion können wir die Grenzen des kosmischen Horizonts überschreiten.

Der kosmische Horizont dehnt sich aus, je älter das Universum wird, da mit zunehmender Zeit mehr Raum für die Ausbreitung von Signalen zur Verfügung steht. In Universen, in denen Materie oder Strahlung die dominierenden Energieformen darstellen, verlangsamt die Gravitation die Expansion des Raums. Ab einem bestimmten Zeitpunkt wächst der kosmische Horizont jedoch schneller als der Raum sich ausdehnt. Dies wird in Abb. 10.2 veranschaulicht, wo die Linien zeigen, wie sich die Positionen gleichmäßig verteilter Punkte im Laufe der Zeit entlang einer Raumrichtung verändern. Entfernen sich die Linien voneinander, expandiert der Raum, da sich physikalische Punkte voneinander entfernen. Verdichten sich die Linien, kontrahiert der Raum, da sich die Punkte einander annähern.

Die graue Fläche stellt das beobachtbare Universum in Bezug auf einen Beobachter im Zentrum dar, dessen Grenze der kosmische Horizont ist. Die Abbildung zeigt, dass der kosmische Horizont nach dem Urknall die Expansion des Raums überholt, sodass das beobachtbare Universum mit der Zeit immer neue Regionen des Raums umfasst. Dies ist vergleichbar mit dem Blick auf das Meer, wenn man einen Berg erklimmt: Der Horizont rückt immer weiter in die Ferne, und Bereiche des Meeres, die zuvor unsichtbar waren, werden sichtbar. Je höher man steigt, desto weiter entfernte Schiffe kommen ins Blickfeld.

Das Gegenteil geschieht, wenn die Expansion des Raums beschleunigt, statt verlangsamt ist. In diesem Fall wird der kosmische Horizont durch die Entfernung definiert, bei der die Fluchtgeschwindigkeit des Raums der Lichtgeschwindigkeit entspricht. Bei einer beschleunigten Expansion, anders als bei einer verlangsamten, verschwinden Punkte im Raum, die sich schneller als das Licht von uns entfernen, dauerhaft aus unserer Sicht, da ihre Geschwindigkeit weiter zunimmt.

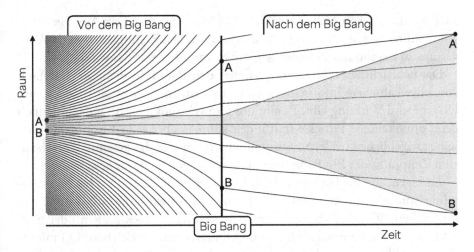

Abb. 10.2   Eine vereinfachte Darstellung der Entwicklung kosmischer Distanzen entlang einer Raumrichtung. Die graue Fläche zeigt das beobachtbare Universum im Verhältnis zu einem Beobachter, der sich im Zentrum befindet. Vor dem Urknall dehnt sich der Raum exponentiell aus und entweicht über den kosmischen Horizont hinaus, der dabei konstant bleibt. Nach dem Urknall wächst der Horizont schneller als die Raumausdehnung, und das beobachtbare Universum umfasst kontinuierlich neue Regionen des Raums. Die Punkte A und B, die sich in entgegengesetzten Richtungen des Himmels am aktuellen Horizont befinden, lagen seit dem Urknall während der kosmischen Geschichte stets außerhalb des Horizonts, befanden sich jedoch in der fernen Vergangenheit, lange vor dem Urknall, innerhalb des Horizonts.

Die Geometrie von de Sitter, die die inflatorische Phase beschreibt, zeigt ein Universum, in dem der Radius des beobachtbaren Universums über die Zeit hinweg konstant bleibt, während der Raum exponentiell weiterwächst und schnell über die Grenzen des kosmischen Horizonts hinausreicht. Dies ist während der Phase vor dem Urknall der Fall, wie in Abb. 10.2 gezeigt. Es ist vergleichbar mit einem Beobachter, der am Strand steht und auf das Meer blickt: Der Horizont bleibt unverändert, doch eine starke Strömung treibt alles aufs offene Meer hinaus und trägt Schiffe über den Horizont. Was einst sichtbar war, verschwindet für immer aus dem Blickfeld.

War das Universum am Anfang klein?

Gehen wir in der Zeit zurück zum Big Bang, schrumpfen die Abstände zwischen physikalischen Punkten, und der Radius des beobachtbaren Universums wird immer kleiner. Da wir den Wert der Vakuumenergie während der Inflation noch nicht kennen, können wir die Größe des beobachtbaren Universums zur Zeit des Big Bang nicht berechnen, aber wir wissen, dass es auch Milliarden von Milliarden Mal (10^{18} Mal) kleiner als ein Atom gewesen sein könnte. Aus diesem Grund liest man oft in den Zeitungen, dass das Universum zu Beginn nur ein winziger Punkt war. Aber war das wirklich so?

Das beobachtbare Universum definiert den Raum, in dem ein Austausch von physikalischen Informationen möglich ist, in dem es also Ketten von Ursache und Wirkung gibt. Es gibt uns Hinweise auf die Abstände, innerhalb derer physikalische Prozesse stattfinden können, aber es sagt uns nichts über seine tatsächliche Größe. So weit wir wissen, könnte das gesamte Universum zum Zeitpunkt des Big Bang riesig, ja sogar unendlich groß gewesen sein.

Zu sagen, das beobachtbare Universum sei klein oder groß, hat keine absolute, sondern nur eine relative Bedeutung, wenn wir seine Größe mit etwas vergleichen. Wir denken instinktiv, dass sichtbare Objekte klein oder groß sind, wenn wir sie mit menschlichen Dimensionen vergleichen. Ob mikroskopische Phänomene klein oder groß sind, entscheiden wir durch den Vergleich mit Atomen. Zur Zeit des Big Bang enthielt das Universum aber weder Menschen noch Atome, daher sind solche Vergleiche sinnlos.

Da vor dem Big Bang der Raum leer war, bleibt als einziger relevanter Vergleich zur Feststellung, ob das beobachtbare Universum klein oder groß war, der Vergleich der Abstände zwischen physikalischen Punkten mit dem kosmischen Horizont. Die Antwort, die man erhält, ist überraschend. Wie in Abb. 10.2 dargestellt, enthielt der kosmische Horizont vor dem Big Bang Raumregionen, die weitaus größer waren als das heute beobachtbare Universum. Diese Regionen waren aber wegen der erstaunlichen Expansion dazu bestimmt, über den Horizont hinaus zu entkommen. Je weiter wir in der Zeit zurückgehen, umso größer ist der Raum, der innerhalb des kosmischen Horizonts liegt. Aus dieser Perspektive war das beobachtbare Universum vor dem Big Bang alles andere als klein. Dieses Ur-Raumkorn mit einer Größe eines Milliardstel eines Milliardstels (10^{-18}) des Atomradius hatte eine Ausdehnung, die viel größer als der gesamte Raum ist, den wir heute im Universum beobachten können. Vielleicht hatte das schon der visionäre Dichter William Blake erahnt, als er, ohne die Theorie der kosmischen Inflation zu kennen, sich aufmachte,

„um eine Welt in einem Sandkorn zu schauen".

Lösung des Rätsels Nr. 2: die Gleichförmigkeit

Das Rätsel der Gleichförmigkeit folgt aus der paradoxen Beobachtung, dass die kosmische Strahlung gleichmäßig über den Himmel verteilt ist – auch in Regionen, die keine Zeit hatten, miteinander zu kommunizieren. Betrachten Sie zum Beispiel zwei Punkte A und B, die sich am Himmel gegenüberstehen und von denen die kosmische Strahlung, die wir heute beobachten, herkommt (siehe Abb. 10.2). Die Entfernung zwischen den Punkten A und B entspricht dem Durchmesser unseres beobachtbaren Universums und beträgt 93 Mrd. Lichtjahre. Gehen wir in der Zeit zurück, zieht sich der Raum zusammen und die Punkte A und B nähern sich an, aber der Horizont kontrahiert viel schneller, wie Abb. 10.2 zeigt. Das Ergebnis ist, dass die Punkte A und B zur Zeit, als die kosmische Strahlung ausgestrahlt wurde, zu weit voneinander entfernt waren, um jemals miteinander kommuniziert zu haben. Es ist daher absurd, dass die Temperatur der kosmischen Strahlung in A und B fast perfekt identisch ist.

Diese paradoxe Schlussfolgerung – die das Rätsel der Gleichförmigkeit zusammenfasst – verbirgt eine Hypothese. Ich habe implizit angenommen, dass sich die Expansion des Universums verlangsamt. Diese Annahme ist für ein Universum aus Materie oder Strahlung völlig sinnvoll, weil die Gravitationsanziehung die Expansion verlangsamt. Die Antigravitation der Vakuumenergie ermöglicht aber etwas, was unserer Intuition unsinnig erscheint.

In den beiden Gravitationsarten liegt der entscheidende Unterschied, der den Schlüssel zur Lösung des Rätsels der Gleichförmigkeit liefert. In einem Universum mit verlangsamter Expansion wird alles, was in der Vergangenheit jenseits des kosmischen Horizonts lag, in der Zukunft Teil des beobachtbaren Universums sein. In einem Universum mit beschleunigter Expansion wird dagegen alles, was in der Vergangenheit Teil des beobachtbaren Universums war, in der Zukunft jenseits des kosmischen Horizonts verschwinden.

Auch Punkte im Raum, die heute sehr weit entfernt erscheinen, lagen vor dem Big Bang innerhalb des Horizonts (siehe Abb. 10.2). Eine Region, die viel größer war als das heute beobachtbare Universum wurde in den gleichen Horizont gequetscht. So wie sich die Temperaturen in einem geschlossenen Raum angleichen, hatte das Universum alle Zeit, um Uniformität zu erreichen.

Im Kap. 8 habe ich das Rätsel der Uniformität mit der Situation einer Tasse Kaffee verglichen, die in der Küche vergessen wird und genau die gleiche Temperatur annimmt, die alle Tassen haben, die von Außerirdischen in jeder Ecke des Universums hinterlassen werden. Die Inflationstheorie löst das Rätsel, indem sie uns erklärt, dass diese Tassen mit Kaffee, die jetzt sehr weit von einander entfernt sind, in der Vergangenheit alle in der selben Küche zusammengepfercht waren, die gleiche Temperatur annahmen und dann beibehielten.

Abschließend gesagt ist das Rätsel der Uniformität nach der Inflationstheorie nur ein Missverständnis, das aus dem Vorurteil entsteht, die Gravitation könne nur anziehend sein. Dieses Vorurteil lässt uns glauben, dass das heutige Universum ein Mosaik von Raumregionen ist, die in der Vergangenheit völlig getrennt waren. Das Gegenteil ist wahr: Vor dem Big Bang war ein

Raum, der weitaus größer war als alles, was wir heute im Universum beobachten, in enger Ursache-Wirkung-Verbindung, wodurch die kosmische Gleichförmigkeit entstand.

Lösung für das Rätsel Nr. 3: die Flachheit

Das Problem der Flachheit betrifft die Instabilität der flachen Geometrie während der kosmischen Evolution. Wie auch immer es beim Big Bang weiterging: Die Geometrie des Raums entfernte sich schnell von der Flachheit, und die Krümmung wurde immer ausgeprägter, je älter das Universum wurde. Um zu erklären, warum das heutige Universum so flach sein kann, wie es die Daten anzeigen, muss die Flachheit zum Zeitpunkt des Big Bang nahezu null gewesen sein. Das Rätsel besteht darin, den Mechanismus zu verstehen, der das Universum mit extremer Präzision abflachen konnte.

Wie in den vorherigen Fällen löst das Wunder der Inflation das Rätsel. Anstatt wie im Fall der verlangsamten Expansion instabil zu sein, entstand die flache Geometrie als das unvermeidliche Ergebnis einer beschleunigten kosmischen Expansion. Was auch immer die ursprüngliche Geometrie des Raums war: Nach einer Inflationsperiode wurde das Universum nahezu absolut flach.

Es ist nicht schwer zu verstehen, warum eine Inflation die Geometrie abflacht. Betrachten Sie als Beispiel den Raum einer sphärischen Oberfläche, wie er in Abb. 10.3 dargestellt wird. Während der Inflation wächst der Radius der Kugel enorm, während der Horizont, wie zuvor erwähnt, konstant bleibt.

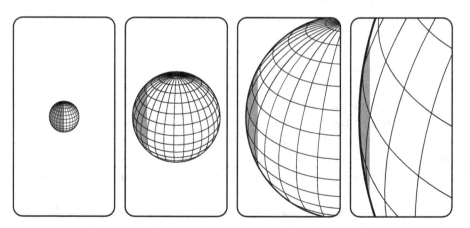

Abb. 10.3 Die grauen Bereiche haben die gleiche Fläche, liegen aber auf immer größeren sphärischen Oberflächen. Mit zunehmendem Radius der Kugel wird die Geometrie des grauen Bereichs immer flacher

Aus der Abbildung folgt offensichtlich, dass die Krümmung des Raums innerhalb des Horizonts mit der Zeit schnell verschwindet und eine immer flachere Oberfläche hinterlässt.

Das Ergebnis gilt nicht nur für eine sphärische Geometrie, sondern für jede Art von Geometrie. Die Inflation wirkt auf den Raum, als ob sie ein elastisches Gewebe stark zieht und dehnt. Unabhängig von seiner ursprünglichen Form wird das Gewebe fast perfekt glatt sein, nachdem lange genug an ihm gezogen wurde.

Das Rätsel der Flachheit wird also durch die Inflation gelöst. Heute ein flaches Universum zu beobachten, wäre wirklich unwahrscheinlich, wenn der Raum nur eine verlangsamte Expansion durchlaufen hätte. Dagegen ist eine außergewöhnlich flache Geometrie nach einer ausreichend langen Inflationsperiode nicht nur höchst wahrscheinlich, sondern sogar das einzig mögliche Ergebnis.

Die Energie des Universums

Die Einsteinsche Gleichung lehrt uns, dass die Geometrie des Raums ein Ausdruck des Energieinhalts ist. Daher gibt die Inflationstheorie, die eine flache Geometrie voraussagt, ein genaues Urteil über die Energiedichte im Universum. Die Inflationstheorie sagt uns, dass das gegenwärtige Universum Energie enthält, die der von fünf Wasserstoffatomen pro Kubikmeter Raum entspricht – oder der Masse einer Fliege in einer Kugel mit den Dimensionen der Erdkugel: also sehr, sehr wenig. In 13,8 Mrd. Jahren fleißiger Expansion nach dem Big Bang hat sich das Universum so sehr verdünnt, dass es heute fast leer ist. Das Leben auf der Erde ist eine seltene Oase sporadischer Materie in einer allgemeinen Wüste der Leere. Würde man alle Energie des Universums in Form von Menschen gleichmäßig im Raum verteilen, wäre die Entfernung jedes Individuums zu seinem nächsten Nachbar etwa 1 Mill. km. Unser soziales Leben wäre schrecklich langweilig.

Die sehr niedrige Energiedichte im Universum liefert vielleicht die Antwort auf eine berühmte Frage, die von Enrico Fermi gestellt wurde. Während eines Mittagessens mit Physikern in der Kantine des Labors von Los Alamos im Sommer 1950 platzte Fermi nach einer kurzen nachdenklichen Pause heraus: „Aber wo sind alle die Anderen?"

Er bezog sich darauf, dass nach seiner Schätzung das Leben kein allzu seltenes Phänomen im Universum sein sollte und fragte sich daher, warum sich die Außerirdischen nicht schon bemerkbar gemacht haben, indem sie die Erde besuchen. Wäre ich bei Fermi am Tisch gesessen, hätte ich ihm geantwortet, dass infolge der Inflation die Materie im Universum derart verdünnt ist, dass die Wahrscheinlichkeit, Außerirdische in der Nähe der Erde zu finden, extrem niedrig ist – selbst wenn das Leben tatsächlich ein relativ häufiges Phänomen wäre. Schade, dass 1950 die Inflationstheorie noch nicht bekannt war.

Es ist interessant zu beobachten, dass zurzeit, als Guth die Idee der Inflation vorschlug, die Messungen der kosmischen Energiedichte einen Wert von nahezu einem Viertel dessen ergaben, was die Inflationstheorie vorhersagte. Guth ließ sich nicht entmutigen. Die Theorie war zu aufregend, um sich von einem experimentellen Ergebnis abschrecken zu lassen. Vielleicht hatte er die Lektion aus einer Anekdote gelernt, nach der Eddington viele Jahre zuvor scherzhaft gesagt haben soll: „Glaube nie an ein Experiment, bis es von einer Theorie bestätigt wird." Zumindest im Fall der kosmischen Energie hatte Eddington recht. Heute wissen wir, dass die damaligen Messungen falsch waren, weil sie den Beitrag der dunklen Energie, die noch nicht entdeckt war, nicht berücksichtigten. Die aktuellen Messungen der durchschnittlichen Energiedichte im Universum stimmen spektakulär mit der Vorhersage der Inflationstheorie überein. Guth hatte Recht.

Das Hindernis des Rätsels Nr. 4: der Pfeil der Zeit

Damit es eine Zeit geben kann, die voranschreitet und die Entwicklung komplexer evolutionärer Prozesse ermöglicht, die für das Leben verantwortlich sind, muss das Universum in einem Zustand außergewöhnlicher Ordnung geboren worden sein. Das ist letztendlich das Problem des Zeitpfeils.

Der Inflationstheorie nach entstand das Universum aus dem Big Bang in einem Zustand nahezu perfekter Gleichmäßigkeit und damit in einem Zustand außergewöhnlicher Ordnung oder niedriger Entropie, wie die Physiker sagen. Die Inflation hat das Universum vorbereitet, mit einem Zeitpfeil versehen und in die Lage gebracht, nach dem Big Bang all die spektakulären Phänomene zu erzeugen, die wir heute bewundern können – einschließlich der Zuschauer.

Es mag scheinen, als ob die Inflation durch das Schaffen eines Zustands niedriger Entropie des Universums zum Zeitpunkt des Big Bang den zweiten Hauptsatz der Thermodynamik verletzt hat, wonach die Entropie nicht abnehmen kann. Aber das ist nicht der Fall. Die Inflation verletzt trotz ihrer erstaunlichen Folgen kein physikalisches Prinzip.

Die Berechnungen zeigen, dass unter Berücksichtigung der abstoßenden Gravitation und der enormen Expansion des Raums die Entropie während der Inflation in voller Übereinstimmung mit den physikalischen Gesetzen zunahm. Die Zunahme war allerdings so langsam, dass sich zum Zeitpunkt des Big Bang, als die Vakuumenergie in thermische Energie umgewandelt wurde, das Universum in einem Zustand befand, dessen Entropie weitaus niedriger war als die eines üblichen Universums aus Materie und Strahlung. Das Universum war damit so wohlgeordnet, dass es fast surreal erscheint.

Diese Erkenntnis reicht jedoch nicht aus, um das Problem an der Wurzel zu packen und zu lösen. Man könnte sich nämlich fragen: Wenn die Inflation die Anfangsbedingungen des Universums zur Zeit des Big Bang erklärt, was erklärt dann die Anfangsbedingungen der Inflation? Auf diese Frage gibt es noch keine Antwort, die Inflation verschiebt nur die Frage nach dem Ursprung des Zeitpfeils in die Vergangenheit.

Zusammenfassend lässt sich sagen, dass die Inflationstheorie heute nicht in der Lage ist, das Geheimnis des Zeitpfeils zu lüften. Um dieses Rätsel zu lösen und damit eine grundlegende Frage für unsere eigene Existenz im Universum zu beantworten, müssten wir noch weiter in die Vergangenheit zurückgehen und verstehen, was vor der Inflation passiert ist.

11

Die Fossilien des Big Bang

*Suche nicht nach dunklen Formeln oder Geheimnissen in meiner Arbeit. Reine
Freude ist es, was ich dir anbiete.*
Constantin Brâncuși

Wären Sie bereit zu glauben, dass alle heute am Himmel beobachtbaren kosmischen Strukturen aus Samen entstanden sind, die von der Quantenmechanik vor dem Big Bang ausgesät wurden? Wären Sie bereit zu glauben, dass
diese Samen über den kosmischen Horizont hinaus eingefroren blieben, um
dann Milliarden von Jahren nach dem Big Bang zu Sternen, Galaxien und
Galaxienhaufen heranzuwachsen?

Die Geschichte ist so unglaublich, dass sie aus der Feder eines Science-
Fiction-Autors zu stammen scheint. Sie ist aber nur das Ergebnis eines fort-
geschrittenen Verständnisses der physikalischen Gesetze, die sowohl die
mikroskopische Struktur des Raums wie auch das Universum in seiner Weite
regieren. Sie ist das Ergebnis genauer mathematischer Berechnungen, die
unser Verständnis der Realität bis zur Zeit des Big Bang und die Zeit vor ihm
extrapoliert. Dass es sich um Wissenschaft und nicht um Fantasie handelt, bestätigen uns Beobachtungsdaten der kosmischen Hintergrundstrahlung und
der Verteilung von Materie im Universum. Und eines Tages könnten uns
Messungen der urzeitlichen Gravitationswellen weitere Bestätigungen liefern.

Die Geschichte gehört zu den faszinierendsten Kapiteln, die je im wissenschaftlichen Werdegang der Menschheit geschrieben wurden. Es ist ein er-
habenes Kapitel, das zeigt, wie die Welt der Elementarteilchen mit der Uner-
messlichkeit des Kosmos in Einklang tritt und uns die tiefe Einheit der natürlichen Ordnung offenbart. Die Geschichte, in der die kosmische Inflation die

G. F. Giudice, *Vor dem Big Bang*, https://doi.org/10.1007/978-3-662-69847-1_11

Entstehung der Strukturen des Universums erklärt, ist eines jener wissenschaftlichen Ergebnisse, die uns vor Staunen und Ehrfurcht Schauer über den Rücken jagen, weil wir dem Schauspiel der Geburt des Universums beiwohnen. Es ist die Geschichte, die ich nun erzählen möchte.

Lösung des Rätsels Nr. 5: die kosmischen Strukturen

Die Fähigkeit der Inflation, den Raum rasend auszudehnen und alles gleichmäßig zu machen, ist das Geheimnis ihres Erfolgs bei der Erklärung einiger der Rätsel des Big Bang. Auf den ersten Blick scheint dieser Erfolg auch mit einem unvermeidlichen Scheitern verbunden zu sei, da er jede Lösung des Rätsel zu verhindern scheint, wie die kosmischen Strukturen zustande kommen. Wäre das Universum aus dem Big Bang in einem perfekt gleichmäßigen Zustand hervorgegangen, hätte sich daran bis heute nichts geändert und es wären nirgends Himmelskörper erzeugt worden. Ein Gravitationskollaps kann anfängliche Unregelmäßigkeiten verstärken, er kann sie aber nicht aus dem Nichts schaffen.

Die Situation scheint verzweifelt, aber hier tritt ein völlig unerwarteter *deus ex machina* auf: die Quantenmechanik. Was zum Teufel hat die Quantenmechanik, also die Theorie des Mikrokosmos von den Elementarteilchen bis zu den Atomen mit der Bildung von Galaxien zu tun, jenen gigantischen kosmischen Strukturen, die bis zu hunderte Millionen von Millionen (10^{14}) Sterne enthalten können? Diese seltsamen quantenmechanischen Effekte sind schon auf der menschlichen Skala praktisch unsichtbar, wie kann man sich vorstellen, dass sie für das Universum als Ganzes relevant sein könnten?

Aber die Inflation hält unendlich viele Überraschungen bereit. Die rasante Ausdehnung des inflatorischen Raums hat die Ordnung der Entfernungen erschüttert: Was mikroskopisch klein war, wurde im nächsten Moment astronomisch groß. Diese Vermischung der Größenordnungen hat die Quantenmechanik in eine Hauptrolle auf der Bühne des Kosmos katapultiert.

Eine der Grundlagen der Quantenmechanik ist das Heisenbergsche Unschärfeprinzip, das angibt, welche Rolle Wahrscheinlichkeiten in der Theorie spielen. Nach diesem Prinzip können der Ort und die Geschwindigkeit eines Teilchens nicht gleichzeitig mit absoluter Genauigkeit bestimmt werden – und zwar nicht wegen der Unzulänglichkeit unserer Messinstrumente, sondern wegen einer Unbestimmtheit, die in der natürlichen Welt verankert ist. Dieses seltsame Ergebnis steht im Widerspruch zu unsrer Intuition, aber es gibt viele seltsame Dinge in der Quantenmechanik. Sie sollten uns jedoch nicht in die Irre führen: Die Quantenmechanik ist kein Fantasiegebilde, sondern beschreibt die Realität, in der wir leben. Transistoren, Laser und Mikrochips in Computern funktionieren dank der Quantenmechanik.

Eine Konsequenz des Heisenbergschen Prinzips ist, dass physikalische Größen – wie der Ort und die Geschwindigkeit von Teilchen – unvermeidlichen *Quantenfluktuationen* unterliegen. Diese Fluktuationen sind zufällige Variationen der physikalischen Größen, die es unmöglich machen, das Ergebnis einer Messung genau vorherzusagen. Man kann nur die Wahrscheinlichkeit des Ergebnisses einer Messung kennen. Es ist ein wenig wie beim Backgammon, wo man die Wahrscheinlichkeit berechnen kann, eine gegnerische Spielfigur zu schlagen, aber nie sicher sein kann, dass man es schafft – bis man die Würfel geworfen hat.

Quantenfluktuationen enthalten die Information über die statistische Unsicherheit des Werts einer physikalischen Größe. Diese Unsicherheit hängt, wie gesagt, nicht von der Genauigkeit der Messinstrumente ab und kann auch nicht durch unendliches Wiederholen der Messung behoben werden. Quantenfluktuationen spiegeln die rätselhafte Unbestimmtheit der objektiven Realität in der mikroskopischen Welt wider.

Die Unmöglichkeit, im Bereich der Quantenmechanik Ort und Geschwindigkeit gleichzeitig mit Sicherheit zu bestimmen, beeinträchtigt die Vorstellung der Bahn eines Teilchens. Es sieht so aus, als ob es unmöglich wäre, ein sich bewegendes Teilchen scharf zu stellen. Dessen Bahn erscheint wie ein verschwommenes Bild. Mit unseren Augen nehmen wir scharfe Bilder der Realität wahr, weil wir sie aus der Ferne betrachten. Dringen wir aber in die bizarre mikroskopische Welt ein, beginnen wir, die Unschärfe einer Bahn zu bemerken, die sie aufgrund der Quantenmechanik hat.

Was für ein Teilchen gilt, gilt auch für das Vakuum, das schließlich eine besondere Ansammlung von Teilchen ist. Daher prägt die Quantenmechanik dem Vakuum kleine, aber unvermeidliche Fluktuationen auf. Die Vakuumenergie ist im Raum nicht perfekt gleichmäßig verteilt, sondern variiert von Region zu Region geringfügig. Diese Regionen sind mikroskopisch klein, aber die geisterhafte Expansion des Raums, also die Inflation, die durch die Antigravitation angetrieben wird, vergrößert sie und verwandelt unmerklich kleine Punkte in astronomische Bereiche, die sich sogar über das beobachtbare Universum hinaus erstrecken und der kosmischen Weite jenseits des Horizonts aufgeprägt bleiben.

So war es auch nach dem Big Bang. Die ursprünglichen Fluktuationen der Vakuumenergie verwandelten sich in winzige Variationen der Materiedichte, die sich in astronomisch große Regionen ausdehnten. An diesem Punkt kam die anziehende Wirkung der Gravitation ins Spiel. So wie in unsrer Welt die

Reichen immer reicher und die Armen immer ärmer werden, vergrößern Regionen mit einem Überschuss an Materie ihre Masse auf Kosten der materieärmeren Regionen. Der gravitative Kollaps hat die winzigen Dichteschwankungen verstärkt und sie in die großartigen himmlischen Strukturen verwandelt, die wir heute mit Teleskopen beobachten können. Das gesamte Muster von Galaxien, Galaxienhaufen und Superhaufen, die heute am Himmel leuchten, ist das Ergebnis von Quanteneffekten, die den Big Bang überlebt haben. So löst die Inflation das Rätsel der kosmischen Strukturen!

Die physikalischen Gesetze von Mikro- und Makrokosmos tragen zur Komplexität des Universums bei. Die winzigen Dichteschwankungen, die von der Quantenmechanik vorhergesagt werden, und eine ausreichend lange Zeit seit dem Big Bang haben es der Gravitation ermöglicht, mikroskopische Urkeime in komplexe Welten zu verwandeln, in denen das Leben entstehen konnte. Die Inflation hat eine Beziehung zwischen der mikroskopischen und der kosmischen Realität hergestellt. Die Struktur des Universums entstand aus dem Zusammenspiel der physikalischen Gesetze, die die Welt der Elementarteilchen regieren, und denen, die die Geometrie des Raumes regeln. Wir leben wirklich in einem quantenmechanischen Universum.

Ohne die quantenmechanischen Effekte hätte die Inflation ein perfekt flaches, gleichmäßiges und steriles Universum erzeugt, das einer weiten Sandwüste gleichen würde. Wir verdanken unsere Existenz den Keimen, aus denen die komplexen Strukturen des heutigen Universums entstanden sind. Die Existenz dieser Keime ist keine künstliche Folgerung aus der Inflationstheorie, sondern eine unvermeidliche Konsequenz der Quantenmechanik. Es sind die grundlegenden Gesetze der Physik, die den Erfolg der Inflationstheorie bei der Lösung des Rätsels der kosmischen Strukturen bestimmen.

Ist es für Sie bewegend, wenn Sie in einer klaren, mondlosen Nacht den Himmel betrachten und in Stille die Schönheit des Kosmos bewundern? Lieben Sie den prahlerischen Orion mit seinem funkelnden Gürtel und dem Schwert, das an seiner Seite hängt? Tröstet es Sie, am Firmament Kassiopeia, die eitle Königin von Äthiopien wiederzufinden, die sich für schöner als die Nereiden hielt und den verhängnisvollen Zorn von Poseidon erregte? Wenn hier Ihre Bewunderung des Himmels endet, haben Sie den besten Teil der Geschichte verpasst.

Hinter den Sternen und viel weiter von uns entfernt gibt es Galaxien. Mit bloßem Auge kann man kaum mehr als Andromeda oder, wenn man auf der Südhalbkugel lebt, die Magellanschen Wolken erkennen. Aber mächtige Teleskope haben Tausende von Milliarden (10^{12}) von Galaxien identifiziert und sie im kosmischen Raum kartiert. Das Bild, das man beobachtet, offenbart keine mythischen Helden, sondern das Muster der quantenmechanischen

Fluktuationen der Vakuumenergie, die das Universum vor dem Big Bang durchdrungen hat. Die Galaxien sind gigantische Fossilien einer urzeitlichen Ära.

Wir stehen vor einer der erstaunlichsten Geschichten, die jemals von der Wissenschaft erzählt wurden. Genau wie die in den Felsen verborgenen Fossilien die Spuren von Tieren bewahren, die lange vor der Besiedlung der Erde durch den Menschen existierten, tragen die großen Strukturen des Universums, die am nächtlichen Himmel beobachtet werden können, den Abdruck mikroskopischer quantenmechanischer Fluktuationen einer Ansammlung von Teilchen, die den urzeitlichen Raum füllte, bevor sie mit dem Big Bang verwandelt wurde. So wie man aus einigen verstreuten fossilen Überresten auf die Gestalt gigantischer Dinosaurier schließen kann, können wir aus astronomischen Messungen rekonstruieren, was in Zeiten im Universum geschah, die uns so fern vorkommen, dass sie jenseits der Grenzen menschlicher Forschungen zu liegen scheinen. Das ist die erstaunliche Geschichte, die von der Inflation erzählt wird.

Warnung

Was ich bisher erzählt habe, fasst die wichtigsten Punkte zusammen, wie die Inflation das Rätsel der kosmischen Strukturen löst. Allerdings ist das Phänomen so faszinierend, dass ich glaube, dass es eine Vertiefung verdient, der ich den Rest des Kapitels widmen werde. Dazu muss ich noch einige fortgeschrittene Konzepte einführen und empfehle daher die Lektüre des Folgenden nur denen, die auch die spezielleren Aspekte der Physik des Big Bang kennenlernen und sich mit komplexeren wissenschaftlichen Argumenten auseinandersetzen wollen. Allen anderen rate ich, direkt zum nächsten Kapitel zu springen. Sie müssen keine Angst haben, den logischen Faden der Erzählung zu verlieren.

Die Fossilien der Materie

Die erste Zutat des inflatorischen Rezepts zur Erzeugung kosmischer Strukturen ist die Quantenmechanik, nach der die Vakuumenergie, die das Universum vor dem Big Bang durchdrang, nicht perfekt gleichmäßig sein konnte, sondern unweigerlich zufälligen Fluktuationen unterliegen musste. Diese Fluktuationen waren durch zwei Größen gekennzeichnet, wie es in Abb. 11.1 dargestellt ist: der *Amplitude*, also der Änderung der Energiedichte des Vakuums, und der

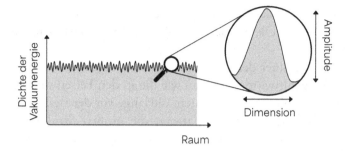

Abb. 11.1 Die Fluktuationen der Dichte der Vakuumenergie sind Schwankungen um einen konstanten Wert. Sie sind durch ihre Amplituden und die räumliche Ausdehnung gekennzeichnet, wie in der Vergrößerung angezeigt wird

Ausdehnung, also der Größe des entsprechenden Raumgebiets. Bei ihrer Entstehung reichte die Ausdehnung einer Fluktuation in etwa an den kosmischen Horizont, denn das ist die maximale Entfernung, innerhalb der physikalische Prozesse wirken konnten. Die Amplitude kann probabilistisch aus den Gesetzen der Quantenmechanik berechnet werden. Das Wunderbare an der inflationären Ausdehnung des Raums bestand darin, die Ausmaße der Fluktuationen auf kolossale Größen zu katapultieren, ohne die Amplituden zu verändern, die winzig blieben.

Da die quantenmechanischen Fluktuationen während der Inflationkontinuierlich erzeugt wurden, hatten einige mehr Zeit sich auszudehnen, andere weniger. Das Ergebnis war, dass im Universum Regionen jeder möglichen Größe entstanden, in denen die Dichte der Vakuumenergie jeweils nur geringfügig variierte. Nach einer ausreichend langen Inflationsperiode ähnelte das Universum einer gigantischen Landkarte mit Staaten jeder Größe, von winzig kleinen wie dem Vatikan bis zu so großen wie Russland. Die Dichte der Vakuumenergie änderte sich von Staat zu Staat nur unmerklich.

Aufgrund dieser Inhomogenitäten fand der Big Bang nicht gleichzeitig im gesamten Raum statt. In einigen Regionen erlosch die Vakuumsubstanz und zündete den Big Bang etwas früher, in anderen etwas später. Das Ur-Gas, bestehend aus Teilchen bei sehr hoher Temperatur, spürte diese kleinen Unterschiede. In den Regionen, in denen der Big Bang früher stattfand, hatte das Gas etwas mehr Zeit sich auszudehnen und zu verdünnen als anderswo, wo der Big Bang später stattfand. Daher lag die Energiedichte in diesen frühen Regionen etwas unter dem Durchschnitt, während sie in den Regionen mit einem späteren Big Bang über dem Durchschnitt lag. Letztendlich wurde die Struktur der ursprünglichen quantenmechanischen Fluktuationen der Vakuumenergie nach dem Big Bang in eine ähnliche Struktur der Verteilung der Materie im Universum übersetzt. Der kosmische Atlas, der vor dem Big Bang eine komplexe Geografie von Regionen mit unterschiedlicher Vakuumenergiedichte zeigte, verwandelte sich nach dem Big Bang in eine Geografie mit winzigen Dichteschwankungen des Ur-Gases.

Es wäre nur natürlich, nun zu denken, dass diese winzigen Dichteschwankungen im Universum schnell verschwanden, so wie eine Suppe in einem Topf sofort homogen wird, wenn man sie gut umrührt. Aber hier geschah ein weiteres Wunder der Inflation.

Sie dehnte die von den quantenmechanischen Fluktuationen besetzten Regionen so stark aus, dass sie weit über den kosmischen Horizont hinausgedrängt wurden. Dort konnte sie aber kein physikalischer Prozess manipulieren, um das Gleichgewicht wiederherzustellen. Mit anderen Worten: Die Dichteschwankungen blieben dem Universum eingeschrieben, sie wurden in der Zeit eingefroren und in der Stille des Raums jenseits des kosmischen Horizonts begraben, genau wie an jenem schicksalhaften Tag im Jahr 79 n. Chr. Pompeji, als das Leben zum Stillstand kam und in der Lava und Asche des Vesuv gefangen wurde.

Nach dem Big Bang überholte der kosmische Horizont die Expansion des Raums und umfasste immer neue Regionen, wie es in der Abb. 10.2 dargestellt ist. Die quantenmechanischen Fluktuationen, die in der Materie eingeschrieben und jenseits des Horizonts verborgen geblieben waren, traten nun nach und nach wieder in das beobachtbare Universum ein, genau wie die Ausgrabungen in Pompeji Licht auf eine zugeschüttete und vorübergehend verschwundene Stadt geworfen haben.

Das beobachtbare Universum befand sich nach dem Big Bang in einem im Großen und Ganzen gleichmäßigen Zustand, wenn auch mit kleinen Schwankungen der Materiedichte. Etwa 60.000 Jahre nach dem Big Bang ließ die Expansion des Raums ausreichend nach, um den dichteren Materieregionen zu erlauben, weitere Materie aus dem umgebenden Raum anzuziehen. So begann der Prozess des gravitativen Kollapses, der zunächst die Materie einbezog, die sich um die etwas dichteren Urkeime angesammelt hatte. Während dieser Phase verhinderte der Druck noch den gravitativen Kollaps der atomaren Materie, sie blieb also im Raum verteilt. Dann, etwa eine halbe Milliarde Jahre (5×10^8 Jahre) nach dem Big Bang, hielt der Druck der Gewalt der Gravitation nicht mehr stand, und die atomare Materie begann, in die Ansammlungen dunkler Materie zu stürzen. Die verschiedenen Stadien des Prozesses der kosmischen Strukturbildung sind in Abb. 11.2 dargestellt.

Da die kleineren Regionen die ersten waren, die den Horizont überschritten, bildeten sich die Galaxien progressiv, beginnend mit den kleinsten und dann immer größeren, in einem Crescendo der kosmischen Symphonie, bis hin zu den Haufen aus Hunderten oder Tausenden von Galaxien, die

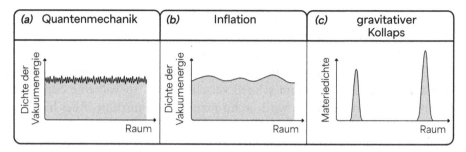

Abb. 11.2 Schematische Darstellung der drei Prozesse, die die kosmischen Strukturen bestimmen. **(a)** Vor dem Big Bang prägten die quantenmechanischen Effekte der Vakuumenergie zufällige Fluktuationen auf, deren Dimensionen etwa der Größe des kosmischen Horizonts entsprachen. **(b)** Die Inflation erweiterte die Dimensionen der Fluktuationen exponentiell und zog sie über den Horizont hinaus, wo sie eingefroren blieben, da sie kein physikalischer Prozess beeinflussen konnte. Die Amplituden der Fluktuationen blieben unverändert. **(c)** Nach dem Big Bang verwandelten sich die Fluktuationen der Vakuumenergie in Fluktuationen der Materiedichte. Der kosmische Horizont wuchs und brachte die Fluktuationen zurück in das beobachtbare Universum. Nun war der gravitative Kollaps in der Lage, die Amplituden der Fluktuationen zu verstärken, indem er Materie in die Regionen mit einem ursprünglichen Dichteüberschuss zog und so die galaktischen Strukturen schuf

durch die Gravitation zusammengehalten werden, den gigantischen Superhaufen, das sind Gruppen von Haufen, und verstreuten Galaxien. In dieser Phase entstanden in den Galaxien die ersten Sterne, die den Himmel, der lange Zeit in tiefster Dunkelheit verblieben war, endlich mit sichtbarem Licht erhellten. Etwa 9 Mrd. Jahre nach dem Big Bang beendete die Vorherrschaft der dunklen Energie die Schaffung neuer Strukturen, was der Grund ist, dass es keine kosmischen Strukturen gibt, die größer als die galaktischen Superhaufen sind.

Die Erde, die zur Milchstraße gehört, befindet sich in einer Region des Raums, in der der Big Bang etwas später als im Durchschnitt des Universums stattfand. Das führte zu einem leichten Überschuss an Materie in unserer Nähe, der durch das Ansaugen von Materie aus benachbarten, aber etwas weniger dichten Regionen gewachsen ist.

Die italienischen Eisenbahnen sind viel nachsichtiger als die schweizerischen. Da ich die schlechte Angewohnheit habe, oft zu spät am Bahnhof anzukommen, bin ich immer sehr dankbar, wenn ich feststelle, dass der Zug nicht pünktlich abgefahren ist und auf mich gewartet hat. Ebenso muss die Menschheit den quantenmechanischen Fluktuationen dankbar sein, die den Big Bang in unserer Umgebung verzögert haben. Wir existieren an diesem Ort im Universum nur dank dieser winzigen und zufälligen Quantenzuckungen.

Quantenfluktuationen und Fraktale

Während der Inflation fluktuierte das Vakuum kontinuierlich, da die quantenmechanischen Effekte im Kosmos ständig wirkten. Je früher die Fluktuationen entstanden waren, umso mehr Zeit hatten sie, sich durch die Expansion des Raumes auszudehnen. Nach einer ausreichend langen Inflationsphase führte dieser wiederholte Prozess der quantenmechanischen Erzeugung und anschließenden Raumexpansion zu einem Spektrum von Fluktuationen der Vakuumenergie, das gleichmäßig über alle möglichen Dimensionen verteilt war. Die Amplituden blieben dagegen alle nahezu gleich, da sie durch ähnliche quantenmechanische Stöße verursacht wurden. Daher folgt aus der Inflationstheorie, dass die Fluktuationen demokratisch Regionen jeder Größe besetzen, ohne große vor kleinen oder umgekehrt zu bevorzugen. In der wissenschaftlichen Sprache sagt man, dass die inflationären Fluktuationen *skaleninvariant* verteilt sind.

Eine geometrische Figur, die skaleninvariant ist, bleibt immer gleich, egal wie oft sie vergrößert oder verkleinert wird. *Fraktale* sind solche Figuren, ein Beispiel dafür ist in Abb. 11.3 dargestellt. Im Internet können leicht Animationen von Fraktalen gefunden werden, bei denen sich die Figur mit dem Fortschreiten der Bilder vergrößert und sich magischerweise in einer unaufhaltsamen Sequenz selbst reproduziert, die komplexe mehrfarbige geometrische Formen und faszinierende künstlerische Effekte erzeugt. Beim Betrachten werden Sie von einem hypnotischen Zauber gefangen genommen.

Fraktale sind keine mathematischen Kuriositäten oder visuellen Erfindungen der Kunst, sie sind vielmehr in der Natur reichlich vorhanden und in den unerwartetsten Phänomenen zu finden: in den reproduktiven Mustern von Zellen, der Verteilung von Erdbeben, den Verzweigungen von Flüssen, der Struktur von Blitzen, den Ringen des Saturns, der Form der Blumenkohlsorte Romanesco-Brokkoli und tausend anderen Beispielen. Die Inflationstheorie lehrt uns, dass die Natur Fraktale auch in der Verteilung der quantenmechanischen Fluktuationen verwendet hat, die die Ursache für alle kosmischen Strukturen sind. Das Universum vor dem Big Bang war ein gigantisches Fraktal.

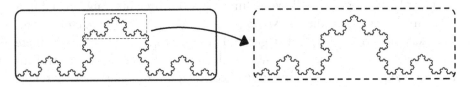

Abb. 11.3   Ein Beispiel für ein Fraktal, bekannt als Koch-Kurve. Vergrößert man einen Teil der Figur, erhält man wieder die ursprüngliche Figur. Dieser Prozess kann unendlich oft wiederholt werden, die Figur reproduziert sich immer wieder selbst

Wenn wir das Universum vor dem Big Bang im Rahmen eines viel größeren Teil des kosmischen Horizonts beobachten könnten, würden wir etwas
sehen, was den fraktalen Simulationen sehr ähnlich ist, die man aus dem
Internet herunterladen kann. Wir würden einen Raum sehen, der nur von
Vakuumenergie durchdrungen ist, deren Dichte von Ort zu Ort leicht variiert, mit einer Struktur, die sich scheinbar mit der Zeit verändert, aber dann
gezwungenermaßen immer wieder gleich ist. Die größten Strukturen werden
durch die Expansion des Raums vergrößert und entkommen aus unserem
Blickfeld, aber andere entstehen in mikroskopischen Abständen. Das Universum setzt seine unaufhaltsame Expansion fort, aber das Bild in unsrem Blickfeld wiederholt sich unerbittlich in unendlicher Selbstreproduktion.

Könnten wir diese Bilder des Universums vor dem Big Bang betrachten,
wären wir nicht in der Lage, daraus den Verlauf der Zeit abzuleiten, weil sich
alles ohne Ende wiederholt. Es gibt keine Vergangenheit und keine Zukunft,
nur eine Gegenwart quantenmechanischer Fluktuationen, die entkommen
und sich neu erschaffen.

Tatsächlich ist dieses beunruhigende Bild von Stationarität nur dann eine
Annäherung an das, was im Universum vor dem Big Bang geschah, wenn der
mittlere Wert der Vakuumenergie im Laufe der Zeit konstant bleibt. Wie
Abb. 9.2 zeigt, entwickelte sich die Vakuumsubstanz aber während der Inflation, wenn auch sehr langsam. Das führte zum Ticken einer imaginären Uhr,
die es ermöglicht, die Zeit während der Inflation zu definieren.

Die langsame, aber unausweichliche Entwicklung der Vakuumsubstanz
führte zu einer Korrektur, die zur Folge hatte, dass die inflatorischen Fluktuationen nicht perfekt skaleninvariant waren. Die ältesten Fluktuationen sind
zu einer Zeit entstanden, in der die Vakuumenergie etwas intensiver war als
bei den jüngsten Fluktuationen. Da die ältesten Fluktuationen mehr Zeit hatten, sich auszudehnen und daher größere Raumregionen einnahmen als die
jüngsten Fluktuationen, sagt die Inflationstheorie voraus, dass die größten
kosmischen Strukturen etwas häufiger waren als die kleineren. Die Inflation
war also nicht so demokratisch, wie es die Skaleninvarianz vorschreiben
würde. Größere Strukturen waren gegenüber kleineren etwas bevorzugt. Das
Universum vor dem Big Bang war nicht ganz ein Fraktal, sondern nur fast.

In der Kosmologie wird die Verteilung der Strukturen im Universum durch
eine Größe gemessen, die als *Neigungs- oder Tilt-Parameter* bezeichnet wird.
Bei Skaleninvarianz ist der Tilt gleich 1, er ist größer als 1, wenn kleinere
Strukturen bevorzugt werden, und er ist kleiner als 1, wenn größere Struktu-
ren bevorzugt werden. Die Inflationstheorie sagt also voraus, dass der Tilt-
Parameter ein klein wenig geringer als 1 sein sollte. Die neuesten astronomi-
schen Beobachtungen haben unter Berücksichtigung der experimentellen
Unsicherheit einen Tilt zwischen 0,96 und 0,97 gemessen.

Es ist absolut außergewöhnlich, dass diese faszinierende Geschichte von Quantenfluktuationen, Fraktalen und sich bewegender Vakuumsubstanz in der Lage ist, Vorhersagen über Messungen im heutigen Universum zu treffen und dass die Übereinstimmung mit den Experimenten hervorragend ist.

Die Fossilien der kosmischen Strahlung

Unmittelbar nach dem Big Bang waren Materie und Strahlung eng miteinander verbunden. Tatsächlich macht es wenig Sinn, sie zu unterscheiden, denn bei sehr hohen Temperaturen verhält sich Materie wie Strahlung und Strahlung wie Materie. Die Fluktuationen, die von den Quantenphänomenen während der Inflationszeit geerbt wurden, waren daher nicht nur der Materie, sondern auch der Strahlung in Form von kleinen Temperaturschwankungen aufgeprägt.

Es sind die Temperaturschwankungen der kosmischen Hintergrundstrahlung, die mit höchster Präzision von der Planck-Mission gemessen wurden, wie es in Abb. 7.2 gezeigt wird. Das Bild zeigt die Spuren, die nach der Inflation von den durch die Expansion des Raums vergrößerten Quantenfluktuationen hinterlassen wurden. Dieses Bild ist wirklich der außergewöhnlichste fossile Fund, der je gemacht wurde. Seine unmittelbare visuelle Wirkung vermittelt lebhaft den Eindruck eines kosmischen Fossils. Physiker bevorzugen jedoch, den Inhalt von Abb. 7.2 in mathematischeren Begriffen auszudrücken, indem sie ihn als Korrelation zwischen den Temperaturschwankungen des kosmischen Hintergrunds und der Winkelausdehnung dieser Schwankungen am Himmel darstellen. Das Ergebnis dieser Übersetzung ist in Abb. 11.4 dargestellt, wo die Messpunkte der Planck-Mission mit der Linie der theoretischen Berechnung übereinstimmen, die auf der Grundlage der Bedingungen des Universums zum Zeitpunkt des Big Bang von der Inflationstheorie vorhergesagt wird.

Man muss nicht im Detail verstehen, was Abb. 11.4 bedeutet, um erfreut festzustellen, wie erstaunlich die Übereinstimmung zwischen theoretischer Berechnung und experimentellen Messungen ist. Diese Übereinstimmung besiegelt einen der beeindruckendsten Erfolge der Inflationstheorie. Das Ergebnis ist ein sensationeller Beweis für die Hypothese, dass das Universum seine Kindheit in einer Phase rasender Inflation verbracht hat, in der der Raum nur mit Vakuumenergie gefüllt war und wild expandierte.

Zur Zeit, als die Hintergrundstrahlung entstand, also 380.000 Jahre nach dem Big Bang, entsprach der kosmische Horizont dem, was uns heute am Himmel als eine Region erscheint, die einen Winkelbereich von etwa einem Grad ausmacht. Um davon eine Vorstellung zu geben: Das entspricht in etwa

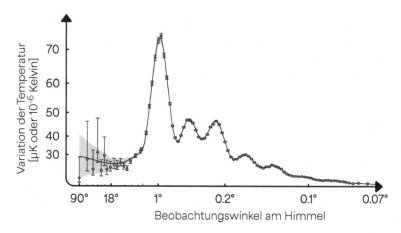

Abb. 11.4 Die Temperaturschwankungen (in Millionstel Kelvin, 10^{-6} K oder µK) der kosmischen Hintergrundstrahlung in Abhängigkeit von der Winkelausdehnung der Schwankungen am Himmel, gemessen von der Planck-Mission (der Balken an den Punkten zeigt den experimentellen Fehler an) und vorhergesagt von der Inflationstheorie (durchgezogene Linie). Beachten Sie, dass in der Abbildung die Winkelausdehnung nach rechts abnimmt

dem doppelten Durchmesser des Vollmonds am Himmel. Punkte am Himmel, die heute mehr als ein Grad voneinander entfernt sind, hatten keine Möglichkeit, in der Zeit zwischen Big Bang und Entstehung der Hintergrundstrahlung Informationen auszutauschen. Sie zeigen daher das ursprüngliche Bild der Quantenfluktuationen, die während der Inflation erzeugt wurden. Die annähernde Skaleninvarianz ihrer Ausdehnungen erklärt, warum die Temperaturschwankungen in Abb. 11.4 für Winkelabstände von mehr als ein paar Grad relativ konstant sind, abgesehen von einem kleinen Tilt-Effekt, der größere Winkel begünstigt.

Bei Winkelabständen größer als ein Grad sind die Messungen der Temperaturschwankungen des kosmischen Hintergrunds, die in Abb. 11.4 gezeigt werden, aufgrund der Verunreinigung durch andere Quellen nicht sehr genau. Glücklicherweise bestätigen genauere Messungen, die durch Korrelation der Polarisation der Strahlung mit den Temperaturschwankungen erhalten wurden, über jeden Zweifel die Existenz von Schwankungen mit einer Winkelausdehnung größer als ein Grad. Dieses Ergebnis ist ein überwältigender Beweis für die Inflationstheorie, da es das Vorhandensein von Phänomenen jenseits des kosmischen Horizonts beweist. Die Fähigkeit, weit entfernte Raumregionen miteinander in Beziehung zu setzen, die anscheinend über die durch die Relativitätstheorie gesetzten Grenzen hinausgeht, ist tatsächlich ein charakteristisches Merkmal der Inflation.

Wenn man zu Winkelabständen kleiner als ein Grad hinabsteigt, betritt man das Innere des kosmischen Horizonts, wo Materie und Strahlung interagieren konnten, was zu dem Phänomen führt, das wir bereits in Kap. 7 kennengelernt haben, bei dem die wechselseitige Wirkung von Gravitation und Druck Schallwellen in der Strahlung erzeugt. Die in Abb. 11.4 sichtbaren Oszillationen sind der Abdruck der akustischen Wellen, also der Harmonien, die von der Resonanzbox des Universums erzeugt werden. Metaphorisch gesprochen sind sie die Schreie, die das Ur-Universum durchquert haben, die Stimmen von quantenmechanischen Effekten, die in einer Zeit vor dem Big Bang stattfanden, verstärkt durch die Expansion des Raums und verzerrt durch die Wechselwirkungen zwischen Materie und Strahlung. Einmal entschlüsselt, erzählen uns die Stimmen, die den Oszillationen in Abb. 11.4 entsprechen, die Urgeschichte des Universums.

Der erste Peak in der Abbildung, der über die anderen hinausragt, liefert ein direktes Maß für die Geometrie des Raums, da er es ermöglicht, mit der in Kap. 7 diskutierten Methode die Verzerrung des imaginären Dreiecks zwischen unserem Beobachtungspunkt und dem kosmischen Hintergrund zu bestimmen. Die Messungen zeigen, dass der Raum mit außerordentlicher Genauigkeit flach ist, was die Vorhersage der Inflationstheorie glänzend bestätigt.

Der Vergleich zwischen den Höhen des ersten und zweiten Peaks liefert ein Maß für den relativen Anteil von atomarer und dunkler Materie im Universum, da die Struktur der Peaks empfindlich auf die Effekte von Gravitation und Druck reagiert, die durch die Materie verursacht werden. Das Ergebnis der Messung stimmt perfekt mit der Menge an atomarer Materie überein, die benötigt wird, um die leichten chemischen Elemente im Prozess der Nukleosynthese zu erzeugen, von dem ich in Kap. 5 gesprochen habe. Die Übereinstimmung zwischen den Daten der kosmischen Hintergrundstrahlung und der Nukleosynthese liefert einen hervorragenden Beweis für die logische Kohärenz unseres gegenwärtigen Verständnisses der Geschichte des Universums. Das ist keineswegs selbstverständlich, da die kosmische Hintergrundstrahlung und die Nukleosynthese Phänomene sind, die zu sehr unterschiedlichen kosmischen Zeiten stattfanden und unabhängige physikalische Prozesse involvierten.

Peak für Peak liefert die gesamte Struktur von Abb. 11.4 neue Informationen über die kosmologischen Parameter und macht unser Verständnis der Geschichte des Universums immer stimmiger und überzeugender. Das Verdienst der Inflationstheorie besteht nicht nur darin, eine rationale Erklärung für die Mechanismen zu liefern, die den Big Bang erzeugt haben, sondern auch darin, alle Beobachtungen, die auf verschiedene Weise gewonnen wurden, in einem einzigen kohärenten Bild zusammenzufügen. Die Inflationstheorie bietet uns eine logische Struktur, in der wir quantitative Antworten auf viele der grundlegenden Fragen über das Universum finden können, die die Menschheit im Laufe der Zivilisationsgeschichte immer wieder gestellt hat.

Die Fossilien der Geometrie

Das Universum besteht nicht nur aus Materie und Strahlung, sondern auch aus Geometrie. Nach Einsteins Relativitätstheorie ist die Geometrie der Raumzeit keine passive Struktur, sondern ein dynamisches Gebilde, das sich ändert und auf Phänomene im Universum reagiert. Es ist daher logisch, dass die Geometrie so wenig wie Materie und Strahlung immun gegen quantenmechanische Fluktuationen ist.

Die Inflation machte die Geometrie des Raums fast perfekt flach, aber die Quantenmechanik erzeugte unvermeidliche Verzerrungen. So wie die Fluktuationen der Materie zu galaktischen Strukturen führten und die der Strahlung zu Temperaturschwankungen des kosmischen Hintergrunds, erzeugten auch die Fluktuationen der Geometrie einen messbaren physikalischen Effekt. Da wir die Geometrie als Gravitationskraft wahrnehmen, manifestierten sich ihre Fluktuationen als Gravitationswellen, die durch das Universum reisen.

Die Inflationstheorie behauptet daher, dass der Raum heute von konstanten Gravitationswellen bevölkert sein muss. Sie sind proportional zur ursprünglichen Vakuumenergie und weisen Frequenzen aller Art auf, die eine nahezu perfekte skaleninvariante Verteilung besitzen. Der Durchgang der Gravitationswellen verformt den Raum leicht, und der Effekt, der zu schwach ist, um mit den aktuellen Instrumenten registriert zu werden, könnte in der Zukunft durch empfindlichere Experimente gemessen werden.

Es gibt auch eine indirekte Methode, um die Fluktuationen der Geometrie hervorzuheben. Die Kollision zwischen Elektronen und Strahlung im urzeitlichen Plasma hat die Strahlung polarisiert. Beim Durchgang einer Gravitationswelle nimmt die Polarisation der Strahlung eine ganz charakteristische Form an. Diese Form blieb der kosmischen Hintergrundstrahlung aufgeprägt wie eine Unterschrift auf einem Blatt Papier. Es ist die Unterschrift der Gravitationswelle oder, mit anderen Worten, ein Fossil der Geometrie.

Die Experimente, die die kosmische Hintergrundstrahlung messen, sind auf der Suche nach diesen Signaturen, die von Gravitationswellen auf der Struktur der Polarisation hinterlassen wurden. Bisher wurde noch keine derartige Spur gefunden. Im Jahr 2014 kündigte das in der Antarktis gelegene

BICEP2-Experiment eine Entdeckung an, musste jedoch zurückrudern, als andere Wissenschaftler herausfanden, dass nur eine Verunreinigung durch galaktischen Staub beobachtet worden war, die das Bild des kosmischen Hintergrunds verzerrt und den Effekt einer Gravitationswelle imitiert hat.

Die Suche nach urprünglichen Gravitationswellen ist in vollem Gange. Ihre Entdeckung ist keineswegs selbstverständlich, da das Signal zu schwach sein könnte, um gemessen zu werden, aber wenn man es messen würde, hätte es eine sensationelle Bedeutung. Diese Messung würde nicht nur einen weiteren Hinweis auf die Inflation liefern, sondern vor allem den Wert der Energie des inflatorischen Vakuums enthüllen. Damit wäre eine wesentliche Information zum Verständnis der mikroskopischen Eigenschaften der Vakuumsubstanz gewonnen, die den Big Bang hervorbrachte.

12

Paralleluniversen

*Der einzige Unterschied zwischen mir und einem Verrückten ist, dass ich nicht
verrückt bin.*
Salvador Dalí

In *Über die Natur der Dinge (De rerum natura)* stellt der römische Philosoph
Lukrez auf den Spuren der Lehren von Epikur das Universum als eine Ansammlung einer enormen Anzahl von Atomen in einem unendlichen leeren
Raum vor. Getrieben von zufälligen Bewegungen (*clinamen*), ballen sich die
Atome zusammen, um alle Dinge zu erschaffen und zu zerstören, ohne dass
ein göttlicher Eingriff erforderlich ist. Die Unsterblichkeit der Seele ist ein ver-
derblicher Glaube (*tantum religio potuit suadere malorum*, so sehr konnte die
Religion zur Bosheit verleiten), und nach dem Tod zerstreuen sich die Atome
unseres Körpers wieder, um sich in anderen Formen neu zu kombinieren.

Aus der atomistischen Sicht des Universums leitet Lukrez ab, dass es unzählige andere Welten geben muss, die unsrer nicht gleichen, aber ähnlich sind:

„Wenn nun die Menge der Keime so groß ist, daß sie zu zählen all die Lebenszeit
der lebenden Wesen nicht reichte, und darin die Natur sich erhält, die in ähnlicher Weise überallhin zu verbringen vermag die Keime der Dinge, wie sie sie
hierher brachte, so mußt du wieder bekennen, daß noch andere Erden in anderen
Welten bestehen mit verschiedenen Rassen von Menschen und Sippen der Tiere."

In *Über das Unendliche, das Universum und die Welten* argumentiert Giordano Bruno, dass das Universum unendlich groß ist und dass alle Sterne am

G. F. Giudice, *Vor dem Big Bang*, https://doi.org/10.1007/978-3-662-69847-1_12

Himmel ähnlich der Sonne sind und Planeten haben, die um sie herum kreisen, ähnlich den damals bekannten sieben:

„Es gibt also unzählige Sonnen, es gibt unendlich viele Erden, die in ähnlicher Weise diese Sonnen umkreisen – so wie wir diese sieben Erden um diese Sonne kreisen sehen ... Wir sehen die Sonnen, die ja die größten Körper sind. Aber wir sehen nicht die Erden, die unsichtbar bleiben, da sie viel kleinere Körper sind."

In einem Brief an seinen Bruder äußerte Cicero seine Wertschätzung für Lukrez' *De rerum natura*, während Giordano Bruno viel weniger Erfolg hatte: Er endete in Rom auf dem Scheiterhaufen auf dem Campo de' Fiori. Die exzentrischen und mystischen Ideen dieser Denker gingen gegen den Strom, aber die Neugier, was jenseits unserer Welt ist, war immer unwiderstehlich.

So weit unsere astronomischen Instrumente reichen können, das heißt innerhalb des kosmischen Horizonts, zeigt das Universum eine große Gleichförmigkeit. Die Inflationstheorie legt nahe, dass das Universum weit über den aktuellen kosmischen Horizont hinaus gleichförmig bleiben sollte. Aber wie weit geht das wirklich?

Es mag scheinen, dass eine solche Frage die Grenzen der wissenschaftlichen Erforschung überschreitet. Wie kann man die Realität jenseits des kosmischen Horizonts untersuchen, also jenseits dessen, was Menschen messen können? Die Antwort ist in der deduktiven Methode zu suchen, die experimentelle Messungen mit logischen Überlegungen verbindet. Sie ermöglicht uns, in Bereiche vorzudringen, die der direkten Beobachtung nicht zugänglich sind, und sie gibt uns Hinweise darauf, wie das Universum jenseits – ja, sogar weit jenseits – unseres kosmischen Horizonts aussehen könnte. Was man entdeckt, ist eine erstaunliche Geschichte. Es ist wirklich schade, dass Lukrez und Bruno heute nicht hier bei uns sein können, um diese Geschichte zu hören.

Die ewige Inflation

Bei der Diskussion der Inflation bin ich von der Betrachtung eines Raumbereichs ausgegangen, der zu einer sehr frühen Zeit vor dem Big Bang innerhalb des kosmischen Horizonts lag. Will man aber die globale Struktur des Universums verstehen, muss man den Blickwinkel erweitern. Man muss einen Raumabschnitt betrachten, der viel größer ist als der vom Horizont begrenzte, der vielleicht sogar unendlich groß ist und alles enthält, was existiert. Wir müssen über das hinausfliegen, was menschlich beobachtbar ist, und uns vorstellen, übernatürliche Wesen zu sein, die das Universum in seiner grenzenlosen Gesamtheit sehen können.

Der Raum dieses immensen Universums kann in eine gewaltige Anzahl von Regionen unterteilt werden, die so groß sind wie der Horizont und daher kausal voneinander getrennt sind, weil die Grenze der Lichtgeschwindigkeit zwischen ihnen den Informationsaustausch und die gegenseitige Beeinflussung verhindert. Jede dieser Regionen folgt ihrer eigenen Geschichte, so wie die Zivilisationen Amerikas und Europas ihren eigenen Weg gingen, ohne sich vor der Ankunft von Christoph Kolumbus (oder vielleicht der Wikinger) gegenseitig zu beeinflussen.

In jeder Region folgt die Vakuumsubstanz ihrer eigenen Entwicklung, indem sie langsam den Hang des Potenzials hinuntergleitet, wie es in Kap. 9 erklärt wurde. Da die Anfangsbedingungen für den Wert der Vakuumsubstanz und ihre Geschwindigkeit von Region zu Region von ihrem Ursprung her unterschiedlich sind, variiert auch die Vakuumenergie in den verschiedenen Regionen des Universums.

Man könnte nun denken, dass die Inflation irgendwann an jedem Ort des Universums enden muss, da sich die Vakuumsubstanz auf einen Zustand zu entwickelt, in dem der Big Bang ausgelöst wird. Mit anderen Worten: Wartet man nur geduldig lang genug, wird das gesamte Universum den Big Bang erleben und sich in einen heißen Brei aus Teilchen verwandeln. Aber nein! Diese Überlegung ist falsch, weil sie zwei Elemente nicht berücksichtigt, die die Sache völlig verändern: die Quantenmechanik und die Expansion des Raums.

Aufgrund der Quantenmechanik folgt die kosmische Entwicklung der Vakuumsubstanz nicht einer gleichmäßigen Bahn entlang des Potenzialprofils. Mit Blick auf Abb. 9.2 ist es so, als ob die Kugel in einer Schüssel rollt, die ständig leichten und zufälligen Vibrationen ausgesetzt ist. Die Kugel rollt deshalb nicht gleichmäßig, sondern ruckartig manchmal nach unten, manchmal springt sie wieder nach oben. Diese gelegentlichen Rucke sind die Auswirkung der quantenmechanischen Fluktuationen.

Letztendlich ähnelt die Bewegung der Vakuumsubstanz dem Taumeln eines Betrunkenen, der einen Abhang hinunterwankt, manchmal ein paar schnelle Schritte bergab macht, manchmal einen zurück bergauf. Insgesamt bewegt sich die Vakuumsubstanz in Richtung des Zustands, in dem der Big Bang ausgelöst wird, aber ihr Weg ist chaotisch und Fluktuationen unterworfen, was die Vakuumsubstanz manchmal dazu bringt, sich vom Ziel wieder zu entfernen.

In den Raumregionen, in denen der Big Bang stattfindet, stoppt die Inflation. In der Zwischenzeit expandieren die Regionen, in denen der Big Bang noch nicht stattgefunden hat, aber weiterhin ganz heftig und folgen dem

Inflationsgesetz. Aufgrund der Expansion des Raums steht das Universum vor zwei gegensätzlichen Effekten: Einerseits hört in einigen Regionen nach dem Big Bang die Inflation auf, andererseits wachsen die Regionen, in denen weiterhin Inflation stattfindet, viel schneller als die anderen.

Ein Beispiel kann helfen zu verstehen, was mit dem Universum passiert, das diesen beiden entgegengesetzten Tendenzen unterworfen ist. Betrachten Sie einen Raumabschnitt, der zu Anfang mit Vakuumsubstanz gefüllt ist. Nehmen Sie an, dass bei jeder Verdopplung durch die Inflation die Vakuumsubstanz die Bedingung für den Big Bang in einem Viertel eines Raumabschnitts erreicht. In diesem Viertel endet die Inflation. In den verbleibenden drei Vierteln wandert die Vakuumsubstanz noch auf dem Potenzialprofil, ohne den Boden bereits erreicht zu haben. Nach einer weiteren Verdoppelungszeit verdoppeln die Inflationsbereiche ihre Größe, während in einem Viertel dieses Raums die Inflation mit einem Big Bang endet. Und so weiter – bei jedem weiteren folgenden Zeitintervall.

Die Situation ist in Abb. 12.1 für den vereinfachten Fall dargestellt, dass der Raum nur eine Dimension hat. Die Abbildung zeigt Fotos des ursprünglichen Bereichs, die in aufeinanderfolgenden Intervallen aufgenommen wurden, die jeweils der Verdoppelungszeit entsprechen. Die grauen Kästchen zeigen die Inflationsbereiche des Universums, die weißen Kästchen sind die Bereiche, in denen der Big Bang stattgefunden hat und der Raum aufgehört hat, exponentiell zu expandieren.

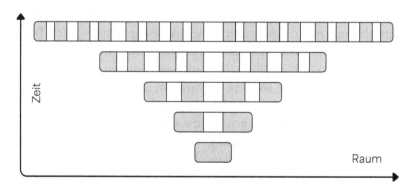

Abb. 12.1 Die Entwicklung eines eindimensionalen Raumabschnitts, der sich ursprünglich in der Inflationsphase befand, gesehen in aufeinanderfolgenden Intervallen, die der Verdoppelungszeit entsprechen. Nach jedem Zeitintervall verdoppelt sich der Inflationsbereich (in Grau dargestellt), während ein Viertel davon den Big Bang erlebt und sich in einen Bereich (in Weiß dargestellt) verwandelt, der von einem heißen Gas erfüllt ist. Aufgrund der Expansion verschwinden die Inflationsbereiche (in Grau) nie vollständig, und die Inflation hält im Universum ewig an

Die Abbildung veranschaulicht die beiden gegensätzlichen Effekte, die die Geschichte des Universums bestimmen. Der erste ist die Entwicklung der Vakuumsubstanz, die durch Reduzierung der Vakuumenergie schließlich den Big Bang auslöst, also die grauen Kästchen in weiße umwandelt. Der zweite Effekt ist die Expansion des Raums, die die Inflationsbereiche, also die grauen Kästchen, enorm vergrößert, aber nicht die Bereiche, in denen der Big Bang stattgefunden hat, also die weißen Kästchen.

Das Schicksal des Universums wird durch den vorherrschenden Effekt bestimmt. Ist die durchschnittliche Zeit, die die Vakuumsubstanz benötigt, um den Big Bang auszulösen, im Vergleich zur Verdoppelungszeit kurz, verwandelt der Big Bang den gesamten verfügbaren Raum, und die Inflation erlischt. Ist aber das Gegenteil der Fall, wie im Beispiel in Abb. 12.1, nimmt das Volumen des Inflationsraums mit der Zeit zu, anstatt abzunehmen. In diesem Fall gibt es immer irgendwo im Universum eine Region, in der die Inflation unermüdlich anhält: *Die Inflation ist ewig.*

Die Situation ähnelt der einer Tierpopulation. Die Sterblichkeitsrate entspricht der Wahrscheinlichkeit, dass der Big Bang stattfindet, dass also Raumregionen ihr Inflationsleben beenden. Die Geburtenrate entspricht der Expansion des Raums, also dem Wachstum der Inflationsregionen. Das Überleben oder Aussterben der Tierpopulation wird durch den Sieg von Sterblichkeit oder Geburtenrate entschieden.

Die Herkunft der Teilchen der Vakuumsubstanz ist noch unbekannt. Es kann daher nicht mit Sicherheit festgestellt werden, ob die Inflation ewig ist oder nicht. Darüber hinaus ist auch die ewige Stabilität des de Sitter-Raums umstritten. Obwohl es viele ungelöste Fragen gibt, ist die Hypothese der ewigen Inflation aber so faszinierend, dass sie es verdient, erforscht zu werden.

Die Mischung aus Inflation und Quantenmechanik ermöglicht uns einen Blick auf das Universum in sehr großen Entfernungsskalen, die weit über den kosmischen Horizont hinausgehen. Es zeigt sich eine Struktur, die viel komplexer ist, als man es sich vorstellen konnte. Unsere Erforschung führt zur Entdeckung einer ganz neuen Welt: der Welt des *Multiversums*.

Das Multiversum

Ein Astronaut kann sich über den zweidimensionalen Raum der Erdoberfläche erheben und einen Gesamtüberblick erhalten, der für einen Menschen unmöglich ist, der an einem bestimmten Ort auf der Erde lebt und dessen Sicht durch den Horizont begrenzt ist. Von einem Raumschiff in der Umlaufbahn aus kann man die gesamte Erdoberfläche beobachten und die grandiosen Strukturen der Kontinente, Inseln, Ozeane und Meere bewundern.

Stellen Sie sich vor, Sie könnten dasselbe mit dem Universum tun. Stellen Sie sich vor, Sie wären ein übernatürliches Wesen, das wir Großer Bruder nennen wollen. Es ist in der Lage, sich über den dreidimensionalen Raum zu erheben und das gesamte Universum mit einem Blick zu beobachten, der so weit reicht, dass er Entfernungen umfasst, die weit größer sind als der kosmische Horizont. Welches Bild hätten Sie vor Ihren Augen?

Die Theorie der ewigen Inflation erzählt uns, dass das Universum wie eine immense Weite von Raum erscheinen würde, die sich sehr schnell ausdehnt. Die Expansion ist nicht überall gleich. Einige Regionen des Raums dehnen sich schneller aus als andere. Diejenigen, die sich schneller ausdehnen, entstehen seltener als andere, weil sie kräftige Quantenfluktuationen voraussetzen, die die Vakuumsubstanz stark ansteigen lassen können. Indem sie sich schneller ausdehnen, überdecken diese Regionen andererseits einen größeren Raum, wodurch sie ihre ursprüngliche Seltenheit ausgleichen. Die Regionen ändern sich ständig und bieten dem Großen Bruder ein dynamisches Bild des Universums, das einem stürmischen Meer gleicht, das von Wellen jeder Größe durchzogen ist. Aber das ist noch nicht alles.

Hier und da bilden sich in diesem riesigen Ozean des Raumes plötzlich Blasen, in denen sich die Vakuumenergie sofort in thermische Energie umwandelt und ein Gas aus Teilchen erzeugt. Es handelt sich um Big-Bang-Ereignisse, die Inseln des Raumes betreffen, die im Vergleich zur gesamten immensen Weite des Raumes, der sich stürmisch ausdehnt, aber unbedeutend erscheinen. Ständig entstehen an verschiedenen Orten im Universum neue Blasen, jede nach einem neuen Big Bang. Der Kosmos ist ein Ozean, der sich sehr schnell und ungleichmäßig ausdehnt und mit Inseln gespickt ist, die bei jedem neuen Big-Bang-Ereignis aus dem leeren Raum auftauchen.

Jede dieser Inseln ist ein neues Universum, das seinen eigenen evolutionären Kurs verfolgen wird, ohne von dem Sturm, der außerhalb seiner Grenzen stattfindet, etwas zu wissen. Obwohl die Inseln ständig geschaffen werden, füllen sie niemals den gesamten Ozean aus, weil der Raum zwischen ihnen sich vehement ausdehnt und neuen leeren Raum und damit Platz für neue Inseln schafft.

Der übernatürliche Große Bruder hat vor seinen Augen das beeindruckende Bild eines Raums mit einer tumultartigen Expansion und dem Brodeln neuer Universen, die wie in einem phantasmagorischen Feuerwerk aus immer neuen Big-Bang-Ereignissen entstehen: Er beobachtet das *Multiversum*.

Das Universum ist nach seiner etymologischen Bedeutung (*universus* = *unus* + *versus*) ‚eins‘ und in die gleiche Richtung gewandt, also ganz. Es bezeichnet normalerweise alles, was existiert. Aber das Wort Universum reicht nicht aus, um die großartige Realität zu beschreiben, die jenseits des kosmischen Horizonts der sichtbaren Welt hervortritt. Daher haben die Physiker das Wort *Multiversum* erfunden, um die Idee einer immensen Vielzahl von isolierten Universen zu vermitteln, die voll von substanzloser Substanz, in einen leeren Raum eingetaucht sind. In der Physik bezeichnet das Multiversum die Gesamtheit aller einzelnen Insel-Universen und des leeren Raums, der sie trennt.

Das Multiversum präsentiert uns ein völlig anderes Bild des Kosmos als das, welches wir uns bei der Annahme vorgestellt hatten, die astronomischen Beobachtungen in unserer Nähe würden ein treues Porträt der gesamten physikalischen Realität liefern. Das Multiversum lässt uns entdecken, dass jenseits des kosmischen Horizonts etwas Anderes und Überraschendes verborgen ist. Die Vorstellung, dass das Universum im großen Maßstab flach und gleichmäßig ist, ist nur eine Illusion, die aus unserer begrenzten Sicht entsteht. Wir leben in einer Blase des Raums und können nicht über den kosmischen Horizont hinaussehen, der viel kleiner ist als die Blase selbst. Wir sind wie Schiffbrüchige mitten im Meer, die von der Illusion gefangen sind, dass alles eine flache Wasseroberfläche ist, und nichts von den Ländern und Bergen wissen, die jenseits des Horizonts existieren.

Weit jenseits des Randes unserer Blase zeigt sich das Universum in keiner Weise als ein einfacher gleichmäßiger Raum. Es zeigt vielmehr eine komplexe Struktur aus einem ungleichmäßigen, sich ausdehnenden leeren Raum, der mit Universen gespickt ist, die mit Materie gefüllt sind. Das daraus resultierende Bild ähnelt merkwürdigerweise dem eines mit Galaxien gespickten Himmels. Der Vergleich ist nicht zufällig, denn mathematische Berechnungen zeigen, dass die Verteilung der Größe der Insel-Universen wieder einmal dem Gesetz der Fraktale folgt. Die gleiche abstrakte Form, die wir in der Verteilung der quantenmechanischen Fluktuationen gefunden haben, die den Ursprung der galaktischen Strukturen bilden, wiederholt sich auch in der Verteilung der Insel-Universen innerhalb des Multiversums. Es scheint fast so, als ob die Natur ihre Formen in verschiedenen Maßstäben wiederholt und sie in den unendlich vielen denkbaren Variationen eines Spiels mit Spiegelungen verarbeitet.

Die ewige Inflation kehrt die Bedeutung des Big Bang um. Er ist nicht mehr ein besonderes Ereignis, das nur einmal in der kosmischen Geschichte stattgefunden hat. Big-Bang-Ereignisse gibt es ständig, wie Regentropfen, die während eines Gewitters auf den Boden fallen. Auch in diesem Moment findet irgendwo im Multiversum ein Big Bang statt. Und Big Bangs werden in der Zukunft immer wieder stattfinden.

In ihrer ewigen Version ist die Inflation kein Phänomen, das auf die fernste Vergangenheit unseres Universums beschränkt ist, sondern ein dauerhaftes

Element der physikalischen Realität. Auch jetzt, in diesem Moment, befinden sich Regionen des Raums weit entfernt von uns in einer schwindelerregenden Inflation. Und irgendwo im Multiversum wird die Inflation ewig andauern.

Die extreme kopernikanische Revolution

Hätte ich in der Antike gelebt, hätte ich die These verteidigt, dass die Erde das Zentrum des Universums ist. Alle Hinweise deuten in diese Richtung. Der Sonnenwagen durchquert auch heute noch den Himmel jeden Tag und zieht einen Bogen von Ost nach West. Die Sterne bewegen sich mit dem Fortschreiten der Jahreszeiten und behalten ihre relativen Entfernungen bei, genau so, als wären sie auf einen Hintergrund geklebt, der sich um uns dreht. Die Konstellationen am Firmament bilden symbolische Figuren, Träger von geheimen Botschaften. Die Sterne erscheinen als unveränderliche Elemente eines unaufhaltsamen Mechanismus, während das Leben auf der Erde von ständigen Metamorphosen bestimmt wird. Der menschliche Geist ist unermesslich komplexer als die stummen Himmelskörper. Alles hätte mich in der Antike glauben lassen, dass die Menschheit im Zentrum des Universums wohnt. Es brauchte Zeit und Vertrauen in die wissenschaftliche Methode, um zu verstehen, dass das nicht der Fall ist.

Die kopernikanische Revolution war wirklich eine Revolution, denn sie hat nicht einfach die Reihenfolge der Himmelsbahnen umgekehrt, sondern die Grundlagen des menschlichen Denkens über die Prinzipien umgestürzt, die das Universum leiten. Als Kopernikus die Erde aus dem kosmischen Zentrum verbannte und sie um die Sonne kreisen ließ, setzte er einen Prozess in Gang, der sich als unaufhaltsam erwiesen hat.

Die kopernikanische Revolution setzte sich fort mit der Erkenntnis, dass die Sonne einer von unzähligen anderen ähnlichen Sternen ist und dass das Sonnensystem um das Zentrum der Milchstraßengalaxie kreist, wobei es seine Umlaufbahn in etwa 230 Mio. Jahren vollendet. Die Revolution ging weiter, als die Beobachtungen von Hubble bestätigten, dass die Milchstraße nur eine Insel aus Sternen ist, ähnlich den anderen tausend Milliarden Galaxien, die das beobachtbare Universum bevölkern. Dann wurde entdeckt, dass im Universum die atomare Materie, aus der wir bestehen, fünfmal weniger häufig (4,9 % der gesamten Energie/Masse des Universums) ist als die dunkle Materie (26,8 %), die wiederum einen Energiegehalt hat, der fast dreimal geringer ist als der der dunklen Energie (68,3 %). Kurz gesagt, es ist heute schwierig zu behaupten, dass die Menschheit eine privilegierte Position im Universum einnimmt.

Das Multiversum treibt die kopernikanische Revolution auf ein extremes Niveau. Nicht nur die Erde, das Sonnensystem oder unsere Galaxie sind anonyme Individuen einer gigantischen Menge, sondern aufgrund der ewigen Inflation sogar unser Universum. Das beobachtbare Universum ist nur ein Sandkorn, ähnlich unendlich vielen anderen, verloren im Tumult eines riesigen Ozeans.

Vielleicht gibt es sogar mehr als das, was Giordano Bruno sich vorgestellt hatte. Seine unendlichen Welten könnten nicht einfach nur andere Sterne mit anderen Planeten sein, die um sie kreisen, sondern andere Universen, unterschiedlich zu unserem, geboren zu verschiedenen Zeiten in der Vergangenheit und geboren in einer ewigen Zukunft.

Nachdem Giordano Bruno gezwungen wurde, auf Knien sein Urteil zu hören, wandte er sich an seine Ankläger mit den Worten:

„Ihr fället wohl mit größerer Furcht dies Urteil, als ich es hinnehme."

Er wusste, dass kein Gericht den menschlichen Wunsch stoppen kann, die Grenzen des Wissens zu überschreiten.

Ist das Universum unendlich?

Philosophen aller Zeiten haben sich über die Frage der Größe des Universums gestritten: Einige hielten den Raum für unendlich, andere für endlich, anderen wiederum war nicht einmal klar, was sie sagten. Yoko Ono wählte den Mittelweg, als sie ihr Album *Approximately Infinite Universe* (ungefähr unendlich großes Universum) komponierte. Die ewige Inflation bietet eine überraschende Antwort auf die jahrtausendealte Frage nach der Unendlichkeit des Universums. Die Antwort scheint mehr im Einklang mit der Musik von Yoko Ono zu sein als mit der Meinung der Philosophen aller Zeiten.

Um unsere Frage zu beantworten, betrachten wir ein einzelnes Insel-Universum, das im Multiversum entstand. Abb. 12.2a zeigt die Insel in einem Raumzeit-Diagramm, in dem, wie üblich, der Raum nur durch eine einzige Dimension dargestellt ist. Aus der Sicht des Großen Bruders – dem übernatürlichen Wesen, das einen Überblick über das gesamte Multiversum hat – wird jede Insel in einer kleinen Region des Raums zu einem bestimmten Zeitpunkt des Big Bang starten. Mit der Zeit (von unten nach oben in der Abbildung) wächst die Insel, aufgrund der Expansion des Raumes. Da das Insel-Universum in einer begrenzten Region geboren wurde, ist sein Raum zum Zeitpunkt des Big Bang zwangsläufig endlich. Die kosmische Expansion

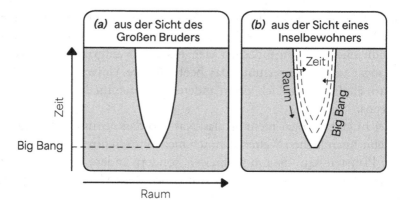

Abb. 12.2 Ein Insel-Universum (weißer Bereich), geboren innerhalb des Ozeans des inflatorischen Raumes (grauer Bereich), in einem Raumzeit-Diagramm mit nur einer räumlichen Dimension. Das Kästchen (a) zeigt die Sicht des Großen Bruders, wonach das Insel-Universum aus dem Big Bang geboren wird und sich dann ausdehnt. Das Kästchen (b) zeigt die Sicht eines Inselbewohners, der den Big Bang als Ereignis identifiziert, das in der gesamten Region, vom Ufer (durchgezogene Linie) ausgehend, voranschreitet. Die Zeit wird als die Entfernung vom Ufer gemessen, die gestrichelten Linien zeigen Regionen des Raums im gleichen evolutionären Augenblick

vergrößert diese Region, aber während einer endlichen Lebensdauer des Universums kann sie nie in einen unendlichen Raum verwandelt werden. Daher behauptet der Große Bruder mit absoluter Überzeugung seine Version der Fakten: *Der Raum jedes Insel-Universums ist endlich.*

Die kategorische Aussage des Großen Bruders bezieht sich auf den Raum jedes einzelnen Insel-Universums und nicht notwendigerweise auf den Raum des gesamten Multiversums, das durchaus endlich oder unendlich groß sein könnte. Mit anderen Worten: Wir wissen nicht, ob Abb. 12.2a sich unendlich nach rechts und links erstreckt. Allerdings brauchen wir das auch nicht zu wissen, um unsere Beweisführung fortzusetzen und zu den Schlussfolgerungen zu gelangen.

Die Allgemeine Relativitätstheorie lehrt uns, dass die Realität je nach Standpunkt des Beobachters sehr unterschiedlich erscheinen kann. Der Große Bruder hat das Privileg, das Multiversum in seiner Gesamtheit zu beobachten, während er sich außerhalb des Raums befindet. Wir können uns jedoch verschiedene Große Brüder vorstellen, die sich relativ zueinander bewegen und die Insel-Universen in unterschiedlicher chronologischer Reihenfolge entstehen sehen. Jeder dieser Großen Brüder berichtet von einer anderen Realität, und keiner von ihnen lügt. Die verschiedenen Versionen ihrer Geschichten sind eine Folge der Relativität.

Unter allen möglichen Standpunkten gibt es einen besonders interessan-
ten: den des Bewohners eines Insel-Universums. Es ist eine begrenzte Perspektive, weil der Insulaner nicht in der Lage ist, das gesamte Multiversum zu beobachten, aber es ist eine relevante Perspektive, weil wir Menschen Bewohner
eines solchen Insel-Universums sind.

Im Gegensatz zum gesamten Multiversum, wo die komplexe Heterogenität
keine absolute Definition der Zeit zulässt, gibt es innerhalb einer einzigen
Insel eine Uhr, auf der jeder Bewohner die Zeit ablesen kann. Diese Uhr ist
die kosmische Evolution.

Die allgemeine Gleichmäßigkeit von Materie und Strahlung innerhalb der
Insel, die zu jedem Zeitpunkt durch die Inflation gewährleistet ist, ermöglicht
es, die Zeit in einem universellen Sinn zu definieren, der nicht davon abhängt,
welcher Bewohner die Uhr abliest. Überall auf unserer Insel begannen sich die
ersten zusammengesetzten Atomkerne etwa zwanzig Sekunden nach dem Big
Bang zu bilden, der gravitative Kollaps der dunklen Materie begann 60.000
Jahre danach, die kosmische Hintergrundstrahlung trägt das Datum von
380.000 Jahren nach dem Big Bang, und so weiter bis zur Erschöpfung des
nuklearen Brennstoffs in den Sternen. Alles liegt auf einer Zeitlinie, die durch
die Evolution des Universums gekennzeichnet ist.

Auch wenn sie in viel größeren Entfernungen als dem kosmischen Horizont leben und daher nicht miteinander zu kommunizieren vermögen, können alle Insulaner übereinkommen, die Zeit so zu definieren, dass der Big
Bang der Nullpunkt ist.

Der Nullpunkt, also der Big Bang, entspricht dem gesamten Ufer, das die
Insel vom Ozean trennt, wie es in Abb. 12.2b gezeigt wird. An der Grenze
zwischen Insel und Ozean endet die Inflation, und die Vakuumenergie verwandelt sich in das brodelnde Gas von Teilchen, das das Universum unmittelbar nach dem Big Bang bildet. Auf der Insel beginnt die Zeit mit dem Big
Bang, und gleichzeitige Ereignisse befinden sich nicht auf der gleichen gestrichelten horizontalen Linie der Abb. 12.2a, wie der Große Bruder behauptet, sondern auf den gestrichelten Linien im Feld (b). Die Zeit verläuft syn-
chron mit der kosmischen Evolution, und je tiefer man in die Insel eindringt,
umso älter wird das Universum, das man erforscht.

Für den Großen Bruder findet der Big Bang an einem bestimmten Ort
statt. Für den Insulaner findet der Big Bang zu einem bestimmten Zeitpunkt
statt, aber gleichzeitig im gesamten Raum.

Das Ufer der Insel in Abb. 12.2 schließt sich auch in ferner Zukunft nicht.
Das liegt an der Vorhersage der Inflationstheorie, wonach das Insel-Universum
eine flache Geometrie hat und daher der Druck durch die Expansion des Universums nie ganz aufhört. Ist die Inflation ewig, existiert das Multiversum in
alle Zukunft, und die Zeit hat kein Ende. Da das Ufer den gesamten Raum

des Insel-Universums zum Zeitpunkt des Big Bang beschreibt, kommt man zu der phänomenalen Schlussfolgerung, dass das Universum in einem unendlichen Raum entstanden ist. Das ist die unbestreitbare Version der Fakten, die uns die Insulanern liefern, die den gleichen Standpunkt wie wir Menschen haben: *Der Raum jedes Insel-Universums ist unendlich.*

Die Schlussfolgerung mag paradox erscheinen. Die Inflation hat einen unendlichen Raum in einem Körnchen des Multiversums geschaffen, das weitaus kleiner war als ein Proton. Tatsächlich konnte sie eine unendliche Anzahl von Insel-Universen unendlicher Größe innerhalb eines Multiversums mit endlichem Raum schaffen. Aber verstößt das nicht gegen die physikalischen Gesetze? Und wie ist es möglich, mit dem Big Bang in einer endlichen Zeitspanne einen unendlichen Raum zu schaffen?

Diese Fragen werfen kein Paradoxon auf, sondern offenbaren die Magie der ewigen Inflation. Wie bei jeder Magie verbirgt sich hinter dem scheinbaren Wunder ein Trick. Der Trick liegt in der Relativität, die den absoluten Sinn von Raum und Zeit zugunsten ihrer einzigartigen Mischung ablöst, der Raumzeit. Die Realität der Raumzeit ist absolut, aber sie erscheint für diejenigen anders, die Raum und Zeit unterschiedlich messen.

Wir können uns vorstellen, die Raumzeit zu schneiden, wie man einen Schinken schneidet. Jede Scheibe entspricht dem Raum zu einem bestimmten Zeitpunkt, während der gesamte Schinken die Gesamtheit der Raumzeit darstellt. Die Art und Weise, wie die Raumzeit geschnitten wird, hängt davon ab, wie die Zeit gemessen wird. Beobachter an verschiedenen Orten oder in relativer Bewegung zueinander haben ihre eigene Wahrnehmung der Zeit, die einer anderen Art entspricht, die Raumzeit zu schneiden. Die Scheiben unterscheiden sich daher für die verschiedenen Beobachter: Für einige von ihnen ist der Raum unendlich, für andere ist er endlich. Daran ist nichts Paradoxes. Es ist nur eine der vielen Seltsamkeiten, mit denen man sich in der relativistischen Welt auseinandersetzen muss.

Der Große Bruder sieht zu jedem Zeitpunkt den Raum des Insel-Universums als einen horizontalen Abschnitt der Abb. 12.2a, daher ist sein Universum endlich. Der Insulaner sieht zu jedem Zeitpunkt den Raum als einen Abschnitt entlang einer gestrichelten Linie der Abb. 12.2b, daher ist sein Universum unendlich. Der Trick liegt in der Vermischung von Raum und Zeit. In der ewigen Inflation ist, wie der Name selbst andeutet, die Zeit unendlich. Der Insulaner interpretiert die Unendlichkeit der Zeit als eine Unendlichkeit des Raums.

Yoko Ono hatte es richtig gesehen, wenn sie mit ‚ungefähr' meinte, dass die Unendlichkeit unseres Universums für ein übernatürliches Wesen, das außerhalb des Raums schwebt und in der Lage ist, das Multiversum als Ganzes zu beobachten, nur als eine Fata Morgana erscheint.

Der Albtraum der unendlichen Wiederholungen

Es gibt ein Wohnhaus in Genf, in dem die Innenwände des Aufzugs vollständig mit Spiegeln verkleidet sind. Wenn ich nach oben fahre, fixiert sich mein Blick unweigerlich auf die Wand, wo ich eine endlose Reihe meiner Spiegelbilder sehe, die sich gegenseitig in den beiden gegenüberliegenden Spiegeln reflektieren. Diese unendlichen Wiederholungen meines Bilds machen mir Unbehagen, aber sich umzudrehen hilft nichts. Die gegenüberliegende Wand zeigt eine identische endlose Sequenz meiner Bilder, die mich verlegen anstarren. Auch wenn ich bis zur obersten Etage muss, ziehe ich es normalerweise vor, die Treppe zu nehmen.

Mein unsinniges Unbehagen ist nichts im Vergleich zu dem, was man fühlen kann, wenn man über die ewige Inflation nachdenkt. Konzentrieren Sie sich auf das eine Insel-Universum, in dem wir leben, und teilen Sie es in Regionen auf, die so groß sind wie der aktuelle kosmische Horizont, also einen Durchmesser von 93 Mrd. Lichtjahren haben. Da wir jetzt wissen, dass der Raum unseres Insel-Universums unendlich groß ist, brauchen wir eine unendliche Anzahl von Regionen, um ihn vollständig abzudecken. Diese Regionen erscheinen wie Paralleluniversen, in dem Sinne, dass sie gleichzeitig existieren, aber keine Möglichkeit haben, miteinander zu kommunizieren. Da sie alle aus demselben Big Bang entstanden sind, haben alle Regionen einen gemeinsamen Ursprung, und daher sind all diese Paralleluniversen nahezu identisch.

Bis hierhin scheint die Geschichte ziemlich monoton zu sein: eine unendliche Folge von Paralleluniversen, Kopien voneinander, wie die Bilder, die von den Spiegeln an den Wänden eines Aufzugs reflektiert werden. Aber die Quantenmechanik verursacht den unvorhersehbaren Theatercoup.

Ohne die quantenmechanischen Effekte wären alle Regionen perfekt homogen und identisch. So fügen sie aber kleine Variationen zur Vakuumenergie hinzu, die den Raum vor dem Big Bang füllt. Wie im Kap. 11 diskutiert, sind diese Variationen die Samen, die, genährt durch den gravitativen Kollaps, schließlich die galaktischen Strukturen bilden, die heute am Himmel zu sehen sind. Da die quantenmechanischen Fluktuationen zufällig sind, folgt jedes Paralleluniversum seiner eigenen evolutionären Geschichte, die durch die gravitativen Kollapse verstärkt sehr unterschiedlich verlaufen kann. Die Paralleluniversen haben global die gleiche Struktur, die durch ihren gemeinsamen inflationären Ursprung bestimmt ist, können aber in Bezug auf Galaxien, Sterne, Planeten und Lebensformen erheblich voneinander abweichen.

Die zweite Zutat, die die Quantenmechanik beiträgt, ist die Unschärfe der physikalischen Größen, die durch Heisenbergs Unschärferelation beschrieben wird. Diese Unschärfe hat zur Folge, dass die Anzahl der möglichen evolutionären Geschichten einer kosmischen Region nicht unendlich groß ist, weil infinitesimal ähnliche Geschichten, prinzipiell nicht unterscheidbar sind. Man kann die Anzahl der möglichen evolutionären Geschichten des quantenmechanischen Systems berechnen. Das Ergebnis ist eine enorm große, aber endliche Zahl.

Die dritte Zutat hat wieder mit der probabilistischen Natur der Quantenmechanik zu tun. Jede evolutionäre Geschichte hat eine bestimmte Wahrscheinlichkeit, sich zu verwirklichen, und daher wird sie sich in der unendlichen Menge kosmischer Regionen auch sicher verwirklichen. Die Quantenmechanik besagt, dass *alles* früher oder später geschieht, was nicht unmöglich ist. Aus dieser Perspektive folgt die Quantenmechanik den Prinzipien des römischen Rechts: „*Ubi lex voluit dixit, ubi noluit tacuit*" (Wo das Gesetz es wollte, sprach es; wo es nicht wollte, schwieg es). Übersetzt in die Sprache der Wissenschaft bedeutet diese liberale Interpretation der Realität, dass jeder physikalische Prozess, der nicht ausdrücklich durch ein Grundgesetz verboten ist, eine gewisse Wahrscheinlichkeit hat, in der quantenmechanischen Welt abzulaufen.

Die drei Zutaten führen zusammen zu einer überraschenden, aber unvermeidlichen Schlussfolgerung. Da es eine endliche Anzahl kosmischer Geschichten für eine unendliche Anzahl von Paralleluniversen gibt und jede kosmische Geschichte notwendigerweise Wirklichkeit werden muss, *geschieht jede mögliche kosmische Geschichte in irgendeinem Paralleluniversum und wiederholt sich in unendlich vielen anderen Paralleluniversen.* An der Wurzel eines so verblüffenden Ergebnisses steht das mysteriöse Konzept der Unendlichkeit, die in sich selbst jede Zahl unendlich oft enthalten kann.

Der beunruhigendste Aspekt der Geschichte tritt zutage, wenn wir dieses Ergebnis auf das menschliche Leben anwenden. Unsere eigene Existenz ist der Beweis, dass das Leben eine mögliche Folge der kosmischen Geschichte ist, und daher muss es sich nach den Gesetzen der ewigen Inflation nicht nur einmal, sondern unendlich oft in anderen Paralleluniversen verwirklichen oder verwirklicht haben. Innerhalb dieser unendlich vielen Möglichkeiten gibt es unzählige exakte Kopien von jedem von uns, die gerade dieses Buch lesen oder schreiben. Oder Kopien von uns, die eine Jugendliebe nicht verabschiedet haben, oder die die große Liebe bei einem Treffen getroffen haben, das wir um fünf Minuten verpasst haben. In anderen Welten hat Napoleon die Schlacht von Waterloo unendlich oft verloren oder gewonnen. Lars Porsenna hat die Römer besiegt, und jetzt wird in Italien ein etruskischer Dialekt gesprochen. Renzo und Lucia aus dem Roman *Die Brautleute* von Alessandro Manzoni sind an der Pest gestorben, während Romeo glücklich Julia geheiratet hat.

In der Erzählung *Die Bibliothek von Babel* erzählt der argentinische Schriftsteller Jorge Luis Borges von einer Bibliothek, die alle Bücher enthält, die aus all den möglichen Permutationen der Buchstaben zusammengesetzt sind. Alle

Geschichten, die nie geschrieben wurden und noch geschrieben werden, sind bereits dort enthalten, zusammen mit allen philosophischen Abhandlungen und einer unendlichen Anzahl von Buchstabenfolgen ohne Sinn. Sie sind vielleicht in einer alten Sprache geschrieben, die jetzt vergessen ist, oder in Sprachen, die noch nicht erfunden wurden. Jedes einzelne Insel-Universum ist eine Bibliothek von Babel, auf deren Regalen unzählige Paralleluniversen liegen.

„Es gibt nichts Neues unter der Sonne", heißt es in *Prediger* 1, 9. Im Licht der ewigen Inflation nimmt die biblische Aussage eine noch dringlichere Bedeutung an. Es gibt nichts Neues oder Originelles. Jeder Gedanke, der uns in den Kopf kommt, wurde bereits unendlich oft in anderen parallelen Welten gedacht. Jede Idee, die wir analysieren, wurde bereits untersucht und vielleicht aus guten Gründen verworfen, die uns noch entgehen. Auch die ewige Inflation ist eine Theorie, die bereits unendlich oft erfunden wurde.

Seit ich die Bedeutung der ewigen Inflation verstanden habe, macht es mir nichts mehr aus, in den Aufzug dieses Gebäudes in Genf zu steigen. Es gibt schlimmere Albträume, als sich im Spiegel zu sehen. Das Studium der ewigen Inflation hat mir die Mühe des Treppensteigens erspart.

13

Die Komplexität des Multiversums

Wir verehren das Chaos, weil wir es lieben, Ordnung zu schaffen.
M.C. Escher

Alice entdeckt während ihrer Abenteuer *im Wunderland* und *hinter den Spiegeln* neue Welten, in denen die natürliche Ordnung der Dinge umgekehrt ist. Indem sie auf eine Seite des Pilzes beißt, auf dem die Raupe ihre Wasserpfeife raucht, kann Alice winzig klein werden, während ein Biss auf die andere Seite sie zu einem Riesen macht. Im Haus des Märzhasen fließt die Zeit rückwärts, und die Uhr des verrückten Hutmachers zeigt immer sechs Uhr, weil immer Teestunde ist. Spielkarten und Schachfiguren werden lebendig. Die Rote Königin läuft atemlos, bleibt aber immer an der gleichen Stelle. Die fetten Zwillinge Tweedledum und Tweedledee versuchen Alice davon zu überzeugen, dass sie nur eine imaginäre Figur in einer simulierten Realität ist, die in den Träumen des Roten Königs lebt, der am Rand des Schachbretts schläft.

Die Welten, die Alice besucht, unterscheiden sich von denen, die sich Lukrez vorgestellt hat. Die Atome in *De rerum natura* können sich in verschiedenen Formen kombinieren, aber sie gehorchen der gleichen natürlichen Ordnung. Die physikalischen Gesetze im *Wunderland* hingegen widersprechen denen der Realität, in der wir leben. Sie sind so unwirklich, dass Lewis Carroll seine Geschichte beendet, indem er Alice aus dem Traum aufwachen lässt, in dem sie so wunderbare Abenteuer erlebt hat und das Buch mit den Worten abschließt:

„Leben, was ist's – nur ein Traum?"

G. F. Giudice, *Vor dem Big Bang*, https://doi.org/10.1007/978-3-662-69847-1_13

Und wenn diese unwirklichen Welten nicht nur ein Traum wären? Könnten Paralleluniversen existieren, in denen die physikalischen Gesetze umgekehrt sind?

Dass es unendliche parallele Welten in einem einzigen Insel-Universum gibt, wie wir im vorherigen Kapitel gesehen haben, ist bereits ein Konzept, das schwindelerregend ist. Die unbegrenzten Kopien jeder zulässigen Realität lassen einen perplex zurück und wecken existenzielle Albträume. Und doch werde ich jetzt von einem noch verwirrenderen Aspekt des Multiversums erzählen.

Der Physiker Alexander Vilenkin ist einer der Pioniere der Idee der ewigen Inflation. Zurückhaltend, aber freundlich, ist er eine Person von exquisiter Höflichkeit. In der Sowjetzeit war er Student in Charkiw – der Stadt, die heute traurige Berühmtheit durch die Gräueltaten der Invasoren der Ukraine bekommen hat. Als er von KGB-Agenten angesprochen wurde, die ihm Fragen über die politischen Ansichten eines anderen Studenten stellten, weigerte sich Vilenkin zu kooperieren und entdeckte bald, dass seine Anmeldung zu Promotionskursen plötzlich ausgesetzt wurde. Die Gründe wurden ihm nie mitgeteilt.

So war er gezwungen, sich Gelegenheitsjobs zu suchen und endete als Nachtwächter im örtlichen Zoo, wo er tagsüber auf eigene Faust Physik studierte. Dank eines Hilfsprogramms für jüdische Emigranten gelang es ihm, aus der Sowjetunion zu fliehen und sein Studium in den Vereinigten Staaten abzuschließen, wo er nun Professor an der Tufts-Universität ist.

Als Vilenkin 1983 die Theorie der ewigen Inflation vorschlug, fand sie wenig Anklang. Damals war die Inflation noch eine rein abstrakte Hypothese, und die ewige Inflation schien eine abstruse Fantasie auf der Grundlage dieser abstrakten Hypothese zu sein. Vilenkin konnte kaum Aufmerksamkeit erregen, als er schrieb, dass Elvis Presley irgendwo im Multiversum in einer der unendlich vielen Kopien paralleler Welten noch am Leben sein muss. Nicht einmal das Versprechen, den König des Rock&Roll zurückzubekommen, reichte aus, um die Aufmerksamkeit der Physiker zu erregen.

Die Dinge änderten sich, als man erkannte, dass die *Stringtheorie* revolutionäre Auswirkungen auf die Realität des Multiversums haben könnte. Um das Ausmaß dieser Revolution zu verstehen, müssen wir zunächst einen kleinen Exkurs in die Stringtheorie machen.

Die Quanten der Raumzeit

Die Allgemeine Relativitätstheorie bietet eine großartige Beschreibung der Gravitation, die elegant in ihren Prinzipien und erfolgreich im experimentellen Nachweis ist. Trotzdem trägt die Theorie in sich die Zeichen einer Pathologie, die es verhindert, dass sie universelle Gültigkeit hat.

Die alltägliche Erfahrung legt nahe, dass Materie, Raum und Zeit kontinuierliche Medien sind, die unendlich unterteilt werden können. Die Quantenmechanik lehrt uns jedoch, dass Materie keineswegs kontinuierlich ist. Sie löst sich vielmehr im mikroskopischen Bereich in *Quanten* auf, in das, was wir im allgemeinen Sprachgebrauch Teilchen nennen. Materie ist wie ein Computerbild: Es erscheint kontinuierlich, wenn es in normaler Auflösung betrachtet wird, aber wenn es ausreichend vergrößert wird, zerfällt es in einzelne Pixel.

In der Allgemeinen Relativitätstheorie werden Raum und Zeit als kontinuierliche Medien beschrieben. Da Raum und Zeit wie die Materie dynamische Medien sind, die auf physikalische Phänomene reagieren, sollte es nicht überraschen, dass auch die Geometrie der Raumzeit in Quanten zerfällt, wenn sie in den Bereich eintritt, der von der Quantenmechanik regiert wird. Das geschieht bei Distanzen, die hundert Milliarden Milliarden Mal (10^{20}) kleiner sind als ein Proton. Sie sind so klein, dass sie fast unvorstellbar sind, wenn uns nicht die Mathematik zur Hilfe kommen würde. Bei diesen winzigen Distanzen zerfällt die Raumzeit in quantenmechanische Größen, und es macht keinen Sinn mehr, sie als kontinuierliches Medium zu beschreiben. Wir wissen noch nicht, was die Allgemeine Relativitätstheorie ersetzen wird, wenn die Raumzeit in den quantenmechanischen Bereich eintritt, aber wir wissen sicher, dass die Theorie von Einstein durch etwas radikal anderes ersetzt werden muss. In Erwartung ihrer Entdeckung wurde der unbekannten Theorie der vorläufige Name *Quantengravitation* gegeben.

Die Schwierigkeit, die Quantengravitation zu formulieren, entsteht aus paradoxen Unendlichkeiten, die in den Berechnungen auftauchen, sobald man versucht, die Allgemeine Relativitätstheorie mit der Quantenmechanik zu versöhnen. Da das Problem in der punktförmigen Natur der Teilchen liegt, könnte eine mögliche Abhilfe in der Annahme bestehen, dass die Teilchen eine innere Struktur haben. Die einfachste Erweiterung eines nulldimensionalen Punktes ist eine eindimensionale Linie. Diese Idee liegt der *Stringtheorie* zugrunde.

In der Stringtheorie sind die primären Elemente der Realität eindimensionale ausgedehnte Objekte, die extrem dünnen Saiten ähneln, die frei sind, sich in komplizierten Verwicklungen zusammenzutun. Die Schwingungen dieser Saiten entsprechen verschiedenen Zuständen, genau wie die Saiten einer Violine verschiedene Frequenzen erzeugen, indem sie in unendlich vielen möglichen Harmonien schwingen. Im Gegensatz zu den Saiten einer Violine sind die String-Saiten nicht notwendigerweise an den Enden befestigt, sondern können im Raum schweben oder sich auf sich selbst zurückziehen.

Das enorme Interesse an dieser neuen Auffassung der Realität ist durch die Entdeckung gewachsen, dass die Gravitation nicht nur eine unvermeidliche Folge der Stringtheorie ist, sondern auch in perfekter Übereinstimmung mit den Prinzipien der Quantenmechanik beschrieben wird. Die Stringtheorie könnte also die Antwort auf die lang erwartete Theorie der Quantengravitation sein. Die Theorie sammelt weiterhin Punkte. Zum Beispiel ermöglicht sie eine genaue Zählung der Quantenzustände von Schwarzen Löchern und enthält die geeigneten Elemente zur Beschreibung der Kräfte zwischen den bekannten Elementarteilchen. Kurz gesagt: Es gibt gute Gründe zu glauben, dass die Stringtheorie eine grundlegende Rolle in der natürlichen Ordnung spielt.

In den Jahrzehnten um die Jahrtausendwende haben theoretische Physiker enorme Anstrengungen unternommen, um die Struktur der Stringtheorie zu verstehen. Es gab das Gefühl, nahe an der Entdeckung eines neuen Archetyps der Natur zu sein, von dem alle physikalischen Gesetze unvermeidlich abgeleitet werden. Es war der Traum einer endgültigen Vereinigung, ein Traum, in dem unsere physikalische Realität die einzig mögliche Folge eines einzigen grundlegenden Prinzips ist. Auf dem Weg der Physiker stand lediglich die Hürde, die komplexe Mathematik der Theorie zu bewältigen, doch dahinter wartete eine beispiellose Belohnung. Die besten Köpfe der theoretischen Physik machten sich mit Begeisterung und Hingabe an die Arbeit.

Die mathematische Struktur der Stringtheorie erwies sich als harter Brocken. Trotz enormer Fortschritte konnte niemand die Gleichungen entwirren und diese eine mögliche Lösung finden, die in der Lage ist, die gesamte physikalische Realität mit einem einzigen Pinselstrich zu beschreiben. Es wurde vermutet, dass diese Misserfolge nicht auf mangelnde mathematische Kreativität zurückzuführen waren, sondern eine verborgene Eigenschaft der Strings verbargen.

Jede Teilchentheorie enthält *physikalische Parameter*, also Zahlen, die ihre Eigenschaften bestimmen: die Intensität der Kräfte zwischen den Bestandteilen, die Masse der Teilchen, die Vakuumenergie oder ähnliche Größen. Diese Parameter können von der Teilchentheorie nicht berechnet werden und müssen aus experimentellen Messungen abgeleitet werden. Einer der attraktivsten Aspekte der Stringtheorie ist, dass alle physikalischen Parameter im Prinzip berechenbar werden. Es gibt keine freien Parameter mehr, und alle fundamentalen Konstanten der Natur werden von der Theorie selbst bestimmt. Das Problem ist, dass man, um die Werte dieser Parameter zu erhalten, den Zustand des Systems kennen muss, und das erfordert eine vollständige Lösung der Stringtheorie.

Die Situation ist ähnlich wie beim Wasser, das in drei Zuständen existiert: flüssig, fest und gasförmig. Es handelt sich immer um die gleiche Substanz, aber Eis sieht völlig anders aus als Wasserdampf. Auch die Stringtheorie ist einzigartig, kann sich aber in verschiedenen Zuständen manifestieren, in denen die Werte der physikalischen Parameter unterschiedlich sind.

Im Gegensatz zu Wasser, das nur drei Zustände annehmen kann, ist die Stringtheorie ein riesiges Chamäleon, das seine Form und sein Aussehen auf eine gewaltige Anzahl von Weisen ändern kann. Die Anzahl ist so kolossal, dass sie weit größer ist als die Anzahl der Sterne im beobachtbaren Universum, sie ist größer als die Anzahl der erlaubten Positionen der Schachfiguren (Tausende von Milliarden mal mehr, als es Sterne gibt, was uns eine Vorstellung davon gibt, wie phänomenal der Supercomputer Deep Blue war, als er den Weltmeister Garry Kasparov besiegte). Sie ist weit größer als die Anzahl der möglichen Positionen im Go-Spiel (die wiederum unermesslich größer ist als die des Schachspiels). Die Anzahl der möglichen Formen, die das Chamäleon der Stringtheorie annehmen kann, ist so gigantisch, dass sie jede Vorstellungskraft herausfordert.

Physikalische Realitäten, die auf den ersten Blick völlig unterschiedlich erscheinen, sind nur verschiedene Gesichter derselben Struktur: der Stringtheorie. Die weitere Überraschung ist, dass die verschiedenen Zustände der vielseitigen Stringtheorie durch zufällige Umstände bestimmt werden, die unmöglich genau vorherzusagen sind.

Es ist zumindest eine ironische Pointe, dass eine Theorie, die dazu gedacht war, eine einzige unumgängliche Realität zu liefern, am Ende eine unzählige Vielfalt von Alternativen vorhersagt. Die Theorie, die die endgültige Vereinigung offenbaren sollte, besiegelt von einem einzigen universellen Prinzip, führt uns in ein Labyrinth ganz unterschiedlicher Welten, die alle gleichermaßen möglich sind. Dieses erstaunliche Ergebnis ist charakteristisch für das Spiel der wissenschaftlichen Forschung. Die Wissenschaft macht Fortschritte nach den Regeln der Logik, und es ist nicht selten, dass man sich an einem Punkt wiederfindet, der dem entgegengesetzt ist, den man sich vorgenommen hatte.

Das geheime Leben des Multiversums

Man kann sich die Enttäuschung der theoretischen Physiker vorstellen, als sie diese vielfältige Landschaft der Möglichkeiten entdeckten, während sie geglaubt hatten, die endgültige Antwort auf die Geheimnisse der Natur in Reichweite zu haben. Aber hier kommt die ewige Inflation ins Spiel, die die Situation noch einmal umkehrt und ein scheinbar entmutigendes Ergebnis in eine neue faszinierende Möglichkeit verwandelt.

Kann sich die Theorie, die die Elemente beschreibt, aus denen sich die Materie zusammensetzt, wirklich auf unzählige verschiedene Arten manifestieren, wird jedes der Insel-Universen ein anderes Aussehen zeigen. Die physikalischen Parameter von jedem Insel-Universums werden per Zufall bestimmt, wie wenn sie durch einen Würfelwurf ausgewählt würden. Es sind sehr spezielle Würfel, denn Sie haben nicht sechs Seiten, sondern unglaublich viele – so viele, dass man den Kopf verliert.

Jedes Insel-Universum, dessen physikalische Parameter durch einen Würfelwurf bestimmt werden, ist mit Teilchen von unterschiedlichen Massen und Eigenschaften gefüllt und wird von unterschiedlichen fundamentalen Kräften beherrscht. Jedes besitzt eine unterschiedliche Vakuumenergie und kann sich sogar in der Anzahl der Raumdimensionen unterscheiden. Jedes Insel-Universum im Multiversum unterscheidet sich also von den anderen durch seine eigene sehr spezielle Realität. Es ist, als ob alle möglichen fantastischen Geschichten, die jemals ausgedacht wurden, im selben Buch stehen würden.

Die Stringtheorie färbt das Panorama des Multiversums mit einer neuen Farbe. Nach der Theorie stellen die Insel-Universen, die das Multiversum bevölkern, keine unendlich große Armee nahezu identischer Klone dar. Vielmehr enthält jedes eine einzigartige und originelle Welt. Letztendlich ähneln die Insel-Universen weit mehr den traumhaften Welten, die sich Lewis Carroll vorgestellt hat, als den unendlichen Ländern von Lukrez, die aus Atomen bestehen, die sich auf verschiedene Weisen kombinieren, aber immer den gleichen Regeln folgen.

Das Multiversum ist das Gegenteil von Einsteins Vorstellung, wonach grundlegende Prinzipien zu einem einzigen möglichen logisch kohärenten Universum führen müssen. Das Multiversum lehnt den monotheistischen Ansatz der Physik zugunsten einer heterogenen und harmonischen Sichtweise ab, in der verschiedene Realitäten koexistieren können.

Man sollte nun aber nicht denken, dass das Multiversum einem kosmischen Chaos entspricht und jede Art physikalischer Manifestation annehmen kann. Die Theorie, die die Inseln des Multiversums bestimmt – sei es die Stringtheorie oder eine andere Theorie der Quantengravitation – liefert vielmehr ein Gerüst fundamentaler Gesetze. Im Rahmen dieser Gesetze kann aber die objektive Realität durch die Veränderung der physikalischen Parameter ihr Aussehen radikal ändern. Dieser wandelbare Charakter des Multiversums öffnet einen Spalt zu einer neuen Vorstellung der Ordnung der Natur.

Die flüchtige Grenze zwischen Einfachheit und Komplexität

Das Ziel der Physik ist es, ein Muster hinter den natürlichen Phänomenen zu identifizieren und es in mathematischen Gleichungen zu formulieren, die wir physikalische Gesetze nennen. Dieser Prozess wird oft von einer Suche nach

Einfachheit geleitet, obwohl die Bedeutung von Einfachheit vage und subjektiv ist. Wir nehmen Einfachheit nach intuitiven Kriterien wahr. Jeder theoretische Physiker wäre bereit zu behaupten, dass die Allgemeine Relativitätstheorie zum Reich der Einfachheit gehört, obwohl ihre mathematische Formulierung so kompliziert ist, dass sie Laien erschreckt. Die Einfachheit einer Theorie liegt nicht in der Leichtigkeit, mit der ihre Gleichungen gelöst werden können, sondern in der kristallklaren Wesentlichkeit der Prinzipien, auf denen sie aufgebaut ist.

Ein Leitmotiv der Suche nach zunehmender Einfachheit ist die Vereinigung, also die Entdeckung, dass scheinbar unzusammenhängende Phänomene in Wirklichkeit verschiedene Aspekte eines identischen universellen Prinzips sind. Ein denkwürdiges Beispiel ist die bewundernswerte Intuition von Isaac Newton, dass der Fall eines Apfels und die Umlaufbahn des Mondes demselben Gravitationsgesetz folgen. Ein weiteres Beispiel ist die Synthese, die James Clerk Maxwell erreicht hat, indem er die Gleichungen, die elektrische Ladungen bestimmen, mit denen vereinigt hat, die Magneten bestimmen und damit den Elektromagnetismus begründete. Beides waren riesige Schritte auf dem Weg zum Verständnis einer tiefen Wahrheit: Die Komplexität der Natur verbirgt einheitliche Muster und eine unfassbare Einfachheit.

Der Weg zur Einfachheit erreichte seinen Höhepunkt mit der Teilchenphysik, die offenbarte, wie die Struktur der Materie und der fundamentalen Kräfte aus wenigen grundlegenden Hypothesen hervorgeht. Das Ergebnis war eine nahezu perfekte Vereinigung aller natürlichen Phänomene. Wir wissen noch nicht, ob es ein einziges endgültiges Prinzip gibt, aber es ist unbestreitbar, dass die Natur, zumindest soweit wir in sie mit der experimentellen Erforschung vorgedrungen sind, eine überraschende Einfachheit der grundlegenden physikalischen Gesetze offenbart.

Die reale Welt um uns herum ist jedoch komplex. Die Mechanismen, die das Leben erzeugen, biologische Organismen, die Wahrnehmung des Bewusstseins oder der freie Wille gehören zum Reich der Komplexität und können daher nicht mit den einfachen physikalischen Gesetzen beschrieben werden, die aus der Welt der Elementarteilchen abgeleitet wurden.

Wie bei der Einfachheit gibt es verschiedene Definitionen von Komplexität. Im Großen und Ganzen entsteht Komplexität, wenn ein System, das aus einer großen Anzahl von Komponenten besteht, autonome Eigenschaften entwickelt, die in den Eigenschaften der einzelnen Komponenten nicht erkennbar sind. Kurz gesagt: Ein komplexes System ist mehr als die Summe seiner Teile. Wir werden nie in der Lage sein, den Sprint eines Geparts, den Ausbruch eines Vulkans, das Weinen eines verzweifelten Mannes oder die Funktionsweise eines Computers zu verstehen, wenn wir nur eine Liste aller

Atome haben, aus denen sie zusammengesetzt sind. Es wäre, als wollte man den Sinn des Lächelns der *Mona Lisa* aus einer detaillierten Liste der Farben auf der Leinwand verstehen. Das Ganze hat etwas, das nicht aus seinen Komponenten abgeleitet werden kann.

Die Untersuchung der physikalischen Realität hat uns gelehrt, dass *die Natur einfache Prinzipien bevorzugt, aber komplexe Manifestationen.* Mathematisch ausgedrückt: Die Gleichungen, die die grundlegenden Prinzipien der Physik ausdrücken, sind einfach, aber ihre Lösungen – also die Art und Weise, in der physikalische Phänomene auftreten – sind in der Regel komplex. Physikalisch ausgedrückt: Die Konsequenzen einer physikalischen Theorie sind unweigerlich komplexer als die Theorie selbst. Bei der Erforschung der Grenze zwischen Einfachheit und Komplexität muss man zwischen Prinzip und Phänomen unterscheiden. Zum Beispiel sind Kollisionen zwischen Elementarteilchen sehr komplizierte Prozesse, aber die Prinzipien, die sie regieren, offenbaren eine tiefe logische Einfachheit.

Es reicht nicht aus, eine riesige Anzahl von Komponenten zusammenzufügen, um Komplexität zu erreichen, also ein System, das autonome physikalische Gesetze entwickelt. Der Übergang von Einfachheit zu Komplexität erfordert weit mehr als eine große Anzahl von Teilen. Er erfordert eine scheinbar fast wunderbare Zutat, die in speziellen Eigenschaften der physikalischen Gesetze der mikroskopischen Komponenten verborgen ist. Zum Beispiel kann man durch die Kombination von Lego-Steinen ein immer größeres Gebäude schaffen, aber man wird es nie komplex machen können. Im Gegensatz dazu erzeugt die Natur durch die Kombination einfacher Elementarteilchen das komplexe Leben.

Das Nebeneinander von Einfachheit und Komplexität ist eines der außergewöhnlichsten Wunder der Natur. Komplexe Systeme, die makroskopische natürliche Phänomene formen, entwickeln überraschend neue physikalische Gesetze, die im Prinzip aus denen ableitbar sind, die ihre Komponenten regieren, aber in der Praxis völlig unterschiedlich sind und ein Eigenleben entwickeln können. Ein verborgener logischer Faden verbindet die grundlegenden Gesetze mit den neuen und webt ein Netz der natürlichen Welt in einem Geflecht, das zwischen Einfachheit und Komplexität schwebt. Die gegenseitige Interaktion von Einfachheit und Komplexität ist der letzte und tiefe Grund für die unbeschreibliche Faszination der natürlichen Phänomene – sei es aus der Sicht eines verzauberten Dichters oder als grundlegende Prinzipien von Wissenschaftlern ausgedrückt.

Die Natur hat erreicht, was keinem Künstler je gelungen ist. In ihrem Meisterwerk hat sie Einfachheit und Komplexität in Einklang gebracht, zwei auf den ersten Blick unvereinbare Konzepte, die jedoch verschmelzen und in

Harmonie treten, um den Zauber eines Universums zu schaffen, in dem grundlegende essenzielle Gesetze und komplexe physikalische Phänomene koexistieren.

Ob Einfachheit oder Komplexität vorherrscht, hängt wie in Abb. 13.1 dargestellt, von den Dimensionen ab, die bei der Beobachtung der Natur eine Rolle spielen. Der LHC, der große Beschleuniger des CERN, untersucht die Struktur der Materie bis hin zu Bruchteilen von Milliardstel Milliardstel Metern (10^{-18} m). Das ist das Reich der Elementarteilchen, aus dem wir die grundlegendsten physikalischen Gesetze, die wir heute kennen, abgeleitet haben. Sie zeigen die außergewöhnliche Einfachheit der logischen Struktur der Natur. Mit zunehmendem Maßstab treffen wir auf Atomkerne von einem Millionstel Milliardstel Meter (10^{-15} m) Größe, dann auf Atome und Moleküle von einem Milliardstel Meter (10^{-9} m) Größe, Zellen zwischen zehn und hundert Millionstel Meter ($10^{-5} - 10^{-4}$ m) und biologische Organismen im Metermaßstab. Bei jedem weiteren Schritt gewinnt die Komplexität gegenüber der Einfachheit mehr die Oberhand. Jeder Schritt entwickelt seine eigenen neuen Gesetze, und die grundlegenden Gesetze verlieren zunehmend ihren praktischen Nutzen, verwirrt durch die exorbitante Kombinatorik von komplexen Systemen mit immer mehr Komponenten. Deshalb wird das Wissen über die Gesetze der Elementarteilchen Ihnen nicht viel helfen, wenn Sie

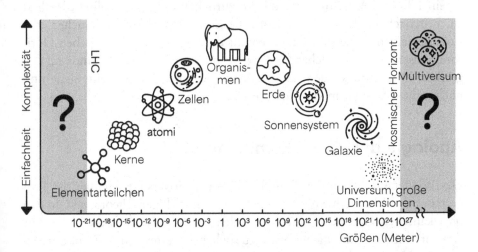

Abb. 13.1   Eine schematische Darstellung des Anwachsens von Komplexität, beginnend mit der mikroskopischen Welt der Elementarteilchen bis hin zur Welt der biologischen Organismen, und des anschließenden Rückgangs der Komplexität, wenn das Universum in immer größeren Entfernungen betrachtet wird, die bis an die Grenze unseres kosmischen Horizonts gehen. Die Existenz des Multiversums würde die Trendumkehr bei noch größeren Entfernungen anzeigen. Die grauen Bereiche in der Abbildung zeigen Zonen jenseits unserer aktuellen experimentellen Forschungsmöglichkeiten

eine Waschmaschine reparieren oder wenn Sie verstehen wollen, warum Sie sich plötzlich verlieben.

Nimmt die Komplexität mit zunehmenden Entfernungen endlos zu? Die Astronomie sagt nein. Die Erforschung immer größerer Entfernungen hat uns gezeigt, dass sich irgendwo die Richtung ändert. Jenseits der Planeten, Sterne und Galaxien, bei Entfernungen von mehr als einer Million Billionen Billionen Meter (10^{30} m), gewinnt die Einfachheit wieder die Oberhand über die Komplexität. In diesem Regime kehren die gleichen grundlegenden physikalischen Gesetze zurück, die die Einfachheit des mikroskopischen Raums regieren. Sie beherrschen auch die Ordnung des kosmischen Raums. Diese aufkommende Einfachheit ist der tiefe Grund, der die Verbindung zwischen der Mikrowelt und dem Kosmos erklärt. Sie ist das magische Geheimnis, das es uns ermöglicht, den Ursprung des Universums mit mächtigen Teilchenbeschleunigern in unterirdischen Tunneln zu erforschen.

Ist das das Ende der Geschichte der Einfachheit? Dass sie an den beiden entgegengesetzten Enden des Raums, im winzigen und gewaltig großen Raum zum Vorschein kommt, während die Komplexität im mittleren Bereich vorherrscht? Laut der ewigen Inflation ist die Antwort nein. Gehen wir über den Horizont des beobachtbaren Universums hinaus in Bereiche jenseits von allem, was wir mit unseren Instrumenten messen können, hat die Komplexität einen letzten Aufschwung und kehrt zurück, um die physikalische Realität zu beherrschen. Das Multiversum besiegelt das Wiederauftauchen der Komplexität im äußersten Raum jenseits der Grenzen des kosmischen Horizonts. Fast wie in einem lebenden Organismus entwickelt der Kosmos auf den größten Entfernungsskalen, die wir heute begreifen können eine neue und noch unbekannte Form von Komplexität.

Apologie der Unvollkommenheit

Das Wiederauftauchen der Komplexität im Multiversum zeichnet das Programm zur Suche nach einer hypothetischen endgültigen Theorie neu. In den physikalischen Gesetzen unseres speziellen Insel-Universums die endgültige Antwort auf die Ordnung der Natur zu suchen, könnte ebenso illusorisch sein wie der Versuch, die Form eines Strandes durch die Untersuchung eines einzelnen Sandkorns herauszufinden.

Die Lektion des Multiversums ist, dass sich selbst eine endgültige, einfache Theorie auf komplexe Weise manifestieren könnte. Daran ist nichts Seltsames, denn wir haben schon oft aus dem Studium der physikalischen Welt gelernt, dass die Natur einfache Prinzipien bevorzugt, aber komplexe Manifestationen. Die wahre Neuheit des Multiversums ist, dass sich die Komplexität nicht nur in Phänomenen manifestiert, sondern auch in physikalischen Parametern. Folglich werden nicht nur die einzelnen Insel-Universen Teil der Komplexität, sondern auch die physikalischen Gesetze, die in ihnen gelten.

Die Vorstellung eines reinen und kristallinen Universums, wie dem fast perfekt flachen und einheitlichen, das aus den astronomischen Beobachtungen hervorgeht, scheint im Widerspruch zu der Intuition zu stehen, dass die Natur es vorzieht, sich auf komplexe Weise zu manifestieren. Es scheint auch im Widerspruch zum Geist der kopernikanischen Revolution zu stehen, die absolute und perfekte kosmische Strukturen ablehnt. Mir erscheint das Bild eines Universums passender zu sein, das von ständigen Geburtswehen betroffen ist, und in dem jedes Insel-Universum nichts Besonderes hat, sondern Teil einer Population von Individuen ist, die geboren werden und altern; wo der Big Bang nicht ein schicksalhafter Moment ist, sondern nur einer von unendlich vielen anderen Episoden, die die kosmische Geschichte prägen; wo es nichts Absolutes und Perfektes gibt, sondern nur einen Wirbel von Raum in ständiger Veränderung. Mir erscheint das Multiversum viel mehr im Einklang mit dem zu sein, was wir bisher über die Natur gelernt haben.

Hier liegt die wahre konzeptionelle Revolution des Multiversums: Es weist uns darauf hin, dass in der Untersuchung der ersten Prinzipien Komplexität eine wesentliche Rolle spielen könnte. Die Jagd auf eine endgültige Gleichung, die das gesamte Wissen über die Natur auf ihrer tiefsten Ebene zusammenfasst, könnte vergeblich sein. Die Suche nach dem Schlüssel der natürlichen Ordnung ist eine faszinierende Geschichte, es ist aber eine Suche, die kein Ende hat. Es gibt keine absolute Wahrheit, sondern nur immer bessere Annäherungen an die Wahrheit.

Wenn wirklich jedes Insel-Universum unterschiedliche physikalische Parameter aufweist, bekommt die Suche nach den Prinzipien der Natur einen probabilistischen Unterton. Aus dieser Perspektive befinden sich die Physiker, die heute das Multiversum erforschen, in einer ähnlichen Situation wie zu Beginn des 20. Jahrhunderts, als die Quantenmechanik das wissenschaftliche Denken revolutionierte, indem sie zeigte, dass die Natur probabilistischen Gesetzen folgt. Es war für die Physiker der damaligen Zeit dramatisch, die deterministische Auffassung der Realität aufzugeben, die seit der Geburt der Wissenschaft als selbstverständliche Wahrheit galt.

Es gibt jedoch einen wesentlichen Unterschied. Im Falle der Quantenmechanik kann der prohabilistische Charakter der theoretischen Vorhersage durch unzählige Wiederholungen des Experiments und die Sammlung einer statistisch ausreichend großen Stichprobe von Daten überprüft werden. Im Gegensatz dazu können die probabilistischen Vorhersagen des Multiversums nur mit einem einzigen Universum verglichen werden: dem, in dem wir existieren. Das erschwert das Leben derjenigen außerordentlich, die das Multiversum erforschen wollen, da es nicht offensichtlich ist, wie man sich durch das Labyrinth der Komplexität seiner probabilistischen Vorhersagen navigieren kann.

Das anthropische Prinzip

Um eine der logischen Fallen zu verstehen, in die man bei der Erforschung des Multiversums geraten kann, stellen Sie sich vor, Sie wären eine leidenschaftliche Go-Spielerin. Sie sind so begeistert vom Go-Spiel, dass Sie beschließen, seine weltweite Popularität zu untersuchen. Mit Ihrem wissenschaftlichen Geist wollen Sie mit statistischen Daten beginnen und führen eine Umfrage unter den Mitgliedern des Go-Freundeskreises durch. Die Ergebnisse sind überraschend und zeigen, dass Go das bevorzugte Spiel aller Befragten ist. Die Daten sind so erstaunlich, dass Sie glauben, eine weitere eingehende Studie durchführen zu müssen, um die Gründe für diese unerwartete Popularität von Go in der Welt zu verstehen.

Man muss kein Experte für Statistik sein, um zu erkennen, dass Sie sich irren, weil Ihre Datenprobe durch ein Vorurteil verzerrt ist. Statistische Überlegungen zum Universum können in die gleiche logische Falle geraten. Opfer einer solchen Falle war Johannes Kepler, als er 1596 glaubte, dass die Entfernungen der Planeten von der Sonne ein tiefes Prinzip der Natur verbergen müssten. Inspiriert von einem metaphysischen Konzept der kosmischen Harmonie, postulierte er, dass die Bahnen der damals bekannten sechs Planeten in einer aufeinanderfolgenden Sequenz der fünf platonischen Körper eingebettet sind, die die Verkörperung der Perfektion geometrischer Formen darstellen. Mit dieser Logik leitete er die Beziehungen zwischen den interplanetaren Entfernungen ab und erzielte Ergebnisse, die gut mit den damaligen Messungen übereinstimmten.

Keplers Versuch war vollkommen gerechtfertigt. Zu seiner Zeit war das Sonnensystem mit dem Universum gleichzusetzen, und es war daher völlig vernünftig, in seiner Struktur ein ordnendes Prinzip der Natur zu suchen. Heute wissen wir, dass Kepler sich geirrt hat. Das Sonnensystem ist nur eines von unzähligen Systemen aus einem Stern und ihn umkreisenden Planeten, daher kann man aus der Position von Jupiter oder Saturn keine universelle Botschaft ablesen. Die interplanetaren Entfernungen werden durch zufällige Umstände bestimmt und verbergen nichts Grundlegendes.

Eine ähnliche logische Falle entsteht im Multiversum, wenn Bewohner eines bestimmten Insel-Universums versuchen, die Wahrscheinlichkeit der physikalischen Eigenschaften ihrer eigenen Welt abzuleiten. Das Universum, in dem wir leben, ist extrem empfindlich gegenüber Veränderungen der physikalischen Parameter. Wäre die Gravitationskraft nur ein wenig stärker gewesen, wären die Sterne so schnell verbrannt, dass sie der biologischen Evolution keine Zeit gelassen hätten, komplexe Organismen zu entwickeln. Wäre sie nur ein wenig schwächer gewesen, hätte sich Materie nicht zu stabilen galaktischen Strukturen verdichten können. Wäre die elektromagnetische Kraft ein wenig stärker gewesen, hätte die Abstoßung zwischen Atomkernen die thermonuklearen Prozesse verhindert, die das Feuer in den Sternen entfachen. Wäre die schwache Kraft ein wenig stärker ausgefallen, wären Atomkerne instabil geworden und Wasserstoff wäre das einzige chemisch stabile Element in der Natur gewesen, was lebende Organismen unmöglich gemacht hätte.

Werden also die physikalischen Parameter auch nur geringfügig verändert, wandelt sich ein Universum so radikal, dass es beispielsweise keine Form von Leben beherbergen kann, da die grundlegenden Bedingungen für jede komplexe Struktur fehlen. Weil die Bildung komplexer Strukturen ein delikates Gleichgewicht zwischen den verschiedenen physikalischen Parametern erfordert, ist wahrscheinlich die überwiegende Mehrheit der Insel-Universen ohne Leben. Unser Universum ist offensichtlich kompatibel mit der Existenz komplexer Strukturen, es ist also unter allen Insel-Universen, die das Multiversum bilden, ein ganz spezieller Fall. Jede statistische Betrachtung, die auf Eigenschaften unseres Universums basiert, ist also mit einem Vorurteil behaftet, genau wie es die oben erwähnte Umfrage unter den Mitgliedern des Go-Freundeskreises war.

Um die logischen Fallen zu vermeiden, die mit der Besonderheit unseres Universums verbunden sind, greifen wir auf das zurück, was in der Physik als *anthropisches Prinzip* bekannt ist. Im Wesentlichen sagt uns das anthropische Prinzip, dass wir bei der Bewertung der Wahrscheinlichkeit unseres Universums innerhalb des Multiversums nicht alle von der Theorie zugelassenen Universen berücksichtigen sollten, sondern nur diejenigen, die mit der Bildung komplexer Strukturen kompatibel sind. Universen ohne diese Strukturen können keine Wesen beherbergen, die die Wahrscheinlichkeit der Existenz des Universums untersuchen.

Zum Beispiel liefert das anthropische Prinzip im Fall des von Kepler behandelten Problems eine Rechtfertigung für die Bestimmung der Entfernung der Erde von der Sonne auf probabilistischer Basis, indem es die Existenz des irdischen Lebens als Tatsache verwendet. In einem Universum, in dem Planeten in jeder Entfernung von ihrem jeweiligen Zentralstern entstehen können, ist es logisch zu erwarten, dass die Entfernung der Erde von der Sonne innerhalb des Bereichs liegt, in dem Wasser auf der Erde flüssig existieren kann, wie wir tatsächlich beobachten. Sonst hätte sich eine Lebensform, die auf Wasser basiert wie unsere, nicht entwickeln können, und wir wären nicht hier, um über den Ursprung des Big Bang nachzudenken.

Das anthropische Prinzip kommt in probabilistischen Überlegungen zum Einsatz, bei denen der Beobachter Teil dessen ist, was er beobachtet. Es ist ein logischer Rettungsring, der uns daran hindert, falsche Schlussfolgerungen über Phänomene zu ziehen, an denen wir beteiligt sind, oder der uns davon abhält, an der falschen Stelle nach tiefgreifenden Erklärungen zu suchen.

Wissenschaftler stellen Fragen in der Überzeugung, dass die Antworten wichtige Informationen über die Natur offenbaren. Aus dieser Perspektive liefert das anthropische Prinzip keine gute wissenschaftliche Antwort, die neue Wahrheiten enthüllen könnte. Seine Rolle als logischer Rettungsring besteht nur darin, eine Warnung abzugeben, dass eine gute wissenschaftliche Antwort nicht existieren könnte und/oder sich in der Anfangsfrage keine tiefe Wahrheit verbirgt. Das anthropische Prinzip ist nur eine Möglichkeit, den Fehler zu vermeiden, grundlegende Prinzipien zu suchen, wo es keine gibt – den Fehler, den Kepler gemacht hat. Es ist eine Möglichkeit, Sie davon abzuhalten, eine Studie über die Gründe zu beginnen, warum Go das am meisten praktizierte Spiel auf Erden ist.

Obwohl das anthropische Prinzip das Ergebnis logischer Strenge ist, wird es manchmal sogar von Wissenschaftlern kritisiert, wobei die Einwände oft aus einem Missverständnis seiner Bedeutung entstehen. Vielleicht ist ein Teil dieses schlechten Rufs auf den Begriff zurückzuführen, dessen Wahl wirklich ungeschickt war.

Der Begriff ‚Prinzip' erinnert an die Vermutung einer tiefen Idee, aber das ist nicht der Fall. Die Frage ist nicht, ob das anthropische Prinzip richtig oder falsch ist. Das anthropische Prinzip ist unbestreitbar eine Tautologie, und wichtig ist nur, zu verstehen, wann es angemessen ist, es in probabilistischen Argumentationen zu verwenden.

Das Adjektiv ‚anthropisch' wiederum lässt den Verdacht aufkommen, dass die Existenz der Menschheit die Voraussetzung für eine wissenschaftliche Theorie ist. Das genaue Gegenteil ist der Fall. Das anthropische Prinzip verwendet die menschliche Existenz als empirisches Datum in einem Kontext, in dem verschiedene Ergebnisse für das Universum zulässig sind. Es spiegelt die extreme Form der kopernikanischen Revolution wider. Anthropozentrisch wäre es, die Idee des Multiversums mit der Begründung abzulehnen, dass die Prinzipien der Natur unbedingt aus den experimentellen Beobachtungen abgeleitet werden müssen, die innerhalb unseres kosmischen Horizonts gemacht werden. Die Natur wählt aber ihre Prinzipien nicht aus, um das menschliche Verlangen nach Wissen zu befriedigen.

Wie auch immer man es nennen möchte: Das anthropische Prinzip spielt wahrscheinlich eine Rolle bei der statistischen Auswahl innerhalb des Multiversums, es wäre aber naiv zu denken, dass es das endgültige Kriterium liefern könnte. Wenn wir jemals in der Lage sein werden, die komplizierte Statistik des Multiversums zu ordnen, müssen andere, weitaus grundlegendere Prinzipien ins Spiel kommen.

Ein Problem der Unendlichkeiten

Unendlichkeit ist ein Begriff, der in der Alltagssprache so vertraut ist, dass uns auch seine Bedeutung alles in allem intuitiv erscheint. Man kann sich aber leicht täuschen, weil Unendlichkeit keine Zahl ist, sondern ein Konzept. Um die logischen Fallstricke zu verdeutlichen, die in der Unendlichkeit verborgen sind, erzählte der Mathematiker David Hilbert während einer Vorlesung im Jahr 1924 die folgende Geschichte.

Es gibt ein Grand Hotel mit einer unendlichen Anzahl von Zimmern. An einem Sommerabend kommt ein Reisender an und bittet um ein Zimmer für die Nacht. Es ist Hochsaison, das Hotel ist voll, und leider gibt es kein freies Zimmer mehr. Auf das Drängen des Reisenden hin findet Hilbert eine Lösung. Er bittet jeden Gast des Grand Hotels, freundlicherweise in das Zimmer mit der um eins größeren Nummer umzuziehen. Der Bewohner des Zimmers 1 zieht in Zimmer 2 um; der des Zimmers 2 in Zimmer 3; und so weiter. Auf diese Weise behält jeder Gast ein Zimmer, aber Zimmer 1 ist frei geworden und kann den gerade angekommenen Reisenden aufnehmen. Problem gelöst.

Die Dinge werden komplizierter, als ein unendlich langer Bus mit einer unendlichen Anzahl von Passagieren ankommt, die alle darum bitten, im Grand Hotel untergebracht zu werden. Hilbert verliert nicht den Mut und entschuldigt sich tausendmal, stört dann erneut die Gäste, indem er sie bittet, in das Zimmer mit der doppelten Nummer desjenigen umzuziehen, das sie belegen. Dieses Mal zieht der Bewohner des Zimmers 1 in Zimmer 2; der des Zimmers 2 in Zimmer 4; der des Zimmers 3 in Zimmer 6; und so weiter. Auf diese Weise hat kein Gast sein Zimmer verloren, aber alle ungeraden Zimmer sind jetzt frei, um die Gruppe der unendlich vielen Reisenden, die mit dem Bus angekommen sind, unterzubringen.

Aber es gibt keine Ruhe für Hilbert. Es ist bereits Nacht, als ein Zug am Grand Hotel ankommt, der eine unendliche Anzahl von Bussen transportiert, jeder voll mit einer unendlichen Anzahl von Reisenden, und alle wollen ein Zimmer. Hilbert zermartert sich den Kopf und findet einen Ausweg. Der

Gast, der das Zimmer n belegt, muss in das Zimmer 2^n umziehen. Das bedeutet, dass der Gast von Zimmer 1 in Zimmer 2 umzieht; der von Zimmer 2 in Zimmer 4; der von Zimmer 3 in Zimmer 8; und so weiter. Dann bittet Hilbert den n-ten Reisenden des ersten Busses in Zimmer 3^n zu ziehen; den n-ten Reisenden des zweiten Busses in Zimmer 5^n; und so weiter, indem er immer größere Primzahlen mit n potenziert. So bringt Hilbert alle unter, und es bleiben ihm sogar noch Zimmer übrig, denn man weiß ja nie ….

Die Geschichte geht mit einer unendlichen Anzahl von Zügen weiter, die eine unendliche Anzahl von Bussen transportieren, beladen mit einer unendlichen Anzahl von Reisenden, und mit Hilbert, der immer neue Strategien ausheckt. Aber hier höre ich auf, denn über das Unendliche könnte man unendlich lang sprechen ….

Die paradoxen Situationen von Hilberts Grand Hotel tauchen in der Realität des Multiversums auf, das von Unendlichkeiten wimmelt. Die Wahrscheinlichkeit, dass ein bestimmtes Insel-Universum im Multiversum realisiert wird, ergibt sich aus den üblichen Regeln der Wahrscheinlichkeitsrechnung aus dem Verhältnis der günstigen Fälle zu allen möglichen Fällen. Zum Beispiel ist die Wahrscheinlichkeit, dass das Ergebnis eines Münzwurfs Kopf ist, durch das Verhältnis der günstigen Fälle (nur einer: Kopf) zu den möglichen Fällen (zwei: Kopf oder Zahl) gegeben. Die Wahrscheinlichkeit beträgt daher 50 %.

Im Gegensatz zu einer Münze, die nur zwei Seiten hat, hat das Multiversum eine unendliche Anzahl von Insel-Universen, daher ist jede Wahrscheinlichkeit durch das Verhältnis von Unendlich zu Unendlich gegeben. Wie viele Unendlichkeiten es innerhalb des Unendlichen gibt, ist eine knifflige Frage, die zu paradoxen Ergebnissen führen kann. Um die Schwierigkeit zu verstehen, ist es hilfreich, einen weiteren Besuch in Hilberts Hotel zu machen.

Stellen Sie sich vor, Sie kommen im Grand Hotel in der Nebensaison an, wenn es keinen Mangel an freien Zimmern gibt. Bevor Hilbert Ihnen den Zimmerschlüssel gibt, fragen Sie sich, wie hoch die Wahrscheinlichkeit ist, dass das zugewiesene Zimmer eine gerade Nummer hat. Die Annahme liegt nahe, dass die Wahrscheinlichkeit 50 % beträgt. Wenn die Zimmer im unendlich langen Flur des Grand Hotels wie in Abb. 13.2a angeordnet sind, liegt jedem geraden Zimmer ein ungerades gegenüber. Daher ist die Anzahl der geraden Zimmer gleich der der ungeraden, und die gesuchte Wahrscheinlichkeit ist 50 %, genau wie beim Münzwurf.

Während Sie den Flur des Grand Hotels entlanggehen, bemerken Sie, dass dieser Exzentriker Hilbert die Zimmer wie in der Anordnung (b) nummeriert hat. Hilberts Wahl ist extravagant, aber völlig legitim. In diesem Fall gibt es in jeder Gruppe von vier benachbarten Zimmern ein gerades und drei ungerade. Daher ist die Wahrscheinlichkeit, dass Sie ein gerades Zimmer bekommen, 25 %. Aber ist die Wahrscheinlichkeit nun 50 % oder 25 %?

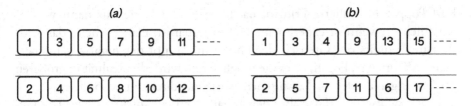

Abb. 13.2 Zwei mögliche Anordnungen der Zimmer entlang des unendlich langen Flurs des Grand Hotels von Hilbert. Aus Anordnung (**a**) schließen wir, dass die Wahrscheinlichkeit, ein Zimmer mit einer geraden Nummer zu erhalten haben, 50 % ist, da wir bei jedem Schritt auf eine gleiche Anzahl von geraden und ungeraden Zimmern treffen. Bei Anordnung (**b**) ist die Wahrscheinlichkeit 25 %, da in jeder Gruppe von vier benachbarten Zimmern nur eines gerade ist, drei aber ungerade: (1, 3, 5, 2), dann (3, 4, 7, 5), dann (4, 9, 11, 7) usw

Es gibt keine sinnvolle Antwort auf diese Frage. Tatsächlich kann man durch Umorganisation der Zimmernummern im Grand Hotel jeden beliebigen Wahrscheinlichkeitswert erzielen. Jeder dieser Werte ist fiktiv, denn das Verhältnis von Unendlich zu Unendlich ist eine mehrdeutige Menge.

Dieses Beispiel dient dazu, eines der vielen konzeptuellen Hindernisse zu verstehen, auf die man stößt, wenn man sich im Multiversum auf die Suche nach einer statistischen Interpretation begibt. Die Wahrscheinlichkeit, bestimmte physikalische Eigenschaften in den Insel-Universen zu finden, könnte durch die Art und Weise, wie im Multiversum gezählt wird, verzerrt sein. Die Frage – im Jargon der Physiker als *Messproblem* bekannt – ist nach wie vor ungelöst. Einige Lösungen wurden vorgeschlagen, aber es ist noch nicht klar, welches das richtige Kriterium für die Berechnung der Wahrscheinlichkeit im Multiversum ist. Hier muss ich aufhören, denn wir sind an der Grenze der aktuellen Forschung angekommen: Die Erforschung des Multiversums steht noch am Anfang, und heute können wir nur hoffen, dass zukünftige Studien Licht auf die vielen dunklen Fragen der Angelegenheit werfen können.

Ist das Konzept des Multiversums eine wissenschaftliche Theorie?

Alle Ereignisse im Multiversum finden weit jenseits des kosmischen Horizonts statt und bleiben daher ohne jede Rettung unsichtbar und außerhalb der Reichweite jedes experimentellen Instruments. Daher stellt sich die Frage: Ist es legitim, das Konzept des Multiversums als eine wissenschaftliche Theorie zu betrachten?

Diese Frage löst eine hitzige Debatte unter den Wissenschaftlern aus. Das üblichste Kriterium für die Grenzen wissenschaftlicher Methoden ist das von

Karl Popper formulierte Prinzip, nachdem eine Theorie nur dann wissenschaftlich ist, wenn sie experimentell falsifizierbar ist. Daher scheint das Multiversum jenseits der Grenzen der Physik im Sumpf der nichtwissenschaftlichen Theorien zu liegen, da es nie möglich sein wird, die Realität in größeren Entfernungen als der des kosmischen Horizonts direkt zu beobachten.

Diese Sichtweise erfasst aber den Inhalt der Frage nicht richtig. Die Geschichte der Physik ist voll von Ideen, die zu ihrer Zeit als abstrakt und nicht falsifizierbar angesehen wurden, sich aber später als grundlegend für den wissenschaftlichen Fortschritt erwiesen. Die atomistische Hypothese, die Ludwig Boltzmann in der zweiten Hälfte des 19. Jahrhunderts zur Erklärung der Eigenschaften von Gasen vorschlug, wurde von den positivistischen Strömungen in der Physik heftig kritisiert, was möglicherweise sogar seine geistige Gesundheit untergrub und zu seinem Selbstmord beitrug. Eine ähnliche Ablehnung wurde vielen Konzepten der Quantenmechanik entgegengebracht, die anfangs als außerhalb der physikalischen Realität angesehen wurden. Werner Heisenberg, einer der Begründer der Quantenphysik, sah es anders:

„Die kleinsten Einheiten der Materie sind tatsächlich nicht physikalische Objekte im gewöhnlichen Sinn des Wortes; sie sind Formen Strukturen oder – im Sinne Platos – Ideen, über die man unzweideutig nur in der Sprache der Mathematik sprechen kann."

Einwände wegen der experimentellen Überprüfbarkeit wurden auch gegen die Inflationstheorie erhoben. Einige hielten sie für eine reine theoretische Spekulation ohne Möglichkeit des experimentellen Vergleichs, da sie Ereignisse beschreibt, die in einer unzugänglichen Vergangenheit stattfanden und in keiner Weise wiederholbar sind. Die spätere Forschung hat diese Einwände widerlegt, und heute testen wir mit experimentellen Daten die genauen Vorhersagen der Theorie mit beeindruckender Präzision.

Die moderne Physik arbeitet in extremen Regionen – in der Tiefe der Materie, in fernen Zeiten oder in der Unendlichkeit des Kosmos – und geht dabei über die Grenzen der menschlichen Wahrnehmung hinaus. Kein Instrument ist in der Lage, Quarks direkt zu sehen. Das Gleiche gilt für das Higgs-Boson, das nicht länger als einige Zehntausendstel von Milliardstel von Milliardstel Sekunden (10^{-22} s) lebt und für jeden heute denkbaren Detektor unsichtbar bleibt. Diese Teilchen existieren in einer Realität, die weit jenseits der Grenze der direkten experimentellen Beobachtbarkeit liegt. Was gemessen wird, sind nur elektronische Signale, die durch logische Deduktion als Folgen von Quarks oder Higgs-Bosonen interpretiert werden. In der Physik, die an der Grenze des menschlichen Wissens arbeitet, liegt der experimentelle Beweis nicht in der Beobachtung des Phänomens, das normalerweise unzugänglich ist, sondern in der Identifizierung seiner Folgen.

Die Situation des Multiversums ist nicht viel anders. Das Multiversum ist in dem Sinne eine wissenschaftliche Theorie, dass es Vorhersagen über die physikalische Realität macht, auch wenn diese Realität für Menschen unzugängliche Entfernungen betrifft. Anders als bei den Quarks oder den Higgs-Bosonen sind leider unsere derzeitigen Kenntnisse über das Multiversum zu rudimentär, um sicher bestimmen zu können, was aus seiner Existenz folgen würde. Diese Schwierigkeiten sind menschliche Grenzen, nicht Mängel der Theorie.

Es ist unbestreitbar, dass die Verifizierbarkeit des Multiversums heute äußerst schwierig erscheint, aber der menschliche Einfallsreichtum ist unbegrenzt. Ein experimenteller Vergleich könnte vielleicht aus Spuren in der kosmischen Hintergrundstrahlung kommen, die von hypothetischen und zufälligen Kollisionen unseres Insel-Universums mit anderen wandernden Inseln hinterlassen wurden – oder vom Kollaps verendender Insel-Universen in Schwarze Löcher. Beobachtungsstudien in diese Richtung sind im Gange, aber leider bietet die Theorie keine Garantie, dass solche Ereignisse sichtbare Spuren aufweisen. Für den Moment ist es plausibler zu glauben, dass Fortschritte eher von der theoretischen Seite kommen könnten, insbesondere mit probabilistischen Vorhersagen über die physikalischen Eigenschaften unseres beobachtbaren Universums.

Es ist wichtig zu betonen, dass die kosmische Vision, die das Multiversum vorschlägt, keine Hypothese ist, sondern eine Folge der Theorie der ewigen Inflation. Akzeptiert man eine Theorie, muss man auch ihre logisch abgeleiteten Konsequenzen akzeptieren. Daher ist der vielversprechendste Weg, um das Multiversum zu bestätigen oder zu widerlegen, das theoretische Gebäude zu festigen, auf dem es aufgebaut ist. Nur wenn wir davon überzeugt sind, dass die theoretische Struktur solide und zuverlässig ist, wird der Glaube an ihre Konsequenzen zu einem unvermeidlichen wissenschaftlichen Ergebnis. Entdeckt man umgekehrt Fehler in den Hypothesen über die ewige Inflation oder die Quantengravitation, wird das wissenschaftliche Interesse am Multiversum schnell nachlassen.

Es liegt noch viel Arbeit vor uns auf dem Weg zum Verständnis des Multiversums. Der Weg ist alles andere als einfach, aber man kann nicht erwarten, dass es eine einfache Aufgabe ist, den Ursprung des Kosmos zu verstehen. Wir befinden uns in einer Situation, die sich nicht sehr von der unterscheidet, die der Biologe Thomas Henry Huxley 1887 beschrieb:

„Das Gekannte ist endlich, das Ungekannte unendlich; dem Verständnis nach stehen wir auf einer kleinen Insel mitten in einem unbegrenzten Ocean von Unerklärlichkeit. Unser Beruf in jeder Generation ist, ein klein wenig mehr Land zu erschließen."

14

Erfolge und Grenzen der Inflationstheorie

Es gibt einen Riss, einen Riss in allem. So kommt das Licht herein.
Leonard Cohen

In den beiden vorigen Kapiteln haben wir uns auf eine Erkundung jenseits des kosmischen Horizonts gewagt. Mit unserer Vorstellungskraft haben wir einen Blick auf die außergewöhnliche Landschaft des Multiversums geworfen. Jetzt ist es an der Zeit, in das beobachtbare Universum zurückzukehren und über das nachzudenken, was uns die Inflationstheorie gelehrt hat, indem wir ihre Erfolge und Grenzen abwägen.

Die Inflationstheorie zeichnet ein klares Bild vom Ursprung des Universums, basierend auf einer einfachen Idee mit gewaltigen Konsequenzen. Die Idee ist, dass das Universum, angetrieben von der Vakuumenergie, vor dem Big Bang eine Phase rasenden Wachstums durchlebt hat. Während dieser Phase war das Universum ein kalter, dunkler und trostloser Ort, an dem nur die Vakuumenergie in den Falten von Raum und Zeit verborgen war. Der kosmische Horizont blieb im Wesentlichen konstant, während der Raum exponentiell expandierte und über die Grenzen des beobachtbaren Universums hinaus entwich. Dieser Prozess der extrem schnellen Expansion des Raums verdünnte alles, was zuvor im Universum existierte – die Vakuumenergie ausgenommen, die die einzigartige Eigenschaft hat, sich fast magisch selbst zu reproduzieren und ihre Dichte auch in einem exponentiell wachsenden Raum konstant zu halten. Die Inflation löschte die Erinnerung an alles aus, was vor ihr existierte, sie bewahrte nur die Vakuumenergie, die unaufhörlich die überwältigende Expansion des Raums nährte. Aus dieser Perspektive ist die Inflation die größte

G. F. Giudice, *Vor dem Big Bang*, https://doi.org/10.1007/978-3-662-69847-1_14

damnatio memoriae, das größte ‚Auslöschen der Vergangenheit', das jemals stattgefunden hat. Die Inflation war in der Lage, die Überreste der Vergangenheit viel effektiver zu beseitigen als alle Tricks, die von Despoten im Laufe der menschlichen Geschichte angewandt wurden.

Die wütende Arbeit der Auslöschung von allem, was nicht Vakuumenergie ist, wie sie die Inflation geleistet hat, scheint nicht sehr konstruktiv für die Schaffung eines komplexen Universums zu sein. Der Erfolg einer Inflation liegt vielmehr in dieser heftigen Expansion des Raums, die die kosmischen Umstände schafft, die geeignet sind, ein reiches und interessantes Universum wie unseres zu schaffen.

Die urzeitliche Phase der beschleunigten Expansion kann jene kosmischen Bedingungen erklären, die aus der Sicht der Big-Bang-Theorie derart mysteriös erscheinen, dass sie uns fast absurd vorkommen. Aber es gibt noch mehr zu bedenken. Die Inflationstheorie identifiziert diese Bedingungen als die einzig mögliche Folge der kosmischen Geschichte. Laut Inflationstheorie ist es unvermeidlich, dass das Universum zum Zeitpunkt des Big Bang einen expandierenden Raum aufweist (Lösung des Expansionsrätsels), sich in einem einheitlichen Zustand befindet (Lösung des Uniformitätsrätsels) und dass die Geometrie des Raums die Regeln einhält, die von den euklidischen Axiomen vorgegeben werden (Lösung des Flachheitsrätsels). Darüber hinaus müssen aufgrund der Quantenmechanik zwangsläufig Dichteschwankungen existieren, die schließlich zur Entstehung der Galaxien und Sterne führen, wie wir sie heute am Himmel beobachten (Lösung des Rätsels der kosmischen Strukturen). Die Rätsel des Big Bang finden so nacheinander eine Erklärung. Es ist absolut erstaunlich, wie aus der abstrakten Hypothese der Inflation als einzig mögliche Folge ein Universum entsteht, das unserem perfekt ähnelt.

Es ist faszinierend, dass die Geometrie des Raums, in dem wir leben, und die allgemeine Uniformität des Universums das Ergebnis der Vakuumenergie sind, die den Raum durchdrang, bevor die Materie das Universum bevölkerte. Es ist noch faszinierender, dass alle heute im Universum vorhandenen kosmischen Strukturen die Spuren sind, die von den quantenmechanischen Fluktuationen der urzeitlichen Vakuumenergie hinterlassen wurden und dass das Universum ohne die quantenmechanischen Effekte nur ein langweiliges einheitliches Gebilde wäre. Die physikalischen Gesetze der mikroskopischen Teilchenwelt und der kosmischen Unendlichkeit verschmolzen, um den Big Bang zu schaffen, und offenbaren dadurch die tiefe Einheit der Prinzipien der Natur. Die Inflation lehrt uns, dass wir in einem quantenmechanischen Universum leben, in dem die physikalische Realität das Ergebnis einer harmonischen Symbiose von Allgemeiner Relativitätstheorie und Quantenmechanik ist.

Das Erstaunlichste an dieser Geschichte ist, dass dieses Geflecht von Wissen über die physikalische Welt keine Fabel ist, sondern eine wissenschaftliche Hypothese, die durch experimentelle Untersuchungen überprüft werden kann. Die Inflation hat durch Beobachtungen und Messungen der Flachheit des Raums, der Energiedichte im Universum, der allgemeinen Gleichmäßigkeit von Materie und Strahlung und der Existenz von Fluktuationen, die sich mit einer nahezu unveränderlichen Skalenverteilung über den kosmischen Horizont hinaus erstrecken, eine brillante Bestätigung gefunden. All diese Daten bilden einen überzeugenden Beweis, um ein Urteil zugunsten der Inflation fällen zu können. Obwohl die Inflation selbst nach strengen wissenschaftlichen Kriterien noch kein nachgewiesenes Phänomen ist, hat die experimentelle Forschung der letzten Jahre so viele spektakuläre Hinweise zu ihren Gunsten angesammelt, dass ich überzeugt bin, dass sie Teil der kosmischen Geschichte sein muss.

Es ist interessant, dass die Inflationstheorie nicht nur Antworten auf die Frage der Struktur des Universums in der Vergangenheit, also vor dem Big Bang liefert, sondern auch in weiter Ferne, also jenseits der Grenzen des kosmischen Horizonts. Wird die Inflation ewig anhalten, was heute noch eine Hypothese ist, verändert sich das globale Bild des Kosmos. Jenseits der flachen Gleichmäßigkeit unseres beobachtbaren Universums taucht das Multiversum auf, eine facettenreiche Realität, die aus einem rasant expandierenden Vakuumraum besteht, der mit ständig entstehenden Insel-Universen gespickt ist. Das Multiversum definiert den Sinn der Suche nach den grundlegenden Prinzipien der Natur neu und hat uns dazu gebracht, über die Funktion der Komplexität in der physikalischen Welt nachzudenken. Es ist wichtig zu betonen, dass im Gegensatz zur Geschichte des Universums vor dem Big Bang das Bild des Multiversums jenseits des kosmischen Horizonts heute noch durch keine experimentellen Daten gestützt wird. Es ist eine logische Konsequenz der Inflationstheorie und der Quantenmechanik, aber es ist immer noch nur eine abstrakte theoretische Vermutung.

Lösung des Rätsels aller Rätsel

Im Kap. 8 habe ich dargestellt, wie alle Rätsel und Mysterien des Big Bang in einer einzigen Frage zusammengefasst werden können, die so weitreichend ist, dass sie die Grenzen der Wissenschaft überschreitet: *Wurde das Universum erschaffen, um Leben zu beherbergen?* Das ist das Mysterium der Mysterien, das Rätsel aller Rätsel.

Die anfänglichen Bedingungen, die aus der Big-Bang-Theorie folgen, scheinen maßgeschneidert zu sein, um die menschliche Existenz zu ermöglichen. Auf den ersten Blick könnte man denken, dass die große Frage keine wissenschaftliche Antwort haben kann. Stattdessen kehrt die Inflationstheorie den Sinn der Frage um, die vom Mysterium der Mysterien aufgeworfen wird, und macht das, was wie ein unwahrscheinliches Wunder aussieht, nicht nur zu einer konkreten Möglichkeit, sondern sogar zu einem unvermeidlichen Ergebnis.

Darin liegt das Wunder der Inflation. Indem sie die Geometrie des Raums abflacht, wählt sie sorgfältig die einzig mögliche Form des Universums aus, die mit der Existenz menschlichen Lebens vereinbar ist. Indem sie die Materie gleichmäßig verteilt und sie mit winzigen Fluktuationen durcheinanderbringt, wählt sie die einzige spezielle Kombination aus, die in der Lage ist, biologische Strukturen zu entwickeln. Ohne die schwindelerregende Expansion des leeren Raums vor dem Big Bang könnten wir heute nicht hier sein, um das Universum zu bewundern. Die Inflation bietet eine wissenschaftliche Erklärung dafür, warum das Universum so wohlwollend gegenüber der Menschheit ist. Was auf den ersten Blick wie ein übernatürliches Wunder aussieht, verwandelt sich in eine logische Konsequenz.

Das Ergebnis sollte nicht missverstanden werden. Die Inflationstheorie beantwortet nicht die Frage, warum das Universum existiert, sondern erklärt nur den Grund für einige seiner Eigenschaften. Sie behauptet nur, dass das Universum zwangsläufig die Eigenschaften der Geometrie und Materie haben muss, die für das Leben notwendig sind, wenn zu einem bestimmten Zeitpunkt in der Vergangenheit eine dichte Region von Vakuumenergie existiert hat.

Die Inflationstheorie erklärt nicht, warum oder wie die Energie des anfänglichen Vakuums entstanden ist. Mit anderen Worten: Die Inflationstheorie bietet keine ontologische Erklärung des Universums, sondern verschiebt die Frage zurück in die Zeit vor dem Big Bang bis zum Anfang des Inflationsprozesses selbst.

Es gibt noch einen weiteren Aspekt, der mit dem Mysterium der Mysterien verbunden ist. Die Hypothese des Multiversums eröffnet eine neue Perspektive auf die Fragilität des Universums, die in seltsamen Zufällen begründet ist, die auch die kleinsten Veränderungen der physikalischen Parameter bestimmen. Wie im vorigen Kapitel diskutiert, würden schon minimale Veränderungen dieser Parameter die globalen Eigenschaften des Universums so stark verändern, dass sie die Bedingungen zerstören würden, die notwendig sind, um irgendeine Form von Leben zu entwickeln.

Das Multiversum legt nahe, dass das Rätsel zwar vielleicht keine tiefe Wahrheit birgt, aber eine einfache statistische Erklärung aufgrund der facettenreichen Vielfalt der Insel-Universen gibt. Beispielsweise basieren Formen des Lebens wie das menschliche auf Kohlenstoff, der durch thermonukleare Fusion in Sternen erzeugt wird. Die Produktion von Kohlenstoff und seine anschließende Emission in den interstellaren Raum erfordern Milliarden von Jahren. Daher gibt es keinen Grund, sich den Kopf zu zerbrechen, warum unser Universum ein Alter von etwa 10 Mrd. Jahren hat und nicht viel jünger ist. Wäre das Universum nicht so alt und groß, könnte es uns nicht geben, und wir könnten nicht nach den Gründen fragen. Die Existenz des Multiversums könnte klären, ob einige der mysteriösen Ereignisse, die das Universum zugänglich für menschliches Leben machen, letztendlich nichts anderes als ein banaler Zufall sind.

Was begann mit dem Big Bang?

Oft wird der Big Bang als die anfängliche Explosion dargestellt, die Raum, Zeit und Materie hervorgebracht hat. Im Licht der astronomischen Beobachtungen und theoretischen Kenntnisse gibt es aber keinen Grund zu glauben, dass die Dinge wirklich so gelaufen sind.

Die Reise zurück in der Zeit, auf den Flügeln von Einsteins Gleichung, führt uns zu einem immer dichteren und heißeren Universum, in dem sich die räumlichen Entfernungen mehr und mehr zusammenziehen. Das Auftreten einer Singularität – der Moment, in dem der Raum zu einem Punkt zusammenschrumpft, in dem die Dichte der Materie unendlich groß und die Temperatur unendlich hoch wird – ist nur das Ergebnis einer mathematischen Gleichung und kein reales physikalisches Geschehen. Das Auftreten einer Singularität – also eines gleichzeitigen Beginns von Raum, Zeit und Materie – ist eine Illusion, die aus der Verwendung der Allgemeinen Relativitätstheorie über ihre Gültigkeitsgrenze hinaus entsteht. Es ist das Signal eines neuen physikalischen Phänomens, das ins Spiel kommt, das Regime der Theorie ändert und die Gleichungen, die die Entwicklung des Universums beschreiben, modifiziert. Dieses spezielle Phänomen ist das, was ich Big Bang nenne.

Der Big Bang ist das Ereignis, das vor 13,8 Mrd. Jahren eine heiße und dichte Mischung von Teilchen erzeugt hat, die in der Lage war, das Universum so aufzubauen, wie wir es heute kennen. Dieses Ereignis hat die kosmische Geschichte abrupt verändert. Nur wenn man den Big Bang vollständig versteht, kann man herausfinden, was zu diesem Zeitpunkt oder sogar davor passiert ist.

Die Inflationstheorie liefert eine wissenschaftliche Erklärung für das Phänomen, das den Beginn der Materie im Universum eingeleitet hat. Ein Big Bang ist keine Explosion einer Ladung von TNT an einem Punkt im Raum, wie es oft im Fernsehen erzählt wird. Ein Big Bang ist vielmehr eine gleichmäßige Transformation, in der die Vakuumenergie in thermische Energie umgewandelt wird. Im Big Bang erwachen die Teilchen, die zuvor im Vakuum gefangen sind, plötzlich zum Leben. Die Materie, die zuvor in latenter Form verborgen in der starren Struktur der Vakuumsubstanz ist, wird nun in einem brodelnden Gas freigesetzt, das aus allen möglichen Sorten von Teilchen in thermischer Bewegung besteht. Diese Umwandlung der Vakuumenergie in thermische Energie betrifft fast gleichzeitig einen riesigen, vielleicht unendlichen Raum. Nach einer Inflation markiert der Big Bang nicht den Beginn der Expansion des Raums, sondern das Ende der exponentiellen Expansion.

Die Temperatur des kosmischen Gases, das im Moment des Big Bang unseres Universums entstand, war nicht unendlich hoch. Sie musste mindestens 100 Mrd. Grad (10^{11}) betragen haben, um den Beginn der thermonuklearen Prozesse der Nukleosynthese zu ermöglichen, die die leichten chemischen Elemente im Universum erzeugt hat. Nach der Inflationstheorie kann die Temperatur nicht 100 Trilliarden Grad (10^{23}) überschritten haben, da sonst die Wirkung der ganz frühen Gravitationswellen bereits in den Daten der kosmischen Hintergrundstrahlung identifiziert worden wäre. Die Erforschung dieses Effekts ist eines der wichtigsten Ziele zukünftiger Experimente. Eine mögliche Entdeckung wäre sensationell, da sie die Temperatur unseres Universums zum Zeitpunkt des Big Bang offenbaren würde.

Die Inflationstheorie ermöglicht es uns, die Reise in die Vergangenheit in die Zeit vor dem Moment fortzusetzen, in dem das Universum mit Materie bevölkert wurde. Wenn wir aus dem Fenster des Raumschiffs schauen, das von den Gleichungen der Inflationstheorie gesteuert wird, sehen wir einen leeren und kalten Raum und bemerken keine Anzeichen von katastrophalen Ereignissen, die die räumlichen Entfernungen in einen einzigen Punkt zusammenschrumpfen lassen. Tatsächlich ist die de Sitter-Raumzeit aus mathematischer Sicht frei von Singularitäten. Auf dem Weg zurück in der Zeit vor dem Big Bang sehen wir die räumlichen Entfernungen exponentiell schrumpfen, aber der kosmische Horizont, der die Größe des beobachtbaren Universums anzeigt, bleibt konstant. Mit anderen Worten: Die Inflationstheorie gibt keinen Hinweis auf einen Anfang von Allem, auf das hypothetische Ereignis einer allgemeinen kosmischen Schöpfung. Sie zeigt nur, dass der Big Bang nicht mit dem Anfang von Allem zusammenfallen kann.

Die Inflationstheorie verschiebt die Frage nach dem Anfang von Allem in der Zeit zurück. Aber wie weit? Wie lange hat die Inflationsphase im ganz frühen Universum angedauert?

Wir können diese Frage noch nicht beantworten, aber wir haben einige Informationen. Damit die Inflation genug Zeit hatte, um die Geometrie des Raums so zu glätten, wie es aus den astronomischen Beobachtungen folgt, muss sie mindestens einen Bruchteil eines Quadrillionstel von Nanosekunden (10^{-37} s) gedauert haben. Die Inflation brauchte also wirklich nur sehr wenig Zeit, um den Raum ausreichend zu strecken. Es ist jedoch vernünftig anzunehmen, dass die Inflation länger gedauert hat als das erforderliche Minimum. Soweit wir wissen, könnte sie gewaltige Zeiten gedauert haben, und nicht umsonst spricht man von ewiger Inflation. Kurz gesagt: Es gibt gute Gründe zu glauben, dass eine Inflationsphase im Universum stattgefunden haben muss, wir wissen aber sehr wenig darüber, wie lange sie gedauert hat.

Wovon ist der Big Bang der Anfang? Warum bestehe ich darauf, den Big Bang den Beginn der heißen Phase des Universums zu nennen und reserviere diese Bezeichnung nicht für den schicksalhaften Moment der kosmischen Schöpfung? Wäre es nicht richtiger, den Anfang von Allem mit dem Wort Big Bang zu bezeichnen? Aus verschiedenen Gründen antworte ich auf diese Fragen mit nein.

Erstens zeigen astronomische Daten, dass die heiße Phase des Universums vor 13,8 Mrd. Jahren einen drastischen Regimewechsel durchlaufen haben muss, aber sie sagen nichts über einen hypothetischen Beginn der physikalischen Realität. Es gibt keine wissenschaftlichen Daten, die auf einen Anfang von Allem in der kosmischen Geschichte hinweisen, geschweige denn, dass ein solches Ereignis vor 13,8 Mrd. Jahren stattgefunden haben muss.

Darüber hinaus muss die Inflationstheorie, um den Moment zu beschreiben, in dem das Universum sich plötzlich mit heißer und dichter Materie füllte, voraussetzen, dass der Raum auch schon vorher existiert hat. Mit anderen Worten: Die Inflationstheorie erklärt den Big Bang, sagt aber nichts über den Anfang von Allem. Wir haben keine zuverlässigen Hinweise auf einen Anfang von Allem, und es ist sicherlich nicht die Inflationstheorie, die sie uns liefern könnte.

Das Multiversum ist ein gutes Beispiel, um den Unterschied zwischen dem Ursprung des heißen Materiegases im Universum und dem Ursprung der globalen Struktur der Raumzeit zu verdeutlichen. Jedes Insel-Universum wird mit einem eigenen Big Bang geboren, der wirklich den Nullpunkt der kosmischen Geschichte dieses speziellen Universums markiert. Im Kontext des Multiversums jedoch geschehen diese Big-Bang-Ereignisse kontinuierlich, und keines von ihnen deutet auf den Beginn der gesamten physikalischen Realität hin. Die Theorie des Multiversums kann uns keine Hinweise auf eine mögliche Existenz des Anfangs von Allem geben. Um mehr zu erfahren, müssen wir in der Zeit noch weiter zurückgehen und uns in die nebelverhangenen Landschaften der Quantengravitation begeben.

Die Grenzen der Inflation

Salvador Dalí sagte, dass man Perfektion nicht fürchten sollte, weil man sie sowieso nie erreichen wird. Vielleicht wollte uns der surrealistische Meister damit sagen, dass jede physikalische Theorie nur eine teilweise Beschreibung der Realität darstellt, die früher oder später durch eine tiefere Beschreibung ersetzt wird. Jede physikalische Theorie hat ihre Grenzen, und die Inflationstheorie ist sicherlich keine Ausnahme.

Bei der Lösung der Rätsel des Big Bang wirft die Inflation neue, noch ungelöste Rätsel auf. Zwei grundlegende Fragen spiegeln unsere Unwissenheit über den tiefen Ursprung der Theorie wider.

Mysterium Nr. 1: Woraus besteht die inflatorische Substanz?

Die Inflationstheorie postuliert die Existenz einer Vakuumsubstanz, welche die Raumzeit vor dem Big Bang durchdringt, ohne jedoch etwas über die Natur dieser Substanz auszusagen. Die Frage nach ihrer inneren Struktur, also nach den Teilchen, aus denen sie besteht, und ihrer Rolle im Rahmen der mikroskopischen Physik bleibt offen.

Die Kenntnis der Teilchenstruktur würde es uns ermöglichen, das Potenzial zu bestimmen, also die Beziehung zwischen der Intensität der Vakuumsubstanz und der Dichte der Vakuumenergie. Diese Beziehung ist wesentlich, um die genaue Funktionsweise der Inflation zu ermitteln und ihre Auswirkungen zu berechnen. Astronomische Daten haben uns bereits geholfen, wenigstens eine ungefähre Vorstellung von der Form dieser Beziehung zu geben, aber sie werden niemals ausreichen, um sie vollständig zu bestimmen. Neue Informationen von der Teilchenfront sind nötig!

Als die Inflation 1979 vorgeschlagen wurde, schien die Frage nach ihrer teilchenphysikalischen Herkunft nicht so schwierig. Das Phänomen der Vakuumsubstanz ist in der Physik recht verbreitet, und der Zoo der Elementarteilchen ist reich genug, um eine breite Auswahl zu bieten. Dem zu findenden Teilchen wurde in Erwartung seiner Identifizierung der vorläufige Begriff *Inflaton* zugewiesen.

Das Inflaton wird auch heute noch so genannt, weil niemand genau weiß, um welches Teilchen es sich handelt. Verstehen Sie mich nicht falsch: Das Inflaton hat keine so außerirdischen Eigenschaften, dass es keinen Platz in der logischen Struktur der mikroskopischen Welt finden könnte. Viele der Teilchen, die die Vorstellungskraft der theoretischen Physiker herausfordern, können die Aufgabe des Inflatons hervorragend erfüllen, aber keines ist völlig überzeugend.

Die Teilchenphysiker befinden sich heute in der Situation einer Kundin, die in den gut sortierten Laden einer Modistin geht, um einen Hut zu suchen, der ihr gefällt. Auf den ersten Blick gibt es so viele Hüte in den Regalen, dass sicherlich der richtige dabei ist. Dann, wenn sie sie anprobiert, ist einer zu breit, der andere zu eng, einer passt nicht zum Kleid, der andere ist fad. So sehr sie auch sucht: Keiner scheint wirklich perfekt zu sein.

Das Problem mit dem Inflaton ist, dass es unendlich viele Möglichkeiten gibt und doch keine. Es gibt unendlich viele hypothetische Teilchen, die für den Zweck geeignet sind, aber keines bietet dieses Gefühl der unvermeidlichen Schicksalshaftigkeit, das man empfindet, wenn man das richtige Puzzlestück findet. Die Entdeckung der Natur des Inflatons ist ein unverzichtbarer Schritt zum Verständnis und zur Überprüfung der Inflation. Die Jagd ist noch im Gange.

Mysterium Nr. 2: Wie hat die Inflation begonnen?

Es gibt ein Theorem, wonach die inflationäre Raumzeit nicht unendlich weit in die Vergangenheit ausgedehnt werden kann, ohne Widersprüche zu den Prinzipien der Relativitätstheorie zu erzeugen. Einfacher ausgedrückt: Die Inflation ist zwar in der Lage, den Big Bang zu erklären, sie wird aber nie erklären können, wie die gesamte physikalische Realität begonnen hat. Bei der Lösung der Rätsel des Big Bang verschiebt die Inflation die Frage nach dem kosmischen Ursprung, dem Anfang von Allem, in viel fernere Zeiten, bleibt aber stumm, was die endgültige Antwort betrifft.

Einer der Erfolge der Inflationstheorie ist, dass die Folgen der Inflation, wenn sie irgendwo im Raum beginnt, völlig unempfindlich gegenüber den Anfangsbedingungen sind. Allerdings wissen wir noch nicht, wie die Anfangsbedingungen für den Beginn des Inflationsprozesses aussehen, und wir wissen vor allem nicht, ob diese Bedingungen in der Natur realisierbar wären. Das Rätsel des Zeitpfeils zeigt uns, dass die Inflation in einer seltenen Konfiguration von extrem hoher Ordnung (niedriger Entropie) begonnen hat und daher nicht aus irgendeinem ganz allgemeinen Zustand entstanden sein kann. Sie muss das Ergebnis eines speziellen physikalischen Prozesses sein, dessen Natur noch in einen Nebel des Geheimnisses gehüllt ist.

Roger Penrose und andere Physiker haben argumentiert, dass die Anfangsbedingungen für den Beginn des Inflationsprozesses so unwahrscheinlich erscheinen, dass sie das Interesse an seinen Erfolgen zunichtemachen. Ich teile diesen strengen Standpunkt nicht und sehe in dem Rätsel der Anfangsbedingungen eher eine Chance als ein Scheitern.

Die Situation ist vergleichbar mit dem, was mit der Big-Bang-Theorie geschehen ist. Diese Theorie hat spektakuläre Erfolge bei der Erklärung der kosmischen Evolution, der Hintergrundstrahlung und der Entstehung leichter chemischer Elemente erzielt, obwohl die Annahmen über ihre Anfangsbedingungen so speziell sind, dass sie unvernünftig erscheinen mögen. Diese Einschränkung war jedoch kein guter Grund, die Theorie zu verwerfen, sondern der Schlüssel zum Verständnis der Geheimnisse dahinter. So ist auch das Rätsel der Anfangsbedingungen der Inflation nicht notwendigerweise ein Beweis für ihr Scheitern, sondern vielleicht ein Hinweis, der uns den Weg weisen kann, um zu entdecken, was sich hinter der Inflation verbirgt.

Ich glaube nicht, dass wir jemals eine endgültige Theorie herausfinden werden, die in der Lage ist, *alle* Fragen über die Natur zu beantworten. Der wissenschaftliche Fortschritt bewegt sich Schritt für Schritt geduldig auf einem endlosen Weg. Bei jedem Schritt werden einige Mysterien gelüftet, und unweigerlich werden neue aufgeworfen, die dann dazu dienen, den nächsten Schritt zu machen. So war es mit der Big-Bang-Theorie und, so hoffe ich, wird es mit der Inflationstheorie sein.

Die neuen Geheimnisse, die wir in diesem Kapitel entdeckt haben, drängen uns auf der Suche nach dem, was vor der kosmischen Inflation war, noch weiter in der Zeit zurück.

15

Und was war vorher?

Ich würde Ihnen gern erklären, was vor dem Big Bang war. Aber leider gab es da noch keine Zeit.
    Stephen Hawking zugeschrieben

Es gibt eine Geschichte, wonach ein Kosmologe, der keine Ideen mehr hatte, wie er seine Forschung fortsetzen sollte, zu einem weisen Eremiten im Osten ging, um ihn nach der verborgenen Struktur des Universums zu fragen. „Die Erde ist eine flache Scheibe, die von einem Elefanten getragen wird", antwortete der Weise. Verwirrt fragte der Kosmologe: „Und was trägt den Elefanten?" „Eine riesige Schildkröte", war die Antwort des Weisen, worauf der Kosmologe sofort erwiderte: „Und was trägt die Schildkröte?" Genervt beendete der Weise die Diskussion mit den Worten: „Oh, es sind Schildkröten, eine auf der anderen, ohne Ende."

Schildkröten, ohne Ende

„Schildkröten, ohne Ende" ist zu einem scherzhaften Ausdruck unter Physikern geworden, der das Risiko bezeichnet, sich bei Forschungen, die in der Zeit zurückgehen, in einem Labyrinth unendlicher Regressionen ohne Ausgang zu verfangen. Trotz dieses Risikos geben die Physiker nicht auf, Antworten auf die ewige Frage zu suchen, was vorher war. Was trägt die Inflation? Vielleicht eine Schildkröte?

G. F. Giudice, *Vor dem Big Bang*, https://doi.org/10.1007/978-3-662-69847-1_15

Die Reise zurück in der Zeit, auf der Suche nach dem, was vor der Inflation war, führt schnell auf einen schwierigen Weg, denn es treten bald Bedingungen auf, unter denen das Universum nicht mehr mit der Allgemeinen Relativitätstheorie beschrieben werden kann. Man betritt das Gebiet der Quantengravitation, das, wie im Kap. 13 diskutiert, ein noch unbekanntes Gebiet ist.

Im Rahmen der Quantengravitation könnte die Raumzeit ihre Rolle als grundlegendes Element der physikalischen Realität verlieren und sich in eine flüchtige Größe auflösen, die nur der Schatten einer tiefer liegenden Schicht der Natur ist. In diesem Kontext könnte die Idee, in der Zeit zurückzugehen, an Bedeutung verlieren und die Suche nach einem Anfang von Allem nur eine falsch gestellte Frage sein. Die Raumzeit, wie wir sie heute verstehen, löst sich in einen verworrenen Nebel auf, je näher wir der endgültigen Antwort auf den kosmischen Ursprung kommen.

Um mit der Erforschung eines möglichen Anfangs von Allem voranzukommen, wählen Physiker in der Regel zwischen zwei möglichen Wegen. Der eine besteht darin, sich im dunklen Gebiet der Quantengravitation von Vermutungen leiten zu lassen, die auf einer Mischung aus physikalischer Intuition und schlüssiger Logik basieren. Der andere besteht darin, einen möglichen Kandidaten für die Quantengravitation ernst zu nehmen und die Konsequenzen zu studieren. Auf diesem Weg bietet die Stringtheorie heute einen konkreten Ansatz, und ihre reiche multidimensionale Struktur lässt viel Raum für die Vorstellungskraft der theoretischen Physiker.

Die Suche nach dem, was vor der Inflation war, hat eine Vielzahl von Vorschlägen mit neuen Ideen und faszinierenden Phänomenen hervorgebracht. Es ist ein sehr spekulatives Gebiet, das größtenteils experimentell nicht überprüfbar ist. Außerdem ist der Stand der theoretischen Forschung noch zu fragmentiert und unsicher, um sich für eine zusammenfassende Darstellung zu eignen. Nur um einen Vorgeschmack zu geben, werde ich einige Ideen vorstellen, die anregende Fragen aufwerfen, aber kein vollständiges Bild der aktuellen Forschung darstellen. Es sind nur Häppchen, um den Appetit derjenigen zu wecken, die neugierig auf das sind, was ‚vorher' war.

Der Anfang der Zeit

Dass die Zeit einen Anfang hat, ist ein schwer zu verdauendes Konzept. Man könnte fragen: Was ist eine Minute vor dem Anfang der Zeit passiert? Um diese Frage zu beantworten, ist es besser, vom Konzept des Raums auszugehen. Man kann von Rom nach Norden reisen, oder von Paris nach Norden, aber es macht keinen Sinn mehr, nach Norden zu reisen, wenn man den Nordpol erreicht hat. Es gibt nichts, was nördlicher liegt als der Nordpol, obwohl es dort keine Grenzen und Barrieren gibt. Die Erdoberfläche ist ein begrenzter Raum, der keine Grenzen hat.

In der relativistischen Welt, in der Raum und Zeit zu einer raumzeitlichen Einheit verschmelzen, könnte die Zeit in Richtung Vergangenheit begrenzt sein, ohne dass dazu eine Zeitgrenze nötig ist. Zu fragen, was vor dem Anfang der Zeit war, könnte ebenso sinnlos sein, wie zu fragen, was nördlicher als der Nordpol ist.

James Hartle und Stephen Hawking haben diese Möglichkeit untersucht und die Vermutung geäußert, dass sich die Zeit unter den extremen Bedingungen des kosmischen Ursprungs exakt wie der Raum verhält. Ist das so, würde man im Raumzeit-Kontinuum nie Singularitäten treffen, die auf einen Ursprung hinweisen: Es wäre wie bei einer Kugel mit einer glatten Oberfläche ohne Ränder oder spezielle Punkte. Nach dieser Theorie ist die Zeit in Richtung Vergangenheit nicht unbegrenzt, aber es gibt keinen Anfang. Es gibt keinen Ursprung und keine Schöpfung: Das Universum entsteht aus dem Nichts.

Die Theorie von Hartle und Hawking basiert auf einer Vermutung, also auf einer Hypothese ohne solide wissenschaftliche Rechtfertigung. Sie ist das Ergebnis einer Intuition, die ein imaginäres Fenster öffnet, durch das man einige Aspekte der Quantengravitation erkennen kann.

Eine andere Realisierung des Anfangs der Zeit wurde von Alexander Vilenkin vorgeschlagen, der eine Eigenschaft der Quantenmechanik nutzte. Ein quantenmechanischer Zustand kann plötzlich in einen anderen, vom ersten unterschiedenen Zustand übergehen. Die Voraussetzung ist, dass der Übergang nicht durch ein physikalisches Gesetz verboten wird. So wie Atomkerne plötzlich durch radioaktiven Zerfall zerfallen können, kann sich auch die Geometrie der Raumzeit infolge zufälliger quantenmechanischer Übergänge ändern. Vilenkin berechnete die Wahrscheinlichkeit, dass ein Raum mit sphärischer Geometrie einen Quantenübergang durchmacht und sich in den de Sitter-Raum verwandelt, und bemerkte dabei etwas sehr Merkwürdiges. In seinen Berechnungen blieb eine Übergangswahrscheinlichkeit auch dann bestehen, wenn der Krümmungsradius des sphärischen Raums null wurde.

Seltsam ist dieses mathematische Ergebnis, wenn man es als physikalische Realität interpretiert. Ein sphärischer Raum mit Radius null ist … nichts. Es ist, als würde man eine Erde betrachten, deren Radius null ist: Es bleibt nichts übrig. Der de Sitter-Raum beschreibt aber in erster Näherung das inflatorische Universum, somit hatte Vilenkin entdeckt, dass ‚nichts' sich plötzlich in einem inflatorischen Universum materialisiert hat, ohne die physikalischen Gesetze zu verletzen. Das Ergebnis muss vorsichtig interpretiert werden, da die noch unbekannten Effekte der Quantengravitation seine Gültigkeit beeinträchtigen könnten. Die Idee ist jedoch so faszinierend, dass sie in Betracht gezogen werden sollte.

So erstaunlich dieses Ergebnis auch ist: Es mag nur eine Kuriosität für theoretische Physiker sein, weil der Übergang zwischen mikroskopischen Quantenzuständen stattfindet. ‚Nichts‘ verwandelt sich in einen mikroskopischen de Sitter-Raum und nicht in ein Universum, das so groß ist wie das, das uns umgibt. Aber hier kommt die Magie der Inflation ins Spiel, die in der Lage ist, den Raum enorm zu vergrößern. Selbst ein mikroskopisches Körnchen des de Sitter-Raums kann, wenn es seiner kosmischen Entwicklung überlassen wird, ein großartiges Universum hervorbringen.

Schon in der Vergangenheit wurde die Idee in Betracht gezogen (und dann verworfen), dass die Materie des Universums aus einer Quantenfluktuation entstanden sein könnte. Aber hier sprechen wir von etwas viel Radikalerem. Es handelt sich nicht um einen Quantenübergang von einem leeren Raum zu einem mit Materie gefüllten Raum. Der Übergang findet stattdessen von ‚nichts‘ – also einem Zustand, in dem die Raumzeit nicht einmal existiert – zu einem Raumzeit-Kontinuum voller Vakuumenergie statt, das potenziell in der Lage ist, ein Universum zu schaffen, das so groß und komplex ist wie unseres – und vielleicht sogar ein Multiversum.

Es ist nicht einfach, ein konkretes Bild der Situation zu zeichnen, weil ich nicht weiß, wie ich einen physikalischen Zustand visualisieren soll, in dem nicht einmal die Raumzeit existiert. Bezeichnen wir den Zustand mit ‚nichts‘, weil ‚etwas‘ schwer vorstellbar ist, wenn es weder Raum noch Zeit gibt! Es ist an der Grenze des Wunderbaren, wie sich dieses ‚Nichts‘ in ein echtes Universum verwandeln kann. Das Wunder ist eine Mischung aus der Quantenmechanik, die plötzliche Veränderungen des Raums ermöglicht, und der Inflation, die mikroskopische Quanteneffekte in Strukturen umwandet, die so groß wie der gesamte Kosmos sind. Das Nichts erschafft das Universum!

Die unerbittlichen Erhaltungsgesetze

Die Idee, Raum und Zeit aus dem Nichts zu erschaffen, kann, so faszinierend sie auch sein mag, auf den ersten Blick als unzulässig erscheinen. In der Physik gibt es unbestrittene und unbestreitbare Erhaltungsgesetze, denen auch die Quantenmechanik unterliegt. Diese Erhaltungsgesetze verkörpern die Idee, dass bestimmte physikalische Größen nicht aus dem Nichts erschaffen oder im Nichts verschwinden können. Sie legen fest, welche Veränderungen erlaubt sind und welche verboten sind, weil die entsprechenden physikalischen Größen unbedingt während der Geschichte des Universums erhalten bleiben müssen. Größen wie Energie, elektrische Ladung und Drehimpuls ändern sich in einem isolierten System nicht. Ihr jeweiliger Gesamtwert bleibt erhalten.

Im Nichts, das wir als Abwesenheit von Raum und Zeit verstehen, müssen alle physikalischen Größen zwangsläufig null sein, weil es im Nichts nichts gibt. Physikalische Größen, die einem Erhaltungssatz unterliegen, aber am Anfang null betragen, bleiben für immer null. Wenn daher unser gegenwärtiges Universum aus dem Nichts kommt, müssen alle physikalischen Größen mit Erhaltungssatz auch heute noch null sein. Andererseits ist aber das uns umgebende Universum ein System voller Materie, Energie und Bewegung. Auf den ersten Blick scheinen seine physikalischen Größen gerade *nicht* null zu sein. Aber eine genauere Analyse birgt Überraschungen.

Im gegenwärtigen Universum kombinieren sich die elektrischen Ladungen in den Atomen insgesamt zu neutraler Materie. Astronomische Daten liefern überzeugende Beweise dafür, dass dies überall im Kosmos der Fall ist. Es ist daher vernünftig zu glauben, dass die gesamte elektrische Ladung des Universums genau null ist.

Alle Himmelskörper wirbeln im Raum in komplizierten Drehbewegungen herum. Würde aber das Universum global rotieren, gäbe es eine bevorzugte Richtung im Raum, die durch eine Rotationsachse gekennzeichnet würde. Die Gleichmäßigkeit der kosmischen Strahlung aus jeder Richtung ist ein überzeugender Hinweis darauf, dass das Universum insgesamt kein Kreisel ist, und daher muss sein Drehimpuls, die physikalische Größe, die mit der Drehbewegung verbunden ist, gleich null sein.

Kommen wir nun zur Energie. Das Universum wimmelt von sich bewegender Materie und anderen Energieformen. Die Energiebeiträge von Materie, Strahlung und Vakuum sind alle positiv und wir können daher, auch ohne ihre Summe zu berechnen, sicher sein, dass die Gesamtenergie nicht null ist. Diese Rechnung berücksichtigt jedoch nicht die gravitative Energie!

Die Berechnung der gravitativen Energie in der Allgemeinen Relativitätstheorie beinhaltet Feinheiten, die zu kompliziert sind, um sie hier beschrieben zu können. Es gibt jedoch gute Gründe zu glauben, dass der inflatorische Raum, aus dem unser Universum entstanden ist, eine Gesamtenergie hatte, die genau null ist. Das Geheimnis ist die perfekte Aufhebung des positiven Beitrags der Vakuumenergie durch den negativen Beitrag der gravitativen Energie.

Trotz des gegenteiligen Anscheins gibt es also fundierte Hinweise darauf, dass im gegenwärtigen Universum die physikalischen Größen mit Erhaltungssatz – einschließlich der Energie – null sind. Die Tragweite dieses überraschenden Ergebnisses ist enorm, weil es die Möglichkeit konkret macht, dass unser Universum aus dem Nichts entstanden ist – das heißt, aus einem Zustand, in dem sogar Raum und Zeit fehlten. Oder dass es zumindest aus einem ursprünglich extrem einfachen System stammt. Wer weiß? Vielleicht ist nichts die Erklärung für alles.

Wo sind die physikalischen Gesetze notiert?

Die Berechnung, wie das Universum aus dem Nichts entstehen kann, basiert auf der Übergangswahrscheinlichkeit zwischen zwei quantenmechanischen Zuständen. Im Anfangszustand ist die Raumzeit so stark komprimiert, dass sie zu einem unendlich zusammengeschrumpften Punkt wird und sogar im Nichts verschwindet. Später befindet sich das Universum in einem Zustand inflatorischer Expansion. Damit der Übergangsprozess Sinn behält, müssen die physikalischen Gesetze der Quantenmechanik und der Allgemeinen Relativitätstheorie auch für einen physikalischen Zustand ohne Raumzeit gültig bleiben. Das wirft ein seltsames Rätsel auf: Können physikalische Gesetze auch in der Abwesenheit der Raumzeit existieren?

Auf der Grundlage der Newtonschen Auffassung von Raum und Zeit, die als unveränderliche Größen außerhalb physikalischer Phänomene verstanden werden, nimmt man intuitiv an, dass die physikalischen Gesetze Teil dieser starren Architektur sind. Die Allgemeine Relativitätstheorie hat uns dieser Gewissheit beraubt und uns mit einer formbaren und reaktiven Raumzeit zurückgelassen, die an den physikalischen Phänomenen teilnimmt und nicht länger als geeigneter Ort für die fundamentalen Naturgesetze erscheint. Wo sind die physikalischen Gesetze notiert? Auf welcher Festplatte speichert die Natur ihre Gesetze?

Wir haben keine gute Antwort auf diese Fragen, aber die Erforschung des Nichts legt nahe, dass die physikalischen Gesetze eine grundlegendere Realität als die Raumzeit haben. Der Mechanismus, der das Universum aus dem Nichts hervorbringt, könnte uns möglicherweise eine Erklärung für die Entstehung der Raumzeit liefern, sagt jedoch nichts in Bezug auf die Frage nach dem Ursprung der physikalischen Gesetze. Erneut werden wir auf die ewige Frage verwiesen, was vorher war. Vielleicht eine weitere Schildkröte?

Der kosmische Phönix

Wenn Ihnen beim Nachdenken über den Anfang der Zeit schwindelig wird, ist es vielleicht an der Zeit anzunehmen, dass die Zeit immer existiert hat. Um dies zu tun, müssen wir die Vorstellung eines ewigen Universums wieder aufgreifen, sie aber mit der kosmischen Evolution eines expandierenden Raums vereinbar machen. Ein Kompromiss zwischen Ewigkeit und Evolution besteht darin, sich vorzustellen, dass das Universum in einem endlosen kosmischen Tanz zyklische Phasen der Expansion und Kontraktion durchläuft.

Den Weg zu solchen kosmischen Zyklen haben die geschlossenen Universen von Friedmann geebnet, die wir bereits in Kap. 3 kennengelernt haben. In ihnen entsteht der Raum aus dem Big Bang und stirbt in einem apokalyptischen Big Crunch. Eine ständige Abfolge von Bang und Crunch könnte die Ewigkeit der Zeit mit der Expansion des Raums in Einklang bringen.

Die Idee wurde bereits in den dreißiger Jahren vom amerikanischen Relativitätstheoretiker Richard Tolman und auch von Lemaître, dem Vater des Ur-Atoms, in Betracht gezogen, der dafür 1933 ein überzeugendes Bild zeichnete:

„Diese Lösungen, in denen sich das Universum nacheinander ausdehnt und kontrahiert, hatten einen unbestreitbaren poetischen Reiz und erinnerten an den legendären Phönix."

Aber nicht alle waren vom Charme dieses Bilds überzeugt. De Sitter erklärte beispielsweise:

„Persönlich habe ich, wie auch Eddington, eine starke Abneigung gegen ein periodisches Universum, aber das ist nur eine persönliche Idiosynkrasie, die sich nicht auf physikalische oder astronomische Daten stützt."

Der Weg zu einem periodischen Universum war also nicht ohne Hindernisse.

Das erste Problem bestand darin zu verstehen, wie das Universum den mythischen arabischen Phönix nachahmen und aus seiner Asche wiedergeboren werden könnte. Mit wissenschaftlicheren Begriffen beschrieben bestand das Problem darin, einen physikalischen Prozess zu identifizieren, der in der Lage ist, einen neuen Bang am Ende eines Crunch zu starten. Die Antwort auf diese Frage war für die Physiker der damaligen Zeit völlig unerreichbar, da sie das Verständnis des Big Bang erforderte, das erst kürzlich erlangt wurde. Aber selbst wenn man akzeptiert, dass das Universum auf mysteriöse Weise aus dem Grab des Schwarzen Lochs auferstehen kann, in das es vom Big Crunch begraben wurde, gibt es noch ein allgemeineres Problem, auf das Tolman gestoßen ist.

Der zweite Hauptsatz der Thermodynamik besagt, dass die Entropie eines Systems (also sein Grad an Unordnung) ständig zunimmt. Daher kann ein Universum, das in einem kosmischen Zyklus erzeugt wird, nicht dem des vorherigen Zyklus entsprechen. Die Situation kann man mit einem Schneeball vergleichen, der quer durch ein Tal rollt: den Hang hinunter, den gegenüberliegenden Hang hinauf und dann in periodischen Schwingungen immer wieder auf und ab. Dabei sammelt der Ball Schnee und wird bei jedem Zyklus größer. Nach Tolmans Berechnungen verlängert der Anstieg der Entropie bei jedem Zyklus die Zeit zwischen einem Bang und dem nächsten Crunch immer mehr. Das bedeutet, dass die kosmischen Zyklen, wenn man in die Vergangenheit zurückgeht, immer kürzer werden bis sie in einem unendlich weit in der Vergangenheit zurückliegenden Punkt ganz verschwinden. Sie werden so schnell kürzer, dass man bald auf den Anfang der Zeit stößt und damit über das Hindernis stolpert, das man vermeiden wollte.

Die moderne Stringtheorie hat der Idee der kosmischen Zyklen neues Leben eingehaucht, weil sie in der Lage ist, das Hindernis des Anwachsens der Entropie zu umgehen. Es gibt verschiedene interessante Vorschläge in dieser Hinsicht, die komplexe Aspekte der Stringtheorie und ihre überraschenden Eigenschaften in Räumen mit mehr als drei Dimensionen betreffen. In den erfolgreichsten Versionen wiederholt sich die Periodizität nicht unendlich, sondern es gibt nur eine Phase der Raumkontraktion, die in eine Expansionsphase übergeht. Trotz der Tatsache, dass es heute noch verschiedene konzeptionelle Probleme gibt, ist diese Forschungsrichtung äußerst faszinierend, weil sie nahelegt, dass der Anfang der Zeit, der aus der Einsteinschen Gleichung folgt, nur eine Illusion ist.

16

Der Big Bang jenseits der Wissenschaft

Der Mensch ist sein eigenes Universum.
  Bob Marley

Die Erforschung des Ursprungs des Universums ist eine Geschichte, deren Wurzeln so tief gehen wie die Zivilisation selbst. Lassen Sie uns also einen Blick zurückwerfen, um zu reflektieren, wie sich das wissenschaftliche Verständnis des Big Bang in die Geschichte des menschlichen Denkens einfügt.

Stimmen aus alten Zeiten und fernen Ländern

Im Laufe der Jahrhunderte hat fast jede Zivilisation ihren eigenen Schöpfungsmythos entwickelt. Es handelt sich um symbolische und höchst eindrucksvolle Erzählungen, die in der Lage sind, das menschliche Verständnis mit den tiefen Geheimnissen des Universums und den unvermeidlichen Gesetzen in Beziehung zu setzen, die den Fluss der Ereignisse bestimmen. Mythen haben der Menschheit dabei geholfen, innerhalb der natürlichen Ordnung einen Platz zu finden, einen Sinn für die Heiligkeit des Universums zu entwickeln und nicht bei der Betrachtung des Unbekannten vor Angst zu erstarren.

Ein häufiges Element dieser Mythen ist ein außergewöhnliches Ereignis, das den Ursprung des Universums bestimmt – eine Art Avatar des Big Bang. Oft entspricht der Anfang einer Trennung gegensätzlicher Elemente, also beispielsweise der Scheidung von Himmel und Erde, von Licht und Dunkelheit oder von Feuer und Eis. Diese Trennungen bezeichnen den Übergang von einem ursprünglichen Zustand zur natürlichen Ordnung des Universums.

G. F. Giudice, *Vor dem Big Bang*, https://doi.org/10.1007/978-3-662-69847-1_16

Für die Maori, das indigene Volk Neuseelands, waren Himmelsvater (Ranginui) und Mutter Erde (Papatuanuku) untrennbar in einer reproduktiven Umarmung vereint, und so waren ihre Kinder gezwungen, im Finstern zu leben. Einige von ihnen, die stürmischsten und hartnäckigsten, beschlossen, die Eltern zu trennen, indem sie sie mit ihren starken Armen und Beinen wegschoben. Indem sie den Himmel von der Erde trennten, konnten sie das Licht sehen – trotz des Schmerzes von Papatuanuku, aus deren Wunden das Blut hervorquoll, das die heiligen ockerfarbenen Berge der Maori formte, und trotz der Tränen von Ranginui, die in Form von Regen zur Erde fielen, um zu zeigen, wie sehr er sie liebt.

Ein ähnliches Thema findet sich in einem babylonischen Mythos, in dem die Schöpfung mit dem Aufstieg des Gottes Marduk zur Macht zusammenfällt, der die Meeresgöttin Tiamat besiegte, indem er sie in zwei Teile schnitt, die zu Himmel und Erde wurden.

Diese mythischen Erzählungen lassen die Frage offen, was es vor der Schöpfung gab. Wenn eine Gottheit das Universum geschaffen hat, wer hat die Schöpfergottheit geschaffen? Die Frage ähnelt der, die wir uns gestellt haben, als wir zu verstehen versuchten, was vor dem Big Bang war, und daher lohnt es sich, die Antworten zu hören, die in weit zurückliegenden Zeiten gegeben wurden.

Ein Chaos ohne Zeit, Form oder Ursprung wird oft als das ursprüngliche Element des Universums angegeben. In der nordischen Mythologie wurde das Ur-Chaos Ginnungagap genannt. Es bezeichnete den kosmischen Abgrund, die Leere. Es herrschten nur Stille und Dunkelheit, bevor die Welt des Eises und der gefrorenen Flüsse (Niflheim) auf die Welt des Feuers (Muspelheim) traf, die von Riesen mit flammenden Schwertern bewohnt war.

Auch nach der taoistischen Tradition existierte am Anfang nur das Chaos, das zum Ur-Ei verschmolz, einem perfekten Gleichgewicht zwischen Yin und Yang, das fähig war, den Dualismus der gegensätzlichen, aber komplementären Kräfte auszudrücken. Es ist das mythische Wesen Pangu, das das Ur-Ei mit seiner gigantischen Axt zerschlug, Yin von Yang trennte und damit dem Universum Leben einhauchte.

Im Gegensatz zur Idee eines ursprünglichen Chaos behauptet die christliche Lehre die *creatio ex nihilo*, das heißt, dass vor dem Beginn des Universums nichts existierte. Dieses Dogma war im christlichen Denken mindestens ab dem 3. Jahrhundert vorherrschend und wurde von Kirchenvätern wie Origenes von Alexandria oder Tertullian von Karthago unterstützt. Es wurde aber erst 1215 auf dem vierten Laterankonzil offiziell akzeptiert. Das Dogma besagt, dass es nicht nur vergeblich ist, zu erforschen, was vor der Schöpfung war, sondern sogar blasphemisch. Wie Augustinus in den *Bekenntnissen* erzählt, kann man auf die Frage: „Was tat Gott, bevor er Himmel und Erde schuf?" nur „scherzweise" antworten: „Er bereitet denen, die sich vermessen, jene hohen Geheimnisse zu ergründen, Höllen."

Das gleiche Konzept durchdringt auch das Judentum. Der mittelalterliche Philosoph und Talmudist Moses Maimonides behauptet, dass die *creatio ex nihilo* das zentrale gemeinsame Element von Judentum, Christentum und Islam ist. Der talmudische Kommentartext *Bereshit Rabbah*, der wahrscheinlich zwischen dem 4. und 6. Jahrhundert geschrieben wurde, hält fest, dass die *Genesis* mit dem Buchstaben bet (ב) beginnt, der auf drei Seiten geschlossen und vorne offen ist (Hebräisch wird von rechts nach links geschrieben). Seine mystische Bedeutung ist, dass wir über das nachdenken können, was nach der Schöpfung passiert ist, aber was vor der Schöpfung geschah, also jenseits des Himmelreichs oder in der Hölle unter der Erde, ist dem menschlichen Verständnis verschlossen. Eine philologische Analyse des biblischen Textes zeigt aber nicht eindeutig, dass der Gott Israels die Materie aus dem Nichts geschaffen hat, und noch heute diskutieren Historiker und Theologen die Frage, ob die *Genesis* wirklich die *creatio ex nihilo* behauptet.

Eine diametral entgegengesetzte These wurde vom griechischen Philosophen Aristoteles vertreten. Ausgehend vom Prinzip *ex nihilo nihil fit*, wonach nichts aus dem Nichts entstehen kann, schloss Aristoteles, dass die bloße Existenz des Universums beweist, dass es ewig und unveränderlich sein muss. Außerdem kann das Universum im Raum nicht unendlich groß sein, weil seine natürliche Bewegung eine Rotation um die Erde ist. Wäre es unendlich groß, gäbe es Punkte im Raum, die sich mit unendlicher Geschwindigkeit bewegen – nach Aristoteles ein offensichtlich absurdes Ergebnis.

Zwischen der Schöpfung und der Unveränderlichkeit des Universums gibt es einen dritten Weg. Bereits im *Mahabharata*, dem epischen Gedicht, das ab dem 4. Jahrhundert v. Chr. in Sanskrit geschrieben wurde, erscheint das Konzept eines zyklischen Universums, das die hinduistische Kosmogonie kennzeichnet. Der kosmische Zyklus einer ewigen Schöpfung und Zerstörung hat seine Entsprechung im *Samsara*, dem Aufeinanderfolgen von Leben, Tod und Wiedergeburt in einem unendlichen Rad von Reinkarnationen, das Teil fast aller religiösen Lehren Indiens ist. Die Leidenschaft der Inder für große Zahlen hat sie dazu gebracht, die Dauer jedes Zyklus des Universums genau zu definieren, zusammen mit einer Vielzahl von Abschnitten des Zeitraums, jeder mit seiner eigenen mystischen Bedeutung. Unser Universum wird einen *Kalpa* dauern, das ist ein Tag von Brahma, der 4,32 Mrd. Jahren entspricht, was überraschenderweise nahe am Alter der Erde liegt, das heute auf etwa 4,5 Mrd. Jahre geschätzt wird.

Zusammenfassend hat uns das Wissen der frühen Zeiten unserer Geschichte im Großen und Ganzen vier mögliche Antworten auf die Frage gegeben, was am Anfang war: ein ewiges und unveränderliches Universum ohne Anfang und Ende, ein formloses und unbestimmtes Ur-Chaos, eine Schöpfung aus dem Nichts und ein zyklisches Universum, das sich periodisch wiederholt. Es ist bemerkenswert, welche Spuren dieser vier Antworten in den wissenschaftlichen Theorien zu finden sind, die wir untersucht haben.

Das ewige und unveränderliche aristotelische Universum hat die Wissenschaft von Newton bis Einstein beeinflusst und viele Physiker dazu veranlasst, sich gegen die Idee des Big Bang zu wehren. Heute können wir mit Sicherheit sagen, dass Aristoteles' Annahme falsch war. Das Universum ist keineswegs unveränderlich. Es hat bewegte Perioden durchlaufen, die durch Phasenübergänge und tiefgreifende Veränderungen gekennzeichnet waren, und es wird in der Zukunft noch weitere erleben.

Das Ur-Chaos kann zum physikalischen Konzept der Vakuumsubstanz führen und an die Inflation denken lassen. Die *creatio ex nihilo* wiederum erinnert an die Theorie, nach der die Raumzeit aus einer Quantenfluktuation entstand. Auch das zyklische Universum ist ein in der Kosmologie wiederkehrendes Thema.

Diese Übereinstimmung zwischen Wissenschaft und Mythologie weckt Neugier, ist aber nichts weiter als ein Beweis für die unerschöpfliche menschliche Fantasie. Sie ist auch ein Hinweis darauf, dass wissenschaftlicher Fortschritt nicht in einem kulturellen Vakuum stattfindet, sondern dass es immer einen Austausch von Ideen zwischen verschiedenen Bereichen der menschlichen Kreativität gibt, manchmal auch unbewusst. Diese zufälligen Übereinstimmungen haben einen historischen, kulturellen und sogar poetischen Wert, sollten uns aber nicht dazu verleiten zu glauben, dass es logische Verbindungen zwischen wissenschaftlichen Theorien, mythischen Erzählungen, heiligen Texten und philosophischen Spekulationen gibt, denn jeder dieser Bereiche des menschlichen Denkens arbeitet auf einer völlig unterschiedlichen Ebene des Wissens.

Gibt es noch Platz für einen Schöpfer?

Von allen Wissenschaften ist die Kosmologie am ehesten in Gefahr, in das Gebiet der Religion vorzudringen. Vor allem die Untersuchung des Ursprungs des Universums scheint den Bereich des Glaubens zu berühren und die Grenze zwischen Wissenschaft und Spiritualität zu überschreiten. Diese Grenze ist jedoch nicht absolut, sie ändert sich mit dem Fortschritt des menschlichen

Denkens. Die Wissenschaft, die die logische Verkettung von Ursache und Wirkung in natürlichen Phänomenen erforscht, hat allmählich Boden erobert, der traditionell der Religion gehörte, und die Grenze zwischen Physik und Spiritualität immer weiter hinausgeschoben.

Isaac Newton glaubte, die Gravitationskraft offenbare ein göttliches Eingreifen, wie er in den *Principia* erklärt:

„Diese bewundernswürdige Einrichtung der Sonne, der Planeten und Kometen hat nur aus dem Rathschlusse und der Herrschaft eines alles einsehenden und allmächtigen Wesens hervorgehen können."

Heute wissen wir, dass der Ursprung der Gravitation in der Verformung der Geometrie der Raumzeit liegt.

Im Jahr 1873 erklärte James Clerk Maxwell, der Entdecker der vereinheitlichten Gesetze des Elektromagnetismus, dass es nie eine wissenschaftliche Erklärung für den Ursprung der Moleküle geben wird: „Wir sind unfähig, die Existenz der Moleküle oder die Identität ihrer Eigenschaften auf eine Ursache zurückzuführen, die wir als natürlich bezeichnen können … Wir sind daher auf einem streng wissenschaftlichen Weg sehr nahe an den Punkt geführt worden, an dem die Wissenschaft aufhören muss." Für Maxwell markierten die Moleküle die Grenze zwischen Wissenschaft und göttlichem Eingreifen. Heute verstehen wir jedoch die Struktur und den Ursprung der Materie bis in die Tiefe der Elementarteilchen, also weit über die Moleküle hinaus.

Der Big Bang verschob die Grenze zwischen Physik und Spiritualität ständig weiter, und es weckt Neugier – oder vielleicht Misstrauen – dass einer seiner aktivsten Befürworter ein katholischer Priester war. Lemaître war sich seiner heiklen Position innerhalb der wissenschaftlichen Gemeinschaft sehr bewusst. Viele seiner Physiker-Kollegen waren instinktiv gegen den Big Bang, weil die Theorie die *Genesis* zu bestätigen schien, hinter der sich ein Schöpfer verbarg. Vielleicht auch deshalb hielt Lemaître eine strenge Trennung zwischen wissenschaftlicher Tätigkeit und religiösem Glauben ein, ohne jemals unter intellektueller Schizophrenie zu leiden. Tatsächlich ging er sogar so weit zu behaupten, dass „die Hypothese des Ur-Atoms das Gegenteil der übernatürlichen Schöpfung der Welt ist". Er wollte sicherstellen, dass seine Physiker-Kollegen die Theorie aufgrund ihres wissenschaftlichen Inhalts betrachteten, ohne ideologische Verlegenheit zu empfinden.

Laut Lemaître gibt es zwei Wege zur Wahrheit. Der eine ist der wissenschaftliche, der die Wahrheit durch logische Deduktion sucht, die in mathematischen Gleichungen ausgedrückt werden kann. Der zweite ist der spirituelle, der durch die Offenbarung der Wahrheit zur Erlösung der Seele führt.

Die beiden Wege ergänzen sich, sie respektieren einander und geraten nicht in Konflikt. Im Jahr 1933 erklärte Lemaître: „Es gibt zwei Wege zur Wahrheit. Ich habe beschlossen, beide zu verfolgen. Nichts in meinem beruflichen Leben, nichts, was ich in meinen Studien, sei es in der Wissenschaft oder in der Religion, gelernt habe, hat mich veranlasst, diese Meinung zu ändern. Ich habe keinen Konflikt zu lösen. Die Wissenschaft hat meinen Glauben an die Religion nicht erschüttert, und die Religion hat mich nie dazu gezwungen, an den Schlussfolgerungen zu zweifeln, zu denen ich mit wissenschaftlichen Methoden gekommen bin."

Dass die beiden Wege zur Wahrheit getrennt sind, bedeutet, dass es vergeblich ist, Beweise für die Existenz oder Abwesenheit Gottes mithilfe der wissenschaftlichen Methode zu suchen. Von Vers 45, 15 aus dem *Buch Jesaja* inspiriert, unterstützte Lemaître die Idee des *Deus absconditus,* also eines verborgenen Gottes, der die Autonomie der physikalischen Phänomene und der menschliche Willensfreiheit respektiert. Die *creatio ex nihilo* hat im theologischen Sinne nichts mit dem Big Bang zu tun, der laut Lemaître die Folge eines Phänomens ist, das mit den physikalischen Gesetzen verstanden werden kann.

Weniger vorsichtig als Lemaître zeigte sich Papst Pius XII. in seiner Rede *Un'ora di serena letizia,* die er 1951 vor den Mitgliedern der Päpstlichen Akademie der Wissenschaften hielt. Der Papst, der ein großes Interesse an der Astronomie hatte, begrüßte den Big Bang als wissenschaftlichen Hinweis auf die christliche Lehre der *creatio ex nihilo.* Obwohl er betonte, dass die Schöpfung eine offenbarte Wahrheit ist, die außerhalb des Bereichs der Naturwissenschaften liegt, wagte er zu sagen: „Es scheint wirklich, dass die heutige Wissenschaft, indem sie Millionen von Jahren zurückgeht, Zeuge jenes ursprünglichen *Fiat lux* geworden ist, als aus dem Nichts ein Meer aus Licht und Strahlung hervorbrach, während die Partikel der chemischen Elemente sich spalteten und in Millionen von Galaxien wieder vereinigten." Er ging sogar so weit, die Theorie des stationären Universums zu kritisieren (ohne sie beim Namen zu nennen).

Fred Hoyle war wütend über die Rede des Papstes. George Gamow fand sie wiederum äußerst amüsant und benützte sie als Vorlage für Witze aller Art, beispielsweise indem er behauptete, dass die Hypothese des Big Bang nun das Siegel der päpstlichen Unfehlbarkeit trage. Weniger amüsiert war Lemaître, der bei der Rede als Mitglied der Päpstlichen Akademie, deren Präsident er 1960 wurde, anwesend war. Er kritisierte den Papst nie öffentlich, aber unmittelbar nach der Präsentation von *Un'ora* bat er um eine Privataudienz, die er auch erhielt. Der Inhalt des Gesprächs ist nicht bekannt, aber sicherlich standen die späteren öffentlichen Äußerungen von Pius XII. zu dem Thema –

insbesondere in der Eröffnungsrede zur Versammlung der Internationalen Astronomischen Union, die 1952 in Rom zusammentrat – im Licht des Konkordismus, also der Übereinstimmung von kirchlicher Lehre und Wissenschaft, und waren viel gemäßigter in der Darstellung des Big Bang.

Private Briefe von Lemaître an Freunde offenbaren seine Enttäuschung über *Un'ora*. Es ist offensichtlich, dass die päpstliche Rede den Priester-Wissenschaftler trotz seiner festen gegenteiligen Position der Kritik seiner Physiker-Kollegen aussetzte, er würde religiöse Ziele verfolgen. Darüber hinaus erkannte Lemaître, dass Pius XII. aus theologischer Sicht ein großes Risiko einging, indem er die Existenz Gottes mit einer wissenschaftlichen Theorie verband, die durchaus durch Daten widerlegt werden könnte.

Zu dieser Zeit und trotz Lemaîtres hartnäckigen Einwänden überluden viele Physiker den Big Bang mit religiöser Bedeutung, was die allgemeine Unzufriedenheit mit der wissenschaftlichen Hypothese nährte. Hoyle war als überzeugter und streitbarer Atheist auf ideologischer Basis ein Anführer der Abneigung gegen den Big Bang. Obwohl er in seinen wissenschaftlichen Publikationen nie auf religiöse Implikationen Bezug nahm, ist in seinen populärwissenschaftlichen Schriften klar das Ziel zu erkennen, die These des Atheismus durch die Theorie des stationären Universums zu unterstützen. Hoyle schrieb, das Konzept eines Anfangs der Zeit sei „charakteristisch für die Einstellung primitiver Völker", während die Hypothese des stationären Universums zu „Schlussfolgerungen führe, für die wir eine emotionale Vorliebe haben könnten".

Ironischerweise hat sich in jüngerer Zeit die theologische Konnotation des Big Bang umgekehrt. Anstatt ihn als Beweis für eine göttliche Schöpfung zu verwenden, die aus dem Nichts erfolgt und durch die physikalischen Gesetze bestimmt wird, zieht man ihn nun zur Rechtfertigung des Atheismus heran. Der Ausgangspunkt ist die Idee, dass das Universum aus einer durch die Inflation verstärkten Quantenfluktuation entstanden ist. Damit entfällt jedes Motiv für die Existenz eines Schöpfers, er wird degradiert und ist irrelevant, während der Big Bang die Nichtexistenz Gottes oder zumindest seine Nutzlosigkeit beweist.

Dieses Argument ist zu einem Steckenpferd des Atheismus geworden und wird auch von denen oft wiederholt, die wenig oder gar nichts von der Allgemeinen Relativitätstheorie oder der Inflationstheorie verstehen. Leider ist die Aussage sinnlos, und zwar sowohl aus theologischer wie auch aus wissenschaftlicher Sicht. Der Schwachpunkt der Argumentation ist die Art und Weise, wie die Gottheit im Kontext der wissenschaftlichen Theorie identifiziert wird. Die Raumzeit ist eine dynamische Größe wie viele andere Quantenfelder auch und spielt keine bevorzugte Rolle in modernen physikalischen Theorien. Vielmehr kann das erste Prinzip der natürlichen Ordnung in den physikalischen Gesetzen gesucht werden. Das scheint genau Einsteins Ansicht gewesen zu sein, dem religiöse Dogmen völlig fremd waren. Er hatte eine sehr persönliche Vorstellung von Gott:

> „Es ist sicher, dass hinter jeder qualifizierten wissenschaftlichen Arbeit ähnlich einem religiösen Gefühl die Überzeugung von der Rationalität und Verständlichkeit der Welt steht. [...] Dieser feste Glaube, ein mit einem tiefen Gefühl verbundener Glaube an ein höheres Wesen, das sich in der Welt der Erfahrungen offenbart, entspricht meiner Auffassung von Gott."

Einstein identifizierte Gott mit dem tiefen Geheimnis der Existenz einer natürlichen Ordnung und daher letztlich mit den grundlegenden physikalischen Gesetzen. Wie bereits erklärt, erfordert die Schöpfung des Universums aus einer Quantenfluktuation sowohl vor wie auch nach der Transformation der Raumzeit, dass physikalische Gesetze existieren. Daher führt die Argumentation zu keiner theologischen Schlussfolgerung.

Eine Alternative besteht darin, Gott mit den Anfangsbedingungen der wissenschaftlichen Theorie zu identifizieren, aber auch so kommt man nicht sehr weit, weil die Inflationstheorie sie nicht bestimmen kann. All dies bedeutet also, dass sich das Argument, Gott werde durch die Inflation hinwegweggefegt, in nichts auflöst.

Der Fehler der Argumentation liegt darin, aus ihrem Kontext herausgelöste wissenschaftliche Argumente zu verwenden. Aussagen über die Existenz oder Abwesenheit Gottes, die auf physikalischen Theorien basieren, sind zutiefst unwissenschaftlich, weil sie den Sinn der wissenschaftlichen Methode entwerten, die nicht auf metaphysischem Gebiet anwendbar ist. Versuche, theologische oder atheistische Thesen auf wissenschaftliche Ergebnisse zu stützen, sind ein schlechter Dienst an der Wissenschaft, weil sie nur dazu dienen, ihre Glaubwürdigkeit zu schädigen.

Eine physikalische Theorie hat keinen ethischen, moralischen oder spirituellen Inhalt – hier liegt die Grenze zur Religion. Wissenschaftliche Erkenntnis hindert oder fördert nicht das menschliche Verlangen, über den Sinn des Lebens oder den Wert von Mitgefühl nachzudenken, und lässt die Frage des freien Willens offen. Die Wissenschaft leugnet oder unterstützt religiöses Denken nicht, kann es aber von falschen Dogmen befreien, die oft die Ursache für die Gräueltaten sind, die im Namen der Religion begangen werden, etwa wenn Vorurteile und Groll Gewalt, Rassismus und Ungerechtigkeit schüren.

Wissenschaft zu betreiben erfordert nicht, im spirituellen Bereich eine bestimmte Position einzunehmen. Hoyle war ein eingefleischter Atheist. Gamow war ein gleichgültiger Agnostiker. Einstein hatte einen originellen religiösen Geist. Lemaître war ein überzeugter Glaubender. Aber all diese Wissenschaftler verstanden sich, weil sie sich in derselben Sprache ausdrückten. Die Wissenschaft vereint uns, weil sie uns zwingt, eine rationale Sprache zu verwenden, die den Vergleich ermöglicht und sich an die mathematische Logik und die experimentelle Beobachtung als einzige Schiedsrichter hält.

Entleert die Wissenschaft den Sinn des menschlichen Daseins?

Der englische Dichter John Keats beschuldigte die Wissenschaft, die Natur zu entzaubern. Er glaubte, dass Newton, indem er die Reflexion und Brechung des Lichts durch Wassertropfen entdeckte und sie auf die Farben eines Prismas reduzierte,

> „die Poesie des Regenbogens zerstört hat": „Jetzt kennt man sein Gewebe, seinen Bau, die Wissenschaft erklärte ihn genau." Und die „Philosophie wirft ihre kecke Schlinge um Engelsschwingen [...], zerreißt die Wunder".

Nach dem Empfinden des romantischen Dichters beraubt die Wissenschaft die Natur ihrer Geheimnisse und erstickt die Vorstellungskraft mit Rationalität. Auch in unserer Zeit, die so arm an Romantik ist, kann man sich fragen, ob die Physik, indem sie eine wissenschaftliche Erklärung für den Big Bang liefert, den Reiz zur Betrachtung des nächtlichen Himmels nimmt, so wie das Aufdecken des Tricks eines Zauberers dem Spektakel seine Magie nimmt.

Meine Reaktion ist das Gegenteil der Reaktion von Keats. Die Entdeckung der tiefen Mechanismen, die den physikalischen Phänomenen zugrunde liegen, entleert sie nicht ihrer Schönheit, sondern lässt uns die Emotion erleben, die Natur plötzlich mit anderen Augen zu sehen, mit dem Gefühl, in ihr innerstes Wesen einzudringen. Die Erfahrung, die Gleichungen zu finden, die die Prinzipien des Universums offenbaren, geht über die einfache wissenschaftliche Zufriedenheit hinaus und betrifft auch eine emotionale Ebene. Das Bild des Big Bang, das uns die Inflationstheorie ausmalt, ist von solcher Intensität, dass wir uns fühlen, als wären wir bei der Show der Entstehung der Materie dabei, die vor unseren Augen wie eine außergewöhnliche kosmische Darbietung erscheint. Es ist schwer, gegenüber einer so bewegenden Erfahrung unempfindlich zu bleiben. Je mehr man die physikalischen Gesetze versteht, umso mehr gewinnt man ein Gefühl der Gemeinschaft mit der Ordnung der Natur und umso mehr schätzt man ihre tiefen Geheimnisse.

„Der Besitz von Wissen tötet nicht das Gefühl für Wunder und Geheimnis. Es gibt immer wieder neue Geheimnisse", notierte die Schriftstellerin Anaïs Nin in ihren Tagebüchern. Ihre Worte beziehen sich zwar auf den intellektuellen Weg des Künstlers, aber sie passen perfekt zum Sinn des wissenschaftlichen Verständnisses der natürlichen Phänomene. Das ist ein weiterer Beweis für die Berührungspunkte zwischen künstlerischer Sensibilität und Kreativität in der wissenschaftlichen Forschung, die sich nicht gegenseitig ausschließen, sondern ergänzen.

Das Verständnis des Universums scheint die Menschheit auf eine immer marginalere Rolle zu beschränken. In der Antike glaubte man, die Erde stünde im Zentrum eines einfachen Planetensystems mit dem Firmament als Hintergrund. Mit dem Fortschreiten des Wissens sind die Dimensionen des Universums durch die Entdeckung neuer Planetensysteme, neuer Galaxien und eines immer unendlicheren Raums gewachsen. Die Inflationstheorie legt nahe, dass das Universum weit über die Grenzen des kosmischen Horizonts hinausreicht, während die Idee des Multiversums unsere Welt auf einen winzigen Tropfen in einem riesigen Ozean reduziert.

Ist die Menschheit also unbedeutend? Trocknen die Weiten des Universums und die Unausweichlichkeit der physikalischen Gesetze den Sinn unseres Daseins aus und lassen uns mit dem erdrückenden Gefühl zurück, nur Staub zu sein, der dazu bestimmt ist, in einer Wüste aus Staub zu verschwinden?

Sicher, wir sind nur eine Handvoll Sternenstaub, der von irgendeiner Supernova ins All gespuckt wurde. Und doch ist es dieser Handvoll Staub gelungen, das Universum, das sie umgibt, zu verstehen. Die Menschheit ist etwas Besonderes, weil sie sich ihrer Existenz bewusst ist und den Verstand hat, Fragen über den Ursprung des Universums zu stellen, und weil sie die Leidenschaft hat, die Suche nach Antworten zu verfolgen. Dieses Bewusstsein hilft uns, eine Bedeutung und einen Wert in der menschlichen Existenz zu finden. Das Geheimnis der Verständlichkeit des Universums würde verborgen bleiben, wenn es in ihm nichts zum Nachdenken gäbe. Dass Menschen das Universum verstehen, gibt seiner Verständlichkeit einen Sinn.

Die wissenschaftliche Erklärung der physikalischen Welt vernichtet nicht die Bedeutung der menschlichen Existenz. Im Gegenteil, sie beleuchtet sie mit einem anderen Licht, sie gibt uns ein klareres Bewusstsein, Teil einer großartigen Struktur zu sein, und sie gibt uns die Werkzeuge, um die tiefe Schönheit der natürlichen Ordnung zu erkennen. Das Verstehen des Universums vermittelt nicht ein Gefühl der Verwirrung, sondern der bewussten Gelassenheit. Es vermittelt uns nicht ein Gefühl der Eroberung, sondern der Verbindung und Komplizenschaft mit der Natur.

17

Es gibt kein Ende der Geschichte

Es gibt kein Ende. Es gibt keinen Anfang. Es gibt nur die unendliche Leidenschaft für das Leben.
Federico Fellini

Die Menschheit ist in einer kleinen Ecke des Raumzeit-Kontinuums eingesperrt. Der Raum, den die Erde im beobachtbaren Universum einnimmt, ist kleiner als der eines Atoms im Sonnensystem. Die Dauer der menschlichen Zivilisation entspricht im Vergleich zum Leben des Universums vom Big Bang bis heute einer Handvoll Sekunden im Laufe eines Jahres. Die Menschheit ist nur ein flüchtiger Seufzer des gesamten kosmischen Raumzeit-Kontinuums.

Und doch war die Menschheit von dieser kleinen Ecke des Raumzeit-Kontinuums aus in der Lage, die logische Ordnung zu entschlüsseln, die das Universum bis zu den Entfernungen regelt, aus denen wir Signale empfangen können – und vielleicht sogar darüber hinaus. Sie war in der Lage, die kosmische Geschichte zu rekonstruieren, um die Existenz eines außergewöhnlichen Ereignisses zu entdecken, das die Struktur des Raumzeit-Kontinuums veränderte und die Materie hervorbrachte. Sie war in der Lage, dieses Ereignis auf 13,8 Mrd. Jahre zurückzudatieren, was eine erstaunliche Genauigkeit für ein Ereignis ist, das prinzipiell weder beobachtet noch wiederholt werden kann.

In etwa einem Jahrhundert wurden Fortschritte im Verständnis der kosmischen Geschichte gemacht, die unermesslich größer sind als alles, was in den vorangegangenen Jahrtausenden erreicht wurde. Wir sind von einigen vagen Vorurteilen über das Universum zu einer genauen Theorie übergegangen, die in der Lage ist, die kosmische Geschichte bis zum Big Bang und sogar darüber

G. F. Giudice, *Vor dem Big Bang*, https://doi.org/10.1007/978-3-662-69847-1_17

hinaus nachzuvollziehen und sich mit sehr genauen astronomischen Beobachtungen auseinanderzusetzen.

Dieser Weg der Entdeckung ist das Ergebnis eines wissenschaftlichen Abenteuers, das so extrem ist, dass die folgenden Fragen legitim sind: Wenn unser Gehirn, unser kognitives System und wir selbst Teil eines evolutionären Prozesses der natürlichen Selektion innerhalb des Universums sind, wie können wir die Realität, in der wir eingetaucht sind, übersteigen und eine unabhängige Sicht darauf haben? Ist es vielleicht so, als würde man glauben, dass man aus einem Traum den Träumer ableiten kann? Oder dass der Protagonist einer virtuellen Realität wie der des Films *Matrix* die Software ableiten kann, die ihn steuert?

Die Quantenmechanik stellt diese Fragen, da in der quantenmechanischen Welt zwischen der Rolle des Beobachters und der physikalischen Realität nicht getrennt werden kann. Vielleicht haben wir tatsächlich ein Niveau erreicht, von dem aus es nicht mehr gerechtfertigt ist, das Universum als objektive externe Realität zu beschreiben, ohne eine umfassende Theorie der Quantengravitation zu haben, die die Prinzipien der Allgemeinen Relativitätstheorie mit denen der Quantenmechanik vereint.

Dennoch ist es der Kosmologie gelungen, ohne dieses Wissen bis zu den Ursprüngen des Universums zurückzugehen und uns eine klare Beschreibung der Mechanismen zu bieten, die die verschiedenen Phasen der kosmischen Entwicklung bestimmt haben. Der tiefere Grund für diesen Erfolg liegt in der Existenz universeller physikalischer Gesetze der Natur, die eine schlüssige Erzählung der gesamten kosmischen Geschichte ermöglichen, ohne dass man jedes einzelne Element im Universum kennen muss. Hierin liegt das Geheimnis der Kosmologie: Sie erlaubt es, das Universum als ein zusammenhängendes Ganzes zu beschreiben und nicht nur als eine Ansammlung isolierter Phänomene.

Auch das Mädchen, das von seinem Platz im Zug aus mit intelligenter Neugier beobachtet, was die Reisenden um sie herum tun, ist ein wesentlicher Bestandteil der kosmischen Geschichte. Auch sie ist eine Manifestation der vielfältigen Phänomene, die im Universum stattfinden. Allerdings ist es nicht das Ziel der Physik, einzelne Phänomene zu beschreiben. Sie soll vielmehr die Prinzipien ergründen, die sie regieren. Die Ableitung der grundlegenden Prinzipien der Natur, ausgedrückt in mathematischen Gleichungen, liefert den Schlüssel für eine Beschreibung der gesamten kosmischen Evolution, aus der dann alle Phänomene hervorgehen – das Mädchen eingeschlossen. Das ist der Weg, der die Menschheit so nahe an das Verständnis des Ursprungs des Universums gebracht hat.

Die Entdeckung des Big Bang war eine der umwälzendsten Revolutionen des wissenschaftlichen Denkens aller Zeiten. Es ist eine Revolution, die aus der unersättlichen menschlichen Neugier geboren wurde und von der Fähigkeit genährt wird, logische Deduktionen mit erstaunlichen experimentellen Beobachtungen zu kombinieren. Ich würde nicht zögern, den Big Bang unter die Entdeckungen zu zählen, die am meisten dazu beigetragen haben, unser Wissen über die natürliche Welt zu formen.

Das Verständnis der Bedeutung des Big Bang ist nicht nur eine Frage für Spezialisten, sondern Teil der intellektuellen Identität jedes Individuums des 3. Jahrtausends. Den Big Bang zu verstehen bedeutet, sich der Realität bewusst zu werden, zu der wir gehören. Es bedeutet, ein Gefühl der Verbundenheit mit der Natur und der Teilhabe an dem großen Plan zu entwickeln, der die physikalischen Gesetze regelt. Es bedeutet, die Werkzeuge zu erwerben, um sich eine individuelle, aber bewusste Sicht auf den Sinn des Daseins zu erarbeiten.

Jahrhundertelang hat die Menschheit den Nachthimmel mit einem Gefühl von Ehrfurcht und Verwunderung betrachtet. Heute können wir das mit einer gesteigerten Bewunderung für die tiefe Schönheit der kosmischen Harmonie tun, indem wir am Himmel die Gesetze lesen, die die Natur von den kleinsten bis zu den größten Dimensionen regieren.

Es ist überwältigend, an die erstaunlichen Fortschritte zu denken, die die Menschheit im Verständnis des kosmischen Ursprungs gemacht hat. Die Wissenschaft hat uns zu einem beispiellosen Wissensstand in der Geschichte der Zivilisation geführt, aber wir dürfen uns nicht täuschen. Der Weg ist immer noch mit ungelösten Rätseln übersät, und der Weg vor uns scheint endlos. Ich glaube nicht, dass die Geschichte des Verständnisses der Ursprünge des Universums jemals enden wird.

Epilog

Ich war fast mit dem Schreiben dieses Buches fertig, als ich zu einem Institut für theoretische Physik im Süden Indiens fuhr, um eine Reihe von Vorlesungen zu halten und an einer Konferenz teilzunehmen. Der Campus des Instituts war in einen Park eingebettet, in dem die Üppigkeit der tropischen Natur durch eine penible Pflege in Schach gehalten wurde. Schönheit und Ordnung fanden die richtige Balance.

Eines Abends ging ich in die Mensa des Campus zum Abendessen. Es war ein Tag voller intensiver Gespräche mit Kollegen, mit Seminaren und Vorlesungen gewesen, und ich fühlte das Bedürfnis, mit meinen Gedanken allein zu sein. Ich stellte mich mit dem Tablett an und nahm meine Portion Reis und Dal. Es war schon spät, und die Mensa war halb leer. Ich bemerkte an einem Tisch am Ende des Raumes einige Leute, die ich kannte, und bog, um sie zu vermeiden, heimlich in Richtung Garten ab. Unter den Bäumen gab es Steintische und -bänke zum Essen im Freien. Fast alle mussten schon fertig gegessen haben, denn nur ein Tisch war von einer Gruppe von Studenten besetzt, die lebhaft vor leeren Schüsseln und unordentlichen Tabletts diskutierten. Ich steuerte direkt auf einen stillen Tisch am anderen Ende des Gartens zu.

Der Abend war mild, und das Zwielicht, das durch die Blätter der Bäume fiel, färbte den Garten in schattigen Farben. Die Ruhe dieses Ortes drang langsam in meine Gedanken ein. Ich hatte meine Schüssel Dal fast auf-

gegessen, als ich bemerkte, dass sich jemand genähert hatte. Auf der anderen
Seite des Tisches stand eine junge indische Studentin mit einem Tablett in der
Hand. Sie sagte einige freundliche Worte über meine Vorlesungen und fragte
dann, ob sie sich setzen und mir einige Fragen zu Dingen stellen dürfte, die
sie nicht verstanden hatte. Ich tat so, als ob ich mich über ihre Gesellschaft
freute und lud sie ein, sich zu setzen. Sie antwortete mit einem zurück-
haltenden Lächeln, das ihre kleinen, strahlend weißen Zähne hervorhob, die
neben ihren langen schwarzen Haaren, die auf einer Seite ihres Gesichts
herunterfielen und ihren Mund streiften, noch weißer wirkten.

Ihrem Alter nach zu urteilen, musste sie am Anfang ihres Promotions-
studiums stehen, aber ihre Fragen waren sehr relevant und zeigten eine ausgezeichnete Kenntnis der Quantenmechanik. Ich antwortete, indem ich mit
dem Finger in der Luft herumfuchtelte, als würde ich auf einer imaginären
Tafel schreiben. Dann holte sie einige Blätter Papier aus ihrem Rucksack,
breitete sie auf dem Tisch aus und gab mir einen Stift. Ich schrieb die Gleichungen auf, die ich bereits während der Vorlesung gezeigt hatte, erklärte die
Bedeutung jedes Terms und gab Beispiele, wie man sie lösen konnte.

Auf ihre Fragen hin machte ich ihr klar, dass meine Theorie noch nicht
vollständig war, sondern nur eine Vermutung. Es gab zu viele Aspekte, die ich
nicht beweisen konnte, zu viele Schritte, die unerklärt blieben. Meine Studie
basierte auf der Multiversum-Hypothese, einem schwierigen Gebiet, in dem
es nicht einfach ist, sich zu bewegen.

Sie mochte das Thema und begann, mir viele Fragen zum Multiversum zu
stellen, einige davon zeigten eine bemerkenswerte Originalität des Denkens.
Ich verstand, dass meine Antworten – unvermeidbar unvollständig, da das
Multiversum noch immer in der flüchtigen Welt der Hypothesen lebt – ihre
Neugier nicht vollständig stillen konnten. Zur Ablenkung sagte ich, dass
weder ich noch die meisten meiner Kollegen jemals in der Lage sein werden,
die Fragen zu klären, weil wir zu sehr in nur einer Denkweise gefangen sind.
Es braucht Fantasie, um konventionelle Muster zu durchbrechen. Ein wenig
im Scherz fügte ich hinzu, dass vielleicht nur jemand, der die indische Philosophie kennt, das Universum als eine einzige große Einheit sehen kann, sich
vom Zyklus der Erscheinungen befreien kann und den Unendlichkeiten, die
uns heute verwirren, eine Bedeutung geben kann.

Nach einigen Momenten des Nachdenkens rezitierte die Studentin aus-
wendig einen langen Abschnitt aus den *Upanishaden*. Ihre Stimme hallte in
dem nun verlassenen Garten wider, und es schien, als ob sie nicht mehr ihre
eigene wäre, sondern von den Ästen der Bäume über uns und aus der Tiefe
der Erde käme, getrieben von einem 3000 Jahre alten Wind.

Nachdem die Studentin mit dem Rezitieren fertig war, schwieg sie und begann, aus ihrer Schüssel zu essen, die noch voll auf dem Tisch stand. Die Verse hatten mich woanders hingeführt. Sie ließen mich darüber nachdenken, dass selbst wenn niemand mehr unseren Namen und unser Gesicht kennt, die unsichtbaren Fäden der Erinnerung an das bleiben werden, was wir denen, die wir lieben und die nach uns kommen, vermitteln konnten. Jeder Faden der Erinnerung stützt und leitet die zukünftigen Generationen und trägt zum Geflecht der Werte bei, die wir menschliche Zivilisation nennen. Auch die Wissenschaft ist Teil dieses Geflechts, und hier liegt der Sinn unserer Erforschung der Ursprünge des Universums.

Plötzlich hob die Studentin den Blick von ihrer Schüssel und richtete ihn auf mich, was mich aus meinen stillen Überlegungen riss. Ihr Gesicht leuchtete mit einem Lächeln auf, als wollte sie mir sagen, dass sie meine Gedanken gehört und sie innerlich geteilt hatte.

Ich sah lange in ihre braunen Augen, die die Farbe des Weihrauchs hatten, der vor den Statuen von Shiva brennt, und brach dann das Schweigen: „Das Universum zu erforschen ist doch schön, oder?" Sie nickte mit dem Kopf mit dieser Geste, die so typisch für Inder ist und für Westler so undurchdringlich, weil sie je nach Kontext ‚ja' bedeuten kann oder auch nur den Wunsch ausdrückt, sich einem unvermeidlichen Schicksal nicht zu widersetzen.

Ich fragte sie nach ihrem Studium, und ob es schwierig gewesen sei, an diesem Institut aufgenommen zu werden. Sie antwortete mit einem Ja und einem Seufzer. Ich wusste genau, was dieser Seufzer bedeutete. In Indien ist die Auswahl für die renommiertesten Institute sehr streng. Nur diejenigen, die im Studium außergewöhnliche intellektuelle Fähigkeiten mit unermüdlicher Ausdauer verbinden, werden aufgenommen. Sicherlich hatte sie, wie viele andere vor ihr, viel geopfert, um ihrer Leidenschaft für die wissenschaftliche Forschung nachgehen zu können.

Die Dunkelheit überflutete nun den Garten und löschte langsam ihr Gesicht aus. Je tiefer die Dunkelheit wurde, desto intensiver wurde der Duft Indiens und seiner geheimnisvollen Spiritualität. Wir sprachen leise, um die Natur nicht zu stören, die sich auf die Nacht vorbereitete. Als ich sie fragte, wo sie gerne forschen würde, antwortete sie sofort: „Am CERN", als ob sie schon wusste, dass ich ihr diese Frage stellen würde. Wer weiß, vielleicht würde sie eines Tages wirklich am CERN arbeiten, und ich würde sie nicht einmal wiedererkennen.

Die Dunkelheit war nun total und ich konnte nichts mehr um mich herum erkennen. Aus der Dunkelheit tauchte ihre Stimme auf, die mehr ihr selber als mir zuflüsterte: „Eines Tages werde ich in der Lage sein, die Frage zu beantworten, wie das Universum begonnen hat."

Bibliographie

Prolog

„Das Universum…" J.B.S. Haldane, *Possible Worlds and Other Essays*, London: Chatto and Windus (1927).

Kap. 1

„Ich habe die Sterne …" S. Williams, *The Old Astronomer*, in: *Twilight Hours,* London: Strahan & Co (1868).

„Eine Geschichte…" J.-L. Godard, nach: F. Gibbons, *Jean-Luc Godard: „Film is over. What to do?",* in: The Guardian (12. Juli 2011).

„*Zeitfalten*"… M. Lengle, *Die Zeitfalte,* München: dtv (1988); auch unter dem Titel *Spiralnebel 101* und *Die Zeitfalle*.

Kap. 2

„Andere haben…" P. Picasso, nach: R. Doschka (Hrsg.), *Pablo Picasso. Metamorphosen des Menschen*, München: Prestel (2000).

„Die absolute Zeit…" I. Newton, *Mathematische Prinzipien der Naturlehre*, Berlin: Oppenheim, 25 (1872) [*Philosophiae Naturalis Principia Mathematica, Scholium* (1687)].

„Die Materie …" J.A. Wheeler, nach: J.D. Barrow, *Buch der Universen*, Frankfurt a.M.: Campus (2011).

© Der/die Herausgeber bzw. der/die Autor(en), exklusiv lizenziert an Springer-Verlag GmbH, DE, ein Teil von Springer Nature 2024
G. F. Giudice, *Vor dem Big Bang*, https://doi.org/10.1007/978-3-662-69847-1

„Ich habe aus dem Nichts…" J. Bolyai, Brief an seinen Vater Farkas Bolyai (1823).

„sie loben, hiesse…" C.F. Gauss, Brief an Farkas Bolyai (6. März 1832), in: *Briefwechsel zwischen Carl Friedrich Gauss und Wolfgang Bolyai*, Leipzig: Teubner (1899).

„Nichts ist…" G. O'Keeffe, nach: *The Sun*, New York (5. Dezember 1922).

„Die Kunst…" P. Picasso, *Picasso Speaks*, in: *The Arts*, New York, 315–326 (Mai 1923).

„ein wenig in Gefahr …" A. Einstein, Brief an P. Ehrenfest (4. Februar 1917), in: *The Collected Papers of Albert Einstein*, Bd. 8, Teil A, 386, Princeton (1998); https://einsteinpapers.press.princeton.edu/vol8a-doc/.

„voll von Liebe …" E. de Sitter-Suermondt, *Willem de Sitter: Een Menschenleven*, Haarlem: Tjeenk Willink (1948).

„keiner physikalischen …" A. Einstein, nach: G.I. Pokrowski, *Über die Synthese von Elementen*, in: Zeitschrift für Physik 54, 123–132 (1929).

Kap. 3

„Zwei Wege…" R. Frost, *Promises to keep: Poems, Gedichte*, München: C.H. Beck (2011).

„Von dieser…" E.A. Poe, *Heureka*, in: *Der Rabe*, Zürich: Haffmans, 238 (1994).

„pathologische Persönlichkeit…" A. Einstein, Brief an A. Quinn (1940).

„die Verneinung…" W. Nernst, nach: C.F. von Weizsäcker, *Die Tragweite der Wissenschaft*, Stuttgart: Hirzel (1964).

„während ich…", „Gut…", „Nein, ich bin…" E.A. Tropp, V.Ya. Frenkel, A.D. Chernin, *Alexander A. Friedmann*, Cambridge: Cambridge University Press (1993).

„Die Ehre…" Yu.A. Krutkov, Brief an seine Schwester Tatiana (Mai 1923), nach: *The Collected Papers of Albert Einstein*, Bd. 14, 83, Princeton (2015); https://einsteinpapers.press.princeton.edu/vol14-doc/185.

„eine physikalische …" A. Einstein, *Notiz zu der Arbeit von A. Friedmann* (31. Mai 1923), ebd.

„Auf meiner Bahn…" A.A. Friedmann, Brief an N.Y. Malinina (1923).

„Ich könnte jetzt nicht…" A.A. Friedmann, Brief an N.Y. Malinina (März 1924).

„Nie ward das Meer…" D. Alighieri, *Die göttliche Komödie*, Paradies, Gesang II, 7 (1321); http://www.zeno.org/Literatur/M/Dante+Alighieri/Epos/Die+G%C3%B6ttliche+Kom%C3%B6die/Das+Paradies/Zweiter+Gesang?hl=%5Borf%5D

„Einige auf der Erde …", „Eine Qualität"… *Revues* der Studenten der Universität Löwen, 1956–1957.

„Anfang der Welt…" G. Lemaître, *Un Univers homogène de masse …*, in: Annales de la Société Scientifique de Bruxelles 47, 49 (1927).

„atom primitif" … G. Lemaître, *L'Hypothese de l'Atom primitif*, Neuchâtel: Editions du Griffon (1946).

„Ihre Berechnungen…" A. Einstein, nach: G. Lemaître, *Rencontres avec Einstein*, in: Revue de questions scientifiques 59 (5/19), 129–132 (1958).

„Ich habe zu viel…" G. Lemaître, nach: D. Lambert, *The Atom of the Universe*, Krakau: Copernicus Center Press (2015).

Kap. 4

„Jetzt zu leben...“ T. Stoppard, *Arkadien*, Köln: Jussenhoven & Fischer, 1. Akt, 4. Szene (1993).

„Royal Astronomical ...“ G. Lemaître, A.S. Eddington, *The Expanding Univers*, in: Monthly Notices of the Royal Astronomical Society 91, 490–501 (13. März 1931).

„zwei Seiten langen Artikel ...“, A. Einstein, W. de Sitter, *On the Relation Between the Expansion and the Mean Density of the Universe*, in: Proceedings of the National Academy of Sciences 18, 213–214 (15. März 1932).

„Ich glaube nicht...“, „Hast du meinen...“ A.S. Eddington, *Forty Years of Astronomy*, in: J. Needham et al. (Hrsg.), *Background to Modern Science*, Cambridge: Cambridge University Press, 117–166 (1938).

Kap. 5

„Wer die ...“ O. Wilde, nach: P. Wertheimer (Hrsg.), *Weisheiten von Oscar Wilde*, Wien: Wiener Verlag (1910).

„seiner humorvollen...“, „mit einigen seltenen ...“, G. Gamow, *My World Line. An Informal Autobiography*, New York: Viking Press (1970).

„der Scherz...“ R.A. Alpher, R. Herman, *Reflections on Early Work on „Big Bang“ Cosmology*, in: Physics Today 41, 24–34 (August 1988).

„Ich habe ihn nie ...“ Rho Gamow, nach: J.D. Watson, *Genes, Girls, and Gamow*, Oxford: Oxford University Press (2003).

„Alpher Bethe Gamow“, $\alpha\beta\gamma$ ... R.A. Alpher, H. Bethe, G. Gamow, *The Origin of Chemical Elements*, in: Physical Review 73, 803 (1948).

„Gamow war...“ E. Teller, *Some Personal Memories of George Gamow*, in: E. Harper et al. (Hrsg.) *The George Gamow Symposium*, ASP Conference Series 129 (1997).

Kap. 6

„Es gibt keinen ...“ S. Butler, *Erewhon Revisited*, London: Grant Richards (1901).

„Die Idee...“ A. Einstein, nach: H. Kragh, *Cosmology and Controversy*, Princeton: Princeton University Press (1996).

„Aus philosophischer Sicht...“ A.S. Eddington, *The End of the World: from the Standpoint of Mathematical Physics*, in: Nature 127, 447 (21. März 1931).

„Und wenn...“ F. Hoyle, *An Assessment of the Evidence Against the Steady-State Theory*, in: B. Bertotti et al. (Hrsg.), *Modern Cosmology in Retrospect*, Cambridge: Cambridge University Press, 221–232 (1990).

„Natürlich weiß...“ F. Hoyle, *Home Is Where the Wind Blows*, Mill Valley: University Science Books (1994).

„Fehler zu vermeiden...“ K.R. Popper, *Objective Knowledge: an Evolutionary Approach*, Oxford: Oxford University Press (1972).

Kap. 7

„Forschung ist das…" W. von Braun, Interview mit *New York Times* (16. Dezember 1957).

„Ich habe meinen Tod…" A. Haase, G. Landwehr, E. Umbach (Hrsg.), *Röntgen Centennial: X-Rays in Natural and Life Sciences*. World Scientific Publishing, Singapur: World Scientific (1997).

„Nun, Jungs…" J. Peebles, nach: *AIP Oral History Interviews* – Session I, College Park (4. April 2002).

„Gruppe aus Princeton"… R.H. Dicke, P.J.E. Peebles, P.J. Roll, D.T. Wilkinson, *Cosmic Black-Body Radiation*, in: Astrophysical Journal Letters 142, 414–419 (1965).

„das Duo aus den Bell-Laboren" … A.A. Penzias, R.W. Wilson, *A Measurement Of Excess Antenna Temperature At 4080 Mc/s,* in: Astrophysical Journal Letters 142, 419–421 (1965).

„Man kann…" V. Hugo, *Geschichte eines Verbrechens,* u.a. Berlin: Rütten & Loening (1965).

Kap. 8

„Das Universum ist…" P. de Vries, *Let Me Count the Ways,* Boston: Little, Brown & Co. (1965).

„In einer Umfrage…" Umfrage von Associated Press/GfK, nach: A.C. Madrigal, *A majority of Americans still aren't sure about the Big Bang,* in: The Atlantic (21. April 2014).

„Was ist also die…" Augustinus von Hippo, *Die Bekenntnisse des heiligen Augustinus,* Buch XI, 14; https://www.projekt-gutenberg.org/augustin/bekennt/chap011.html.

„Ich bekenne es…" ebd., Buch XI, 25.

Kap. 9

„Menschen, die…" Apple Inc., Werbekampagne *„Think different"* (1997).

„Spektakulärer…" A.H. Guth, *Die Geburt des Kosmos aus dem Nichts: die Theorie des inflationären Universums,* München: Droemer (1999).

„der arabische christliche Theologe…" Johannes von Damaskus, *De Fide Orthodoxa,* Buch II, Kap. 3 (c. 743).

„die zweite…" O. Wilde, Interviews mit *The New York World* und *The New York Herald* (Februar 1882).

Kap. 10

„Mich erstaunen…" W. Allen, *Getting Even*, New York: First Vintage Books (1978).

„um eine Welt…" W. Blake, *Unschuld und Erfahrung: die beiden Kontraste der Menschenseele*, Wien: Europäischer Verlag (1966).

„Aber wo…" E.M. Jones, *„Where Is Everybody?" An Account of Fermi's Question*, in: Los Alamos report LA-10311-MS (1985).

Kap. 11

„Suche nicht…" C. Brâncuși, in P. Pandrea, *Brâncuși: amintiri si exegeze*, Bukarest: Meridiane (1976).

Kap. 12

„Der einzige…" S. Dalí, *Dali sagt… : Tagebuch eines Genies*, München: Desch (1968).

„Wenn nun die Menge …" T. Lucretius Carus [Lukrez], *Über die Natur der Dinge*, Berlin (1957) [*De rerum natura*, Buch II, 1070–1076 (1. Jahrhundert v. Chr.)]; http://www.zeno.org/Philosophie/M/Lukrez/%C3%9Cber+die+Natur+der+Dinge.

„Es gibt also…" G. Bruno, *Über das Unendliche, das Universum und die Welten*, 3. Dialog, Hamburg: Meiner (2006) [*De l'infinito, universo e mondi* (1584)].

„In einem Brief…" M.T. Cicero, *Epistulae ad Quintum fratrem*, II, 9 (54 v. Chr.).

„Ihr fället …" G. Bruno, nach einem Brief von C. Schoppe an K. Rittershausen (17. Februar 1600); https://www.projekt-gutenberg.org/bruno/aschermi/chap002. html. Schoppe, ein zum Katholizismus konvertierter Lutheraner, war beim Inquisitionsprozess anwesend, sagte gegen Bruno aus und war auch bei der Verlesung des Urteils dabei. In dem Brief an seinen Freund Rittershausen, einen kritischen Lutheraner, beschreibt er den Prozess gegen Bruno und die öffentliche Stimmung in Rom.

Kap. 13

„Wir verehren das…" M.C. Escher, Notiz in seinem Kalender (4. Dezember 1958), nach: D. Schattschneider, M. Emmer (Hrsg.), *M.C. Eschers Vermächtnis: Eine Jahrhundertfeier*, Berlin: Springer (2003).

„Leben, was…" L. Carroll, *Alice hinter den Spiegeln*, München: Anaconda (2012) [*Through the Looking-Glass* (1871)]. In deutschen Übersetzungen meist: Schwarzer König, Schwarze Königin, Zwiddeldum, Zwiddeldei, Hutma, Hasa.

„Die kleinsten…" W. Heisenberg, *Das Naturgesetz und die Struktur der Materie*, in: *Schritte über Grenzen*, München: Piper, 236 (1973).

„Das Gekannte…" T.H. Huxley, *Über die Aufnahme der „Entstehung der Arten"*, in: Ch. Darwin, *Leben und Briefe von Charles Darwin*, Stuttgart: Schweizerbart, Bd. 2, 198 (1887).

Kap. 14

„Es gibt einen Riss…" L. Cohen, *Anthem*, in: Album *The Future*, Columbia (1992).

Kap. 15

„Diese Lösungen…" G. Lemaître, *L'Univers en expansion*, in: Annales de la Societé scientifique de Bruxelles A 53, 51–85 (1933).

„Persönlich habe ich …" W. de Sitter, *On the expanding universe and the time scale*, in: Monthly Notices of the Royal Astronomical Society 93, 628 (1933).

Kap. 16

„Der Mensch ist…" B. Marley, nach: Bob Marley Museum, Kingston, Jamaika.

„Was tat Gott…" Augustinus von Hippo, *Die Bekenntnisse des heiligen Augustinus*, Buch XI, 12; https://www.projekt-gutenberg.org/augustin/bekennt/chap011.html.

„Der mittelalterliche Philosoph…" Moses Maimonides, *Führer der Unschlüssigen*, Hamburg: Meiner (1995) [*More Nevuchim* (12. Jahrhundert)].

„Diese bewundernswürdige …" I. Newton, *Mathematische Prinzipien der Naturlehre*, Berlin: Oppenheim, 508 (1872) [*Philosophiae Naturalis Principia Mathematica, Scholium* (1687)].

„Wir sind unfähig…" J.C. Maxwell, *Molecules*, in: Nature 8, 437 (1873).

„die Hypothese…" G. Lemaître, nach: D. Lambert, *L'itinéraire spirituel de Georges Lemaître*, Brüssel: Lessius (2008).

„Es gibt…" G. Lemaître, nach: D. Aikman, *Lemaître follows two Paths of Truth*, in: New York Times Magazine (19. Februar 1933).

„Es scheint wirklich…" *Un'ora di serena letizia* … (Eine Stunde heiterer Freude …), Rede von Pius XII. vor den Mitgliedern der Päpstlichen Akademie der Wissenschaften, Rom (22. November 1951).

„charakteristisch…" F. Hoyle, *The Nature of the Universe*, Oxford: Blackwell (1950).

„Schlussfolgerungen führe…" F. Hoyle, *Frontiers of Astronomy*, New York: Mentor Books (1955).

„Es ist sicher…" A. Einstein, *On Scientific Truth*, in: *Essays in Science*, New York: Wisdom Library, 11 (1934).

„die Poesie…" J. Keats, während eines Abendessens bei B.R. Haydon, am 28. Dezember 1817, mit C. Lamb, T. Monkhouse und W. Wordsworth, nach: B.R. Haydon, *Autobiography and Journals*, London: Longman (1853).

„Jetzt kennt man …", die „Philosophie wirft…" J. Keats, *Lamia* (1820); https://www.zeno.org/Literatur/M/Keats,+John/Lyrik/Gedichte+(Auswahl)/Lamia.

„Der Besitz…" A. Nin, *Die Tagebücher der Anaïs Nin. 1931–1934*, München: Nymphenburger Verlagsanstalt (1987).

Kap. 17

„Es gibt kein…" F. Fellini, *Fellini on Fellini*, London: Methuen (1976).

Printed in the United States
by Baker & Taylor Publisher Services